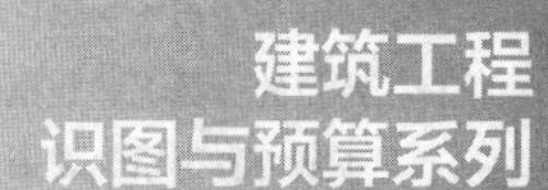

建筑电气工程识图与预算
从新手到高手

主　　编/周　　胜
副主编/张　　璇

中国电力出版社
CHINA ELECTRIC POWER PRESS

内 容 提 要

本书主要内容包括：建筑电气工程识图基础知识、建筑电气工程施工图的识读、建筑电气工程定额、建筑电气工程工程量的计算、建筑电气工程工程量清单计价、建筑电气工程预算。

本书内容丰富、通俗易懂、实例详尽、具有较强的使用价值，可作为供建筑工程相关专业院校师生参考资料，也可作为建筑电气工程初学者对新知识的学习和掌握的辅导教材。

图书在版编目（CIP）数据

建筑电气工程识图与预算从新手到高手 / 周胜主编 .—北京：中国电力出版社，2022.1
（建筑工程识图与预算系列）
ISBN 978-7-5198-5943-5

Ⅰ. ①建…　Ⅱ. ①周…　Ⅲ. ①建筑工程－电气设备－电路图－识别②电气设备－建筑安装工程－建筑预算定额　Ⅳ. ① TU85 ② TU723.3

中国版本图书馆 CIP 数据核字（2021）第 179258 号

出版发行：中国电力出版社
地　　址：北京市东城区北京站西街 19 号（邮政编码 100005）
网　　址：http://www.cepp.sgcc.com.cn
责任编辑：未翠霞　马雪倩（010-63412611）
责任校对：黄　蓓　李　楠
装帧设计：王红柳
责任印制：杨晓东

印　　刷：北京雁林吉兆印刷有限公司
版　　次：2022 年 1 月第一版
印　　次：2022 年 1 月北京第一次印刷
开　　本：787 毫米 ×1092 毫米　16 开本
印　　张：16
字　　数：311 千字
定　　价：58.00 元

前言

随着我国国民经济的发展，民用、工业及公共建筑如雨后春笋般在全国各地拔地而起。伴随着建筑施工技术的不断发展，建筑产品在品质、功能等方面有了更高的要求。与此同时，建筑工程队伍的规模也日益扩大，大批从事建筑行业的人员迫切需要丰富自身专业知识，提高自身专业素质及专业技能。

本书是“建筑工程识图与预算系列”之一，全面、细致地介绍了建筑电气工程识图基础知识、建筑电气工程施工图的识读、建筑电气工程定额、建筑电气工程工程量的计算、建筑电气工程工程量清单计价及建筑电气工程预算。

本书根据国家现行的建筑工程相关标准等精心编写而成，书中附有相关电子资料，内容翔实，系统性强，实例详尽，具有较强的使用价值。将新知识、新观念、新方法与职业性、实用性和开放性相融合，培养读者在建筑工程识图与预算方面的实践能力，力求做到技术先进、实用，文字通俗易懂。本书可作为建筑工程相关专业院校师生参考资料，也可建筑电气工程初学者对新知识的学习和掌握的辅导教材。

本书在编写过程中，力求做到内容充实与全面，因此参考了一些书籍、文献和网络资料，在此谨向给予指导和支持的专家、学者以及参考书、网站资料的作者致以衷心的感谢。

由于本书涉及面广，内容繁多，且科技发展日新月异，书中很难全面反映其各个方面；加之编者的学识、经验以及时间有限，书中疏漏或不妥之处在所难免，希望广大读者批评指正。

编　者

2022年1月

建筑工程识图与预算系列

建筑电气工程识图与预算

从新手到高手

目录

建筑电气工程识图与预算

从新手到高手

第一章

建筑电气工程识图基础知识

第一节 电气工程图的概述

扫码观看本资料

一、电气工程图的组成

电气工程图的组成，如图 1-1 所示。

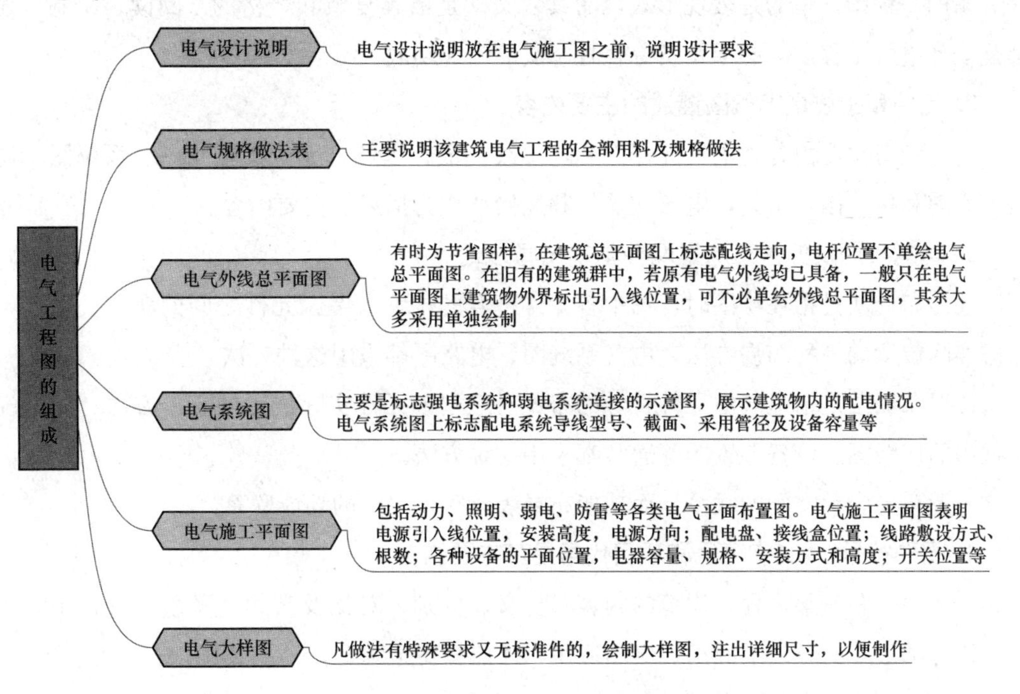

图 1-1 电气工程图的组成

其中，电气设计说明主要包括内容，如图 1-2 所示。

二、电气工程图的特点

1. 简图是表示的主要形式

简图是用图形符号、带注释的围框或简化外形表示系统或设备中各组成部分之间相

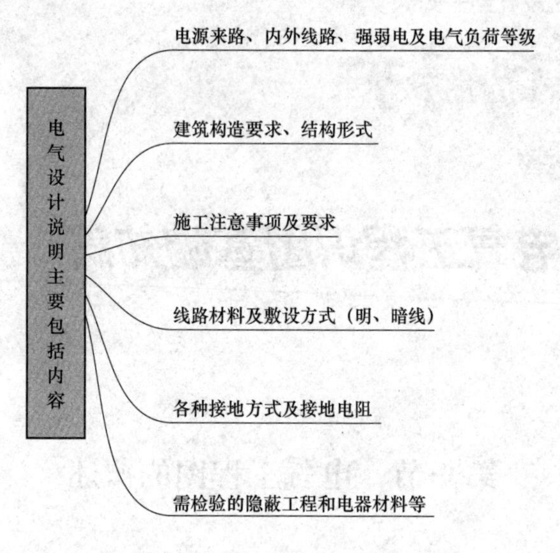

图 1-2　电气设计说明主要包括内容

互关系的一种图。指的是表现形式，而其含义却是极其复杂和严格的。阅读、绘制，尤其是设计电气工程图，必须具备综合且坚实的专业功底。

2. 元件和接线是电气图描述的主要内容

电气设备主要由各种电气元器件和连接线构成，因此，无论是电路图、系统图，还是平面图和接线图，都是以电气元器件和连接线作为描述的主要内容。

3. 功能布局及位置布局是两种基本布局方式

功能布局法是指在绘图时，图中各元件符号的位置只考虑元件之间的功能关系，不考虑实际位置的一种布局方法。电气系统图、电路图都采用这种方法。

位置布局法是指电气中元件符号的布置对应于该元件实际位置的布局方法。如电气工程中的接线图、设备布置图等通常都采用这种方法。

位置布局表示空间的联系，而功能布局表示跨越空间的功能联系。

4. 图形符号、 文字符号和项目代号是基本要素

必须明确和熟悉规程、规范的内容、含义、区别、对比及其相互联系。只有在熟练使用的基础上才能做到不混淆、恰当应用，才能算得上综合、巧用及优化。

5. 电气工程图具有多样性

电气系统或者装置中，通常包含 4 种物理流。能量流、信息流、逻辑流及功能流。

描述“能量流”和“信息流”的有系统图、框图、电路图和接线图。能量流表示电能的流向和传递。信息流表示信号的流向、传递与反馈。

描述“逻辑流”的有逻辑图。逻辑流表示各种元器件等相互之间的逻辑关系。

描述“功能流”的有功能图、程序图、系统说明图等。功能流表示各种元器件等相

互之间的功能关系。

能量、信息、逻辑及功能这几种物理流既是抽象的又是有形的，从而形成电气图的多样性。

三、电气工程图的分类

1. 电气工程图的分类

电气工程图分为系统图、功能图、逻辑图、功能表图、电路图、等效电路图。

（1）系统图。系统图表示系统的基本组成及其相互关系和特征，如动力系统图、照明系统图。其中一种以方框简化表示的系统图又称为框图。

（2）功能图。功能图不涉及实现方式，仅表示功能的理想电路。功能图可作为进一步深化、细致绘制出其他简图的依据。

（3）逻辑图。逻辑图不涉及实现方式，仅用二进制逻辑单元图形符号表示的图，是数字系统产品重要的设计文件。绘制逻辑图前必须先做出采用正、负逻辑方式的约定。

（4）功能表图。功能表图是以图形和文字配合表达控制系统的过程、功能和特性的对应关系，但是不考虑具体执行过程的表格式的图。实际上功能表图是功能图的表格化，有利于电气专业与非电专业间的技术交流。

（5）电路图。电路图是将图形符号按工作顺序排列，详细表示电路、设备或成套装置的基本组成和连接关系，而不考虑实际位置的图。电路图便于理解原理、分析特性及参数计算，是电气设备技术文件的核心。

（6）等效电路图。等效电路图是将实际器件等效变换为理论的或理想的简单器件，表达其功能联系的图。等效电路图主要用作电路状态分析、特性计算。

（7）端子功能图。端子功能图是以功能图、图表、文字三种方式表示功能单元全部外接端子的内部功能，是较高层次电路图的一种简化，是代替较低层次电路图的特殊方式。

（8）程序图。程序图是以元素和模块的布置清楚表达程序单元和程序模块间的关系，便于对程序运行分析、理解的图，如计算机程序图。

（9）设备器件表。设备器件表是把成套设备、设备和装置中各组成部分与其名称、型号、规格及数量列成的表格。

（10）接线图/表。接线图表是表示成套设备、设备和装置的连接关系，供接线、测试和检查的简图或表格。接线图表可补充代替接线图。

（11）单元接线图/表。单元接线图/表仅表示成套设备或设备的一个结构单元内连接关系的图或表，是上述接线图表的分部表示。

（12）互连接线图/表。互连接线图/表仅表示成套设备或设备的不同单元间连接关系的图或表，亦称线缆接线图。互连接线图/表只表示外连接物性，不表示内连接。

(13) 子接线图/表。子接线图/表是表示结构单元的端子与其外部（必要时还反映内部）接线连接关系的图或表，表示内部、内部与外部的连接关系。

(14) 据单。据单对特定项目列出的详细信息资料的表单，供调试、检修、维修用。

2. 建筑电气工程图的分类

(1) 目录、说明、图例设备材料表。

目录、说明、图例设备材料表如图 1-3 所示。

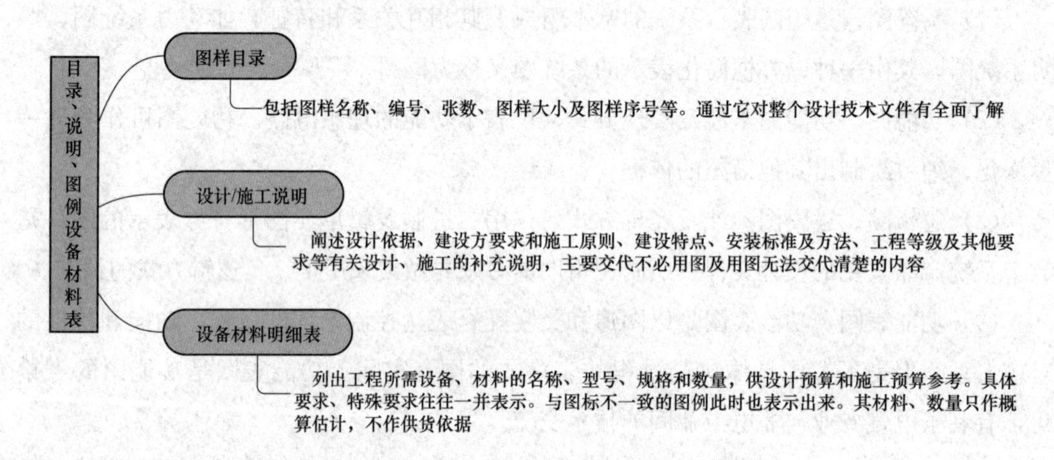

图 1-3 目录、说明、图例设备材料表

(2) 电气系统图。电气系统图是表现电气工程供电方式、电能输送、分配及控制关系和设备运行情况的图样。电气系统图只表示电路中器件间连接，而不表示具体位置、接线情况等，可反映出工程概况。

电气系统图分为强电系统图和弱电系统图。强电系统图主要反映电能的分配、控制及各主要器件设备的设置、容量及控制作用；弱电系统图主要反映信号的传输及变化，各主要设备、设施的布置与关系。

电气系统图都以单线图的方式表示。

(3) 电气平面图及电气总平面图。

1) 电气平面图是以建筑平面图为依据，表示设备、装置与管线的安装位置、线路走向、敷设方式等平面布置，而不反映具体形状的图，多用较大的缩小比例（常用 1∶100），是提供安装的主要依据。常用的电气平面图有变电/配电、动力、照明、防雷、接地、弱电平面图。

2) 电气总平面图是在建筑总平面图（或小区规划图）上表示电源、电力或者弱电的总体布局。电气总平面图要表示清楚各建筑物及方位、地形、方向，必要时还要标注出施工时所需的缆沟、架、人孔、手孔井等设施，常用 1∶500 的比例绘制。

（4）设备布置图。设备布置图是表示各种设备及器件平面和空间位置、安装方式及相互关系的平面、立面和剖面及构件的详图，多按三视图原则绘出。常用的设备布置图有变电/配电、非标准设备、控制设备布置图。最为常用且重要的设备布置图是配电室及中央控制室平、剖面布置图。

（5）安装接线/配线图。安装接线/配线图是表示设备、器件和线路安装位置、配线及接线方式以及安装场地状况的图，用以指导安装、接线和查障、排障。常用的安装接线/配线图有开关设备、防雷系统、接地系统安装接线图。

（6）电气原理图。电气原理图是依照各部分动作原理，多以展开法绘制，表现设备或系统工作原理，而不考虑具体位置和接线的图，用以指导安装、接线、调试、使用和维修，是电气工程图中的重点和难点。常用的电气原理图是各种控制、保护、信号、电源等的原理图。

（7）详图。详图是表现设备中某一部分具体安装和做法的图，又称为大样图。前面所述屏、箱、柜和电气专业通用标准图多为详图。一般非标屏、箱、柜及复杂工程的安装，需出详图。有条件时应尽可能利用或参照通用标准图。

第二节　电气工程图的一般规定

一、电气工程图编号

编号有关规定如图 1-4 所示。

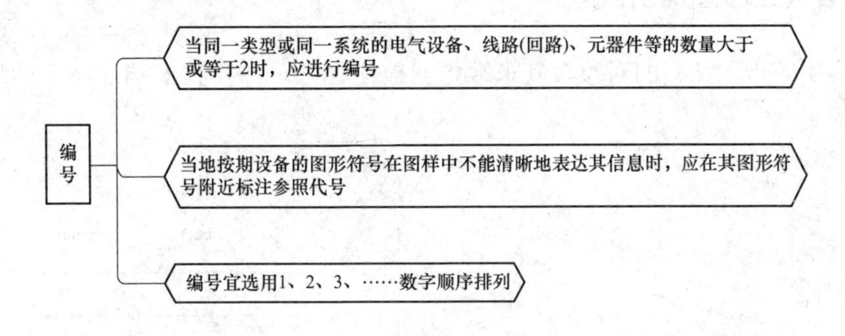

图 1-4　编号有关规定

二、电气工程图标注

1. 电气设备的标注规定

电气设备的标注应符合图 1-5 所示的规定。

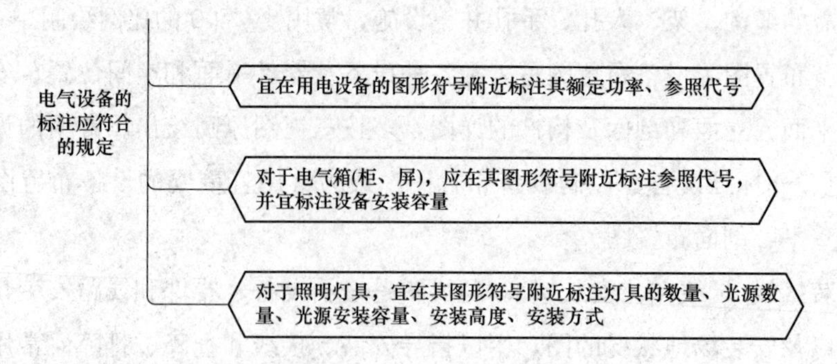

图 1-5　电气设备的标注应符合的规定

2. 电气线路的标注应符合的规定

电气线路的标注应符合的规定如图 1-6 所示。

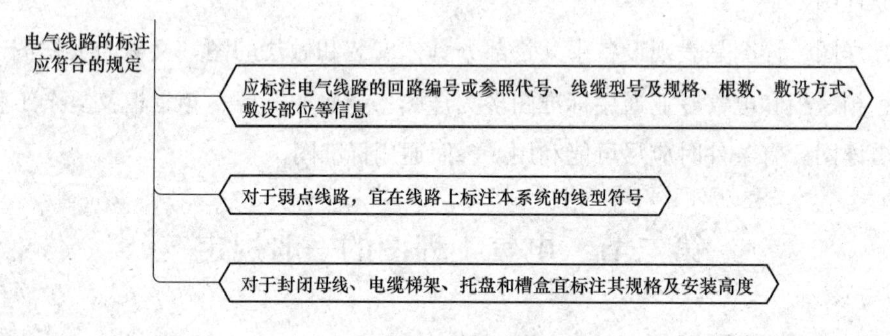

图 1-6　电气线路的标注应符合的规定

三、电气工程图指引线

指引线用于指示注释的对象，其末端指向被注释处，并在其末端加注不同标记，如图 1-7 所示。

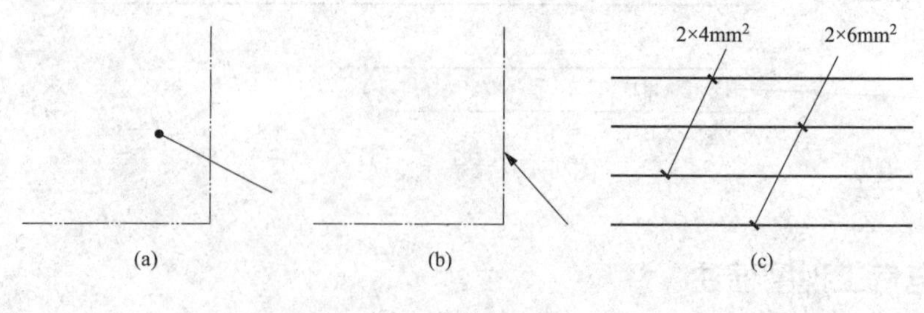

图 1-7　指引线

（a）末端在轮廓线内；（b）末端在轮廓线上；（c）末端在电路线上

四、电气工程图中断线

在电气施工图中，为了简化制图，广泛使用中断线的表示方法，常用的表示方法如图 1-8 和图 1-9 所示。

穿越图面的连接线较长或穿越稠密区域时，允许将连接线中断，在中断处加相应的标记。

一条图线需要连接到另外的图上去，则必须用中断线表示。

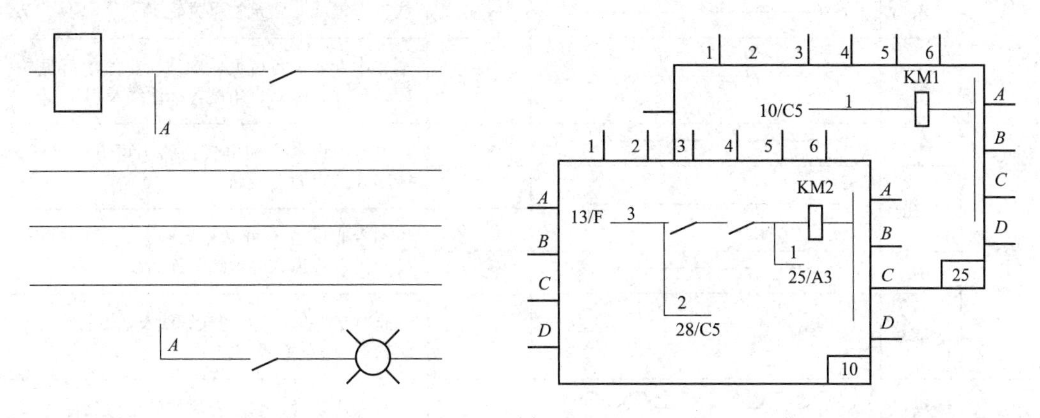

图 1-8　穿越图画的中断线

图 1-9　引向另一图纸的导线的中断线

五、电气工程图图线、字体和比例

1. 图线

（1）建筑电气专业的图线宽度 b 应根据图纸的类型、比例和复杂程度，按 GB/T 50001—2017《房屋建筑制图统一标准》的规定选用，见表 1-1，并宜为 0.5、0.7、1.0mm。

表 1-1　　**线　宽　组**　　（mm）

线宽比电气系统图	线宽组			
b	1.4	1.0	0.7	0.5
$0.7b$	1.0	0.7	0.5	0.35
$0.5b$	0.7	0.5	0.35	0.25
$0.25b$	0.35	0.25	0.18	0.13

注　1. 需要缩微的图纸，不宜采用 0.18mm 及更细的线宽。
2. 同一张图纸内，各不同线宽中的细线，可统一采用较细的线宽组的细线。

（2）电气总平面图和电气平面图宜采用三种及以上的线宽绘制，其他图样宜采用两种及以上的线宽绘制。

（3）同一张图纸内，相同比例的个图样，宜选用相同的线宽组。

（4）同一图样内，各种不同线宽组中的细线，可统一采用线宽组中较细的细线。

（5）建筑电气专业常用的制图图线、线型及线宽宜符合的规定见表 1-2。

表 1-2　　制图图线、线型及线宽

图线名称		线型	线宽	一般用途
实线	粗		b	本专业设备之间电气通路连接线、本专业设备可见轮廓线、图形符号轮廓线
	中粗		$0.7b$	
			$0.7b$	本专业设备可见轮廓线、图形符号轮廓线、方框线、建筑物可见轮廓
	中		$0.5b$	
	细		$0.25b$	非本专业设备可见轮廓线、建筑物可见轮廓；尺寸、标高、角度等标注线及引出线
虚线	粗		b	本专业设备之间电气通路不可见连接线；线路改造中原有线路
	中粗		$0.7b$	
			$0.7b$	本专业设备不可见轮廓线、地下电缆沟、排管区、隧道、屏蔽线、连锁线
	中		$0.5b$	
	细		$0.25b$	非本专业设备不可见轮廓线及地下管沟、建筑物不可见轮廓线
波浪线	粗		b	本专业软管、软管套保护的电气通路连接线、蛇形敷设线缆
	中粗		$0.7b$	
单点长画线			$0.25b$	定位轴线、中心线、对称线；结构、功能、单元相同围框线
双点长画线			$0.25b$	辅助围框线、假想或工艺设备轮廓线
折断线			$0.25b$	断开界线

（6）图样中可使用自定义的图线、线型及用途，并应在设计文件中明确说明。自定义的图线、线型及用途不应与本标准及国家现行有关标准相冲突。

2. 比例

（1）电气总平面图、电气平面图的制图比例，宜与工程项目设计的主导专业一致，采用的比例宜符合表 1-3 的规定，并应优先采用常用比例。

表 1-3　　电气总平面图、电气平面图的制图比例

序号	图名	常用比例	
1	电气总平面图、规划图	1∶500、1∶1000、1∶2000	1∶300、1∶5000
2	电气平面图	1∶50、1∶100、1∶150	1∶200
3	电气竖井、设备间、电信间、变配电室等平、剖面图	1∶20、1∶50、1∶100	1∶25、1∶150
4	电气详图、第七大样图	10∶1、5∶1、2∶1、1∶1、1∶2、1∶5、1∶10、1∶20	4∶1、1∶25、1∶50

（2）电气总平面图、电气平面图应按比例制图，并应在图样中标注制图比例。

（3）一个图样宜选用一种比例绘制；选用两种比例绘制时，应做说明。

3. 字体

（1）图纸上注写的文字、数字或符号等，均应笔画清晰、字体端正、排列整齐；标点符号应清楚正确。

（2）文字的字高参考表1-4。字高大于10mm时宜采用Truetype字体，当书写更大字时，其高度应按$\sqrt{2}$的倍数递增。

表1-4　　　文字的字高

字体种类	中文矢量字体	Truetype字体及非中文矢量字体
字高	3、5、5、7、10、14、20	3、4、6、8、10、14、20

（3）图纸及说明中的汉字宜采用仿宋体或黑体，同一图纸字体种类不应超过两种。大标题、图册封面、地形图等的汉字，也可书写成其他字体，但应易于辨认。

（4）汉字的简化字注写应符合国家有关汉字简化方案的规定。

（5）图纸及说明中的拉丁字母、阿拉伯数字与罗马数字宜采用单线简体或Roman字体；拉丁字母、阿拉伯数字与罗马数字的字高，不应小于2.5mm。

（6）数量的数值注写，应用正体阿拉伯数字；各种计量单位，凡前面有量值的，均应用国家颁布的单位符号注写；单位符号应用正体字母书写。

（7）分数、百分数和比例数应用阿拉伯数字和数学符号注写。

（8）当注写的数字小于1时，应写出各位的“0”，小数点应采用圆点，对齐基准线注写。

（9）长仿宋汉字、拉丁字母、阿拉伯数字与罗马数字示例，应符合GB/T 14691—2005《技术制图—字体》的有关规定。

第三节　电气工程图常用符号

一、电气工程图常用图形符号

1. 常用强电图形符号

（1）线路标注的图形符号，见表1-5。

表 1-5　　线路标注的图形符号

常用图形符号		说明	应用类型
形式 1	形式 2		
		中性线	电路图、平面图、系统图
		保护线	
		保护线和中性线共用	
		带中性线和保护线的三相线路	
		向上配线或布线	平面图
		向下配线或布线	
		垂直通过配线或布线	
		由下引来配线或布线	
		由上引来配线或布线	

（2）开关、触点的图形符号，见表 1-6。

表 1-6　　开关、触点的图形符号

常用图形符号		说明	应用类型
形式 1	形式 2		
		单联单控开关	平面图
		双联单控开关	
		三联单控开关	
		n 联单控开关	
		带指示灯的单联单控开关	
		带指示灯的双联单控开关	
		带指示灯的三联单控开关	

续表

常用图形符号		说明	应用类型
形式 1	形式 2		
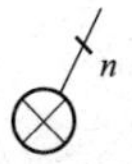		带指示灯的 n 联单控开关，$n>3$	平面图
		单极限时开关，t 为时间	
		单极声光控开关	
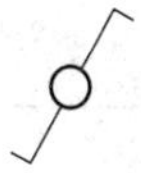		双控单极开关	
		动合（常开）触点	电路图、接线图
		动断（常闭）触点	
		先断后合的转换触点	
		中间断开的转换触点	
		先合后断的双向转换触点	
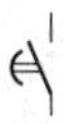		延时闭合的动合触点	
		延时断开的动合触点	
		延时断开的动断触点	
		延时闭合的动断触点	
		自动复位的手动按钮开关	

续表

常用图形符号		说明	应用类型
形式1	形式2		
[symbol]		无自动复位的手动旋转开关	电路图、接线图
[symbol]		具有动合触点且自动复位的蘑菇头式的应急按钮开关	
[symbol]		带有防止无意操作的手动控制的具有动合触点的按钮开关	
[symbol]		热继电器，动断触点	

（3）电动机的图形符号，见表1-7。

表1-7　电动机的图形符号

常用图形符号		说明	应用类型
形式1	形式2		
M 3~		三相笼式感应电动机	电路图
M 1~		单相笼式感应电动机	
M 3~		三相绕线式转子感应电动机	

（4）变压器的图形符号，见表1-8。

表1-8　变压器的图形符号

常用图形符号		说明	应用类型
形式1	形式2		
[symbol]	[symbol]	双绕组变压器（形式2可表示瞬时电压的极性）	电路图、接线图、平面图、总平面图、系统图 形式2只适用于电路图
[symbol]	[symbol]	绕组间有屏蔽的双绕组变压器	
[symbol]	[symbol]	一个绕组上有中间抽头的变压器	

续表

常用图形符号		说明	应用类型
形式 1	形式 2		
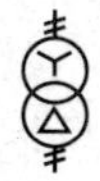	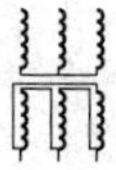	星形-三角形连接的三相变压器	电路图、接线图、平面图、总平面图、系统图 形式 2 只适用于电路图
	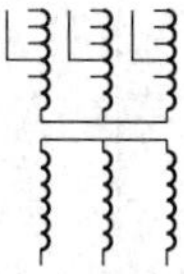	具有 4 个抽头的星形-星形连接的三相变压器	
	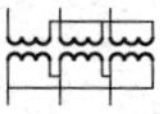	单相变压器组成的三相变压器，星形-三角形连接	
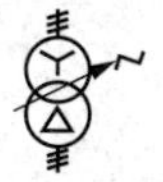	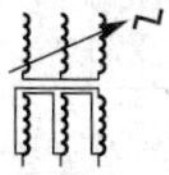	具有分接开关的三相变压器，星形-三角形连接	电路图、接线图、平面图、系统图 形式 2 只适用于电路图
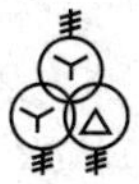	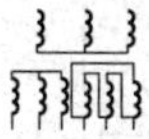	三相变压器，星形-三角形连接	电路图、接线图、系统图 形式 2 只适用电路图
		自耦变压器	电路图、接线图、平面图、总平面图、系统图 形式 2 只适用电路图
	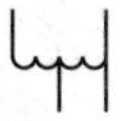	单相自耦变压器	电路图、接线图、系统图 形式 2 只适用电路图
	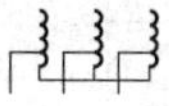	三相自耦变压器，星形连接	
		可调压的单相自耦变压器	

2. 常用弱电图形符号

（1）火灾自动报警与消防联动控制系统常用图形符号，见表 1-9。

表 1-9　　火灾自动报警与消防联动控制系统常用图形符号

常用图形符号		说明	应用类型
形式 1	形式 2		
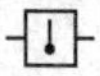		感温火灾探测器（线型）	平面图、系统图
		感烟火灾探测器（点型）	

续表

常用图形符号		说明	应用类型
形式 1	形式 2		
N		感烟火灾探测器（点型、非地址码型）	
EX		感烟火灾探测器（点型、防爆型）	
		感光火灾探测器（点型）	
		红外感光火灾探测器（点型）	
		紫外感光火灾探测器（点型）	
		可燃气体探测器（点型）	
		复合式感光感烟火灾探测器（点型）	
		复合式感光感温火灾探测器（点型）	
		线型差定温火灾探测器（线型）	
		光束感烟火灾探测器（线型，发射部分）	
		光束感烟火灾探测器（线型，接受部分）	
		复合式感温感烟火灾探测器（点型）	
		光束感烟感温火灾探测器（线型、发射部分）	
		光束感烟感温火灾探测器（线型、接受部分）	平面图、系统图
		手动火灾报警按钮	
		消火栓启泵按钮	
		火警电话	
		火警电话插孔（对讲电话插孔）	
		带火警电话插孔的手动报警按钮	
		火警电铃	
		火灾发声警报器	
		火灾光警报器	
		火灾声光警报器	
		火灾应急广播扬声器	
	L	水流指示器	
P		压力开关	
70℃		70℃动作的常开防火阀	

续表

常用图形符号		说明	应用类型
形式1	形式2		
280℃		280℃动作的常开排烟阀	平面图、系统图
280℃		280℃动作的常闭排烟阀	
		加压送风口	
SE		排烟口	

（2）安全防范系统常用图形符号，见表1-10。

表1-10　　安全防范系统常用图形符号

常用图形符号		说明	应用类型
形式1	形式2		
		摄像机	平面图、系统图
		彩色摄像机	
		彩色转黑白摄像机	
		带云台的摄像机	
OH		有室外防护罩的摄像机	
IP		网络（数字）摄像机	
IR		红外摄像机	
IR		红外带照明灯摄像机	
H		半球形摄像机	
R		全球形摄像机	
		监视器	
		彩色监视器	
		读卡器	
KP		键盘读卡器	
		保安巡查打卡器	
		紧急脚挑开关	

续表

常用图形符号		说明	应用类型
形式1	形式2		
◎		紧急按钮开关	平面图、系统图
⊔（圆内）		门磁开关	
◇B		玻璃破碎探测器	
◇A		振动探测器	
◁IR		被动红外入侵探测器	
◁M		微波入侵探测器	
◁IRM		被动红外/微波双技术探测器	
Tx --IR-- Rx		主动红外探测器	
Tx --M-- Rx		遮挡式微波探测器	
□ --L-- □		埋入线电场扰动探测器	
□ --C-- □		弯曲或振动电缆探测器	

（3）通信及综合布线系统常用图形符号，见表1-11。

表1-11　通信及综合布线系统常用图形符号

常用图形符号		说明	应用类型
形式1	形式2		
MDF		总配线架（柜）	系统图、平面图
ODF		光纤配线架（柜）	
IDF		中间配线架（柜）	
BD	BD	建筑物配线架（柜），有跳线连接	系统图

续表

常用图形符号		说明	应用类型
形式1	形式2		
FD	FD	楼层配线架（柜），有跳线连接	系统图
CD		建筑群配线架（柜）	平面图、系统图
BD		建筑物配线架（柜）	
FD		楼层配线架（柜）	
HUB		集线器	
SW		交换机	
CP		集合点	
LIU		光纤连接盘	
TP	TP	电话插座	
TD	TD	数据插座	
TO	TO	信息插座	
*n*TO	*n*TO	*n*（*n* 为信息孔数量）孔信息插座	
MUTO		多用户信息插座	

（4）有线电视及卫星电视接收系统常用图形符号，见表1-12。

表1-12　有线电视及卫星电视接收系统常用图形符号

常用图形符号		说明	应用类型
形式1	形式2		
		天线，一般符号	电路图、接线图、平面图、总平面图、系统图
		带馈线的抛物面天线	

续表

常用图形符号		说明	应用类型
形式 1	形式 2		
		有本地天线引入的前端（符号表示一条馈线支路）	平面图、总平面图
		无本地天线引入的前端（符号表示一条输入和一条输出通路）	平面图、总平面图
		放大器、中继器一般符号（三角形指向传输方向）	电路图、接线图、平面图、总平面图、系统图
		双向分配放大器	电路图、接线图、平面图、总平面图、系统图
		均衡器	平面图、总平面图、系统图
		可变均衡器	平面图、总平面图、系统图
A		固定衰减器	电路图、接线图、系统图
A		可变衰减器	电路图、接线图、系统图
	DEM	解调器	接线图、系统图 形式 2 用于平面图
	MO	调制器	接线图、系统图 形式 2 用于平面图
	MOD	调制解调器	接线图、系统图 形式 2 用于平面图
		两路分配器	电路图、接线图、平面图、系统图
		三路分配器	电路图、接线图、平面图、系统图
		四路分配器	电路图、接线图、平面图、系统图
		分支器（表示一个信号分支）	电路图、接线图、平面图、系统图
		分支器（表示两个信号分支）	电路图、接线图、平面图、系统图
		分支器（表示四个信号分支）	电路图、接线图、平面图、系统图
		混合器（表示两路混合器，信息流从左到右）	电路图、接线图、平面图、系统图
TV	TV	电视插座	平面图、系统图

二、电气工程图常用文字符号

1. 安装方式的文字符号

（1）线路敷设方式的文字符号，见表1-13。

表1-13　　线路敷设方式的文字符号

序号	文字符号	名称	序号	文字符号	名称
1	SC	穿低压流体输送用焊接钢管敷设	8	M	钢索敷设
2	MT	穿电线管敷设	9	KPC	穿塑料波纹电线管敷设
3	PC	穿硬塑料导管敷设	10	CP	穿可挠金属电线保护套管敷设
4	FPC	穿阻燃半硬塑料导管敷设	11	DB	直埋敷设
5	CT	电缆桥架敷设	12	TC	电缆沟敷设
6	MR	金属线槽敷设	13	CE	混凝土排管敷设
7	PR	塑料线槽敷设			

（2）导线敷设部位文字符号，见表1-14。

表1-14　　导线敷设部位文字符号

序号	文字符号	名称	序号	文字符号	名称
1	AB	沿或跨梁（屋架）敷设	6	WC	暗敷设在墙内
2	BC	暗敷在梁内	7	CE	沿天棚或顶板面敷设
3	AC	沿或跨柱敷设	8	CC	暗敷设在屋面或顶板内
4	CLC	暗敷设在柱内	9	SCE	吊顶内敷设
5	WS	沿墙面敷设	10	FC	地板或地面下敷设

（3）灯具安装方式文字符号，见表1-15。

表1-15　　灯具安装方式文字符号

序号	文字符号	名称	序号	文字符号	名称
1	SW	线吊式	7	CR	顶棚内安装
2	CS	链吊式	8	WR	墙壁内安装
3	DS	管吊式	9	S	支架上安装
4	W	壁装式	10	CL	柱上安装
5	C	吸顶式	11	HM	座装
6	R	嵌入式			

（4）供电条件用的文字符号，见表 1-16。

表 1-16　　供电条件用的文字符号

序号	文字符号	名称	单位	序号	文字符号	名称	单位
1	U_n	系统标称电压，线电压（有效值）	V	10	I_c	计算电流	A
2	U_r	设备的额定电压，线电压（有效值）	V	11	I_{st}	起动电流	A
3	I_r	额定电流	A	12	I_P	尖峰电流	A
4	f	频率	Hz	13	I_s	整定电流	A
5	P_N	设备安装功率	kW	14	I_k	稳态短路电流	kA
6	P_C	计算有功功率	kW	15	$\cos\varphi$	功率因数	—
7	Q_C	计算无功功率	kvar	16	u_{kr}	阻抗电压	%
8	S_C	计算视在功率	kV·A	17	i_p	短路电流峰值	kA
9	S_{Cr}	额定视在功率	kV·A	18	S''_{kQ}	短路容量	MV·A

2. 电气设备常用文字符号

电气设备常用文字符号，见表 1-17。

表 1-17　　电气设备常用文字符号

项目种类	设备、装置和元件名称	参照代号的字母代码	
		主类代码	含子类代码
两种或两种以上的用途或任务	35kV 开关柜	A	AH
	20kV 开关柜		AJ
	10kV 开关柜		AK
	6kV 开关柜		—
	低压配电柜		AN
	并联电容器箱（柜、屏）		ACC
	直流配电箱（柜、屏）		AD
	保护箱（柜、屏）		AR
	电能计量箱（柜、屏）		AM
	信号箱（柜、屏）		AS
	电源自动切换箱（柜、屏）		AT
	动力配电箱（柜、屏）		AP
	应急动力配电箱（柜、屏）		APE
	控制箱、操作箱（柜、屏）		AC
	励磁箱（柜、屏）		AE

续表

项目种类	设备、装置和元件名称	参照代号的字母代码	
		主类代码	含子类代码
两种或两种以上的用途或任务	照明配电箱（柜、屏）	A	AL
	应急照明配电箱（柜、屏）		ALE
	电度表箱（柜、屏）		AW
	弱电系统设备箱（柜、屏）		—
把某一输入变量（物理性质、条件或事件）转换为供进一步处理的信号	热过载继电器	B	BB
	保护继电器		BB
	电流互感器		BE
	电压互感器		BE
	测量继电器		BE
	测量电阻（分流）		BE
	测量变送器		BE
	气表、水表		BF
	差压传感器		BF
	流量传感器		BF
	接近开关、位置开关		BG
	接近传感器		BG
	时钟、计时器		BK
	湿度计、湿度测量传感器		BM
	压力传感器		BP
	烟雾（感烟）探测器		BR
	感光（火焰）探测器		BR
	光电池		BR
	速度计、转速计		BS
	速度变换器		BS
	温度传感器、温度计		BT
	麦克风		BX
	视频摄像机		BX
	火灾探测器		—
	气体探测器		
	测量变换器		
	位置测量传感器		BG
	液位测量传感器		BL

续表

项目种类	设备、装置和元件名称	参照代号的字母代码	
		主类代码	含子类代码
材料、能量或信号的存储	电容器	C	CA
	线圈		CB
	硬盘		CF
	存储器		CF
	磁带记录仪、磁带机		CF
	录像机		CF
提供辐射能或热能	白炽灯、荧光灯	E	EA
	紫外灯		EA
	电炉、电暖炉		EB
	电热、电热丝		EB
	灯、灯泡		—
	激光器		
	发光设备		
	辐射器		
直接防止（自动）能量流、信息流、人身或设备发生危险的或意外的情况，包括用于防护的系统和设备	热过载释放器	F	FD
	熔断器		FA
	安全栅		FC
	电涌保护器		FC
	接闪器		FE
	接闪杆		FE
	保护阳极（阴极）		FR
启动能量流或材料流，产生用作信息载体或参考源的信号。生产一种新能量、材料或产品	发电机	G	GA
	直流发电机		GA
	电动发电机组		GA
	柴油发电机组		GA
	蓄电池、干电池		GB
	燃料电池		GB
	太阳能电池		GC
	信号发生器		GF
	不间断电源		GU
处理（接收、加工和提供）信号或信息（用于保护目的的项目除外，见F类）	继电器	K	KF
	时间继电器		KF
	控制器（电、电子）		KF
	输入、输出模块		KF
	接收机		KF

续表

项目种类	设备、装置和元件名称	参照代号的字母代码	
		主类代码	含子类代码
处理（接收、加工和提供）信号或信息（用于保护目的的项目除外，见F类）	发射机	K	KF
	光耦器		KF
	控制器（光、声学）		KG
	阀门控制器		KH
	瞬时接触继电器		KA
	电流继电器		KC
	电压继电器		KV
	信号继电器		KS
	瓦斯保护继电器		KB
	压力继电器		KPR
提供用于驱动的机械能量（旋转或线性机械运动）	电动机	M	MA
	直线电动机		MA
	电磁驱动		MB
	励磁线圈		MB
	执行器		ML
	弹簧储能装置		ML
提供信息	打印机	P	PF
	录音机		PF
	电压表		PV
	告警灯、信号灯		PG
	监视器、显示器		PG
	LED（发光二极管）		PG
	铃、钟		PB
	计量表		PG
	电流表		PA
	电度表		PJ
	时钟、操作时间表		PT
	无功电度表		PJR
	最大需用量表		PM
	有功功率表		PW
	功率因数表		PPF
	无功电流表		PAR
	（脉冲）计数器		PC
	记录仪器		PS
	频率表		PF

续表

项目种类	设备、装置和元件名称	参照代号的字母代码	
		主类代码	含子类代码
提供信息	相位表	P	PPA
	转速表		PT
	同位指示器		PS
	无色信号灯		PG
	白色信号灯		PGW
	红色信号灯		PGR
	绿色信号灯		PGG
	黄色信号灯		PGY
	显示器		PC
	温度计、液位计		PG
受控切换或改变能量流、信号流或材料流（对于控制电路中的信号，见K类或S类）	断路器	Q	QA
	接触器		QAC
	晶闸管、电动机启动器		QA
	隔离器、隔离开关		QB
	熔断器式隔离器		QB
	熔断器式隔离开关		QB
	接地开关		QC
	旁路断路器		QD
	电源转换开关		QCS
	剩余电流保护断路器		QR
	软启动器		QAS
	综合启动器		QCS
	星一三角启动器		QSD
	自耦降压启动器		QTS
	转子变阻式启动器		QRS
限制或稳定能量、信息或材料的运动或流动	电阻器、二极管	R	RA
	电抗线圈		RA
	滤波器、均衡器		RF
	电磁锁		RL
	限流器		RN
	电感器		—
把手动操作转变为进一步处理的特定信号	控制开关	S	SF
	按钮开关		SF
	多位开关（选择开关）		SAC
	启动按钮		SF

续表

项目种类	设备、装置和元件名称	参照代号的字母代码	
		主类代码	含子类代码
把手动操作转变为进一步处理的特定信号	停止按钮	S	SS
	复位按钮		SR
	试验按钮		ST
	电压表切换开关		SV
	电流表切换开关		SA
保持能量性质不变的能量变换，已建立的信号保持信号内容不变的变换，材料形态或形状的变换	变频器、频率转换器	T	TA
	电力变压器		TA
	DC/DC 转换器		TA
	整流器、AC/DC 变换器		TB
	天线、放大器		TF
	调制器、解调器		TF
	隔离变压器		TF
	控制变压器		TC
	整流变压器		TR
	照明变压器		TL
	有载调压变压器		TLC
	自耦变压器		TT
保护物体在指定位置	支柱绝缘子	U	UB
	强电梯架、托盘和槽盒		UB
	瓷瓶		UB
	弱电梯架、托盘和槽盒		UG
	绝缘子		—
从一地到另一地导引或输送能量、信号、材料或产品	高压母线、母线槽	W	WA
	高压配电线缆		WB
	低压母线、母线槽		WC
	低压配电线缆		WD
	数据总线		WF
	控制电缆、测量电缆		WG
	光缆、光纤		WH
	信号线路		WS
	电力线路		WP
	照明线路		WL
	应急电力线路		WPE
	应急照明线路		WLE
	滑触线		WT

续表

项目种类	设备、装置和元件名称	参照代号的字母代码	
		主类代码	含子类代码
连接物	高压端子、接线盒	X	XB
	高压电缆头		XB
	低压端子、端子板		XD
	过路接线盒、接线端子箱		XD
	低压电缆头		XD
	插座、插座箱		XD
	接地端子、屏蔽接地端子		XE
	信号分配器		XG
	信号插头连接器		XG
	（光学）信号连接		XH
	连接器		—
	插头		

三、电气设备常用辅助文字符号

1. 强电设备辅助文字符号

强电设备辅助文字符号，见表 1-18。

表 1-18　　强电设备辅助文字符号

文字符号	名称	文字符号	名称
DB	配电屏（箱）	LB	照明配电箱
UPS	不间断电源装置（箱）	ELB	应急照明配电箱
EPS	应急电源装置（箱）	WB	电度表箱
MEB	总等电位端子箱	IB	仪表箱
LEB	局部等电位端子箱	MS	电动机启动器
SB	信号箱	SDS	星-三角启动器
TB	电源切换箱	SAT	自耦降压启动器
PB	动力配电箱	ST	软启动器
EPB	应急动力配电箱	HDR	烘手器
CB	控制箱、操作箱		

2. 弱电设备辅助文字符号

弱电设备辅助文字符号，见表 1-19。

表 1-19　　弱电设备辅助文字符号

文字符号	名称	文字符号	名称
DDC	直接数字控制器	KY	操作键盘
BAS	建筑设备监控系统设备箱	STB	机顶盒
BC	广播系统设备箱	VAD	音量调节器
CF	会议系统设备箱	DC	门禁控制器
SC	安防系统设备箱	VD	视频分配器
NT	网络系统设备箱	VS	视频顺序切换器
TP	电话系统设备箱	VA	视频补偿器
TV	电视系统设备箱	TG	时间信号发生器
HD	家居配线箱	CPU	计算机
HC	家居控制器	DVR	数字硬盘录像机
HE	家居配电箱	DEM	解调器
DEC	解码器	MO	调制器
VS	视频服务器	MOD	调制解调器

四、电气工程图中常见的颜色标识

建筑电气图中常见的信号灯和按钮的颜色标识见表 1-20 和表 1-21。建筑电气图中常见的导体颜色标识见表 1-22。

表 1-20　　建筑电气图中常见的信号灯颜色标识

名称	颜色标识	
状态	颜色	备注
危险指示	红色（RD）	
事故跳闸	红色（RD）	
重要的服务系统停机	红色（RD）	
起重机停止位置超行程	红色（RD）	
辅助系统的压力/温度超出安全极限	红色（RD）	
警告指示	黄色（YE）	
高温报警	黄色（YE）	
过负荷	黄色（YE）	
异常指示	黄色（YE）	
安全指示	绿色（GN）	
正常指示	绿色（GN）	核准继续运行
正常分闸（停机）指示	绿色（GN）	设备在安全状态
弹簧储能完毕指示	绿色（GN）	设备在安全状态
电动机降压启动过程指示	蓝色（BU）	设备在安全状态
开关的合（分）或运行指示	白色（WH）	单灯指示开关开时运行状态； 双灯指示开关合时运行状态

表 1-21　　建筑电气图中常见的按钮颜色标识

名称	颜色标识
紧停按钮	红色（RD）
正常停和紧停合用按钮	红色（RD）
危险状态或紧急指令	红色（RD）
合闸（开机）（启动）按钮	绿色（GN）、白色（WH）
分闸（停机）按钮	红色（RD）、黑色（BK）
电动机降压启动结束按钮	白色（WH）
复位按钮	白色（WH）
弹簧储能按钮	蓝色（BU）
异常、故障状态	黄色（YE）
安全状态	绿色（GN）

表 1-22　　建筑电气图中常见的导体颜色标识

导体名称	颜色标识
交流导体的第 1 线	黄色（YE）
交流导体的第 2 线	绿色（GN）
交流导体的第 3 线	红色（RD）
中性导体 N	淡蓝色（BU）
保护导体 PE	绿/黄双色（GNYE）
PEN 导体	全长绿/黄双色（GNYE），终端另用淡蓝色（BU）标志；或全长淡蓝色（BU），终端另用绿/黄双色（GNYE）标志
直流导体的正极	棕色（BN）
直流导体的负极	蓝色（BU）
直流导体的中间点导体	淡蓝色（BU）

第四节　电气识图的基本要求和基本步骤

一、读图的程序

建筑电气的识图步骤如图 1-10 所示。

1. 阅读说明书

对任何一个系统、装置或设备，在看图之前应首先了解机械结构、电气传动方式、对电气控制的要求、电动机和电器元件的大体布置情况以及设备的使用操作方法，以及各种按钮、开关、指示器等的作用，此外，还应了解使用要求、安全注意事项等。阅读

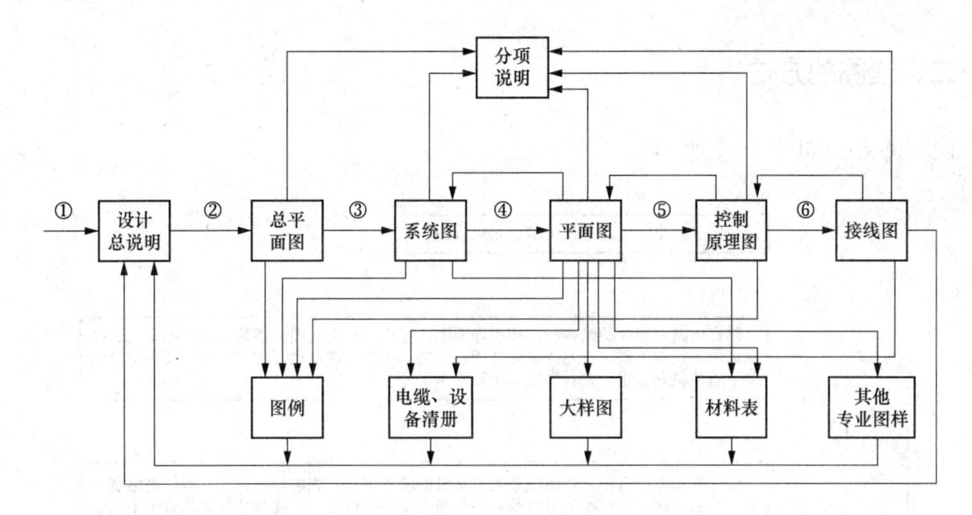

图 1-10　建筑电气施工图识图程序图

说明书可以对系统、装置或设备有一个较全面完整的认识。

2. 看图纸说明

图纸说明包括图纸目录、技术说明、元器件明细表和施工说明书等。识图时，首先要看清楚图纸说明书中的各项内容，弄清设计内容和施工要求，这样就可以了解图纸的大体情况并抓住识图重点。

3. 看标题栏

图纸中标题栏也是重要的组成部分，包括电气图的名称及图号等有关内容，由此可对电气图的类型、性质、作用等有明确认识，同时可大致了解电气图的内容。

4. 看概略图（系统图或框图）

看图纸说明后，就要看概略图，从而了解整个系统或分系统的概况，即整个系统或分系统的基本组成、相互关系及其主要特征，为进一步理解系统或分系统的工作方式、原理打下基础。

5. 看电路图

电路图是电气图的核心，对一些小型设备，电路不太复杂，看图相对容易些；对一些大型设备，电路比较复杂，看图难度较大。不论怎样都应按照由简到繁、由易到难、由粗到细的步骤逐步看深、看透，直到完全明白、理解。一般应先看相关的逻辑图和功能图。

6. 看接线图

接线图是以电路图为依据绘制的，因此要对照电路图来看接线图。看接线图时，要先看主电路，再看辅助电路；看接线图要根据端子标志、回路标号，从电源端顺次查下去，弄清楚线路的走向和电路的连接方法，即弄清楚每个元器件是如何通过连线构成闭合回路的。

二、读图的方法

读图的方法如图 1-11 所示。

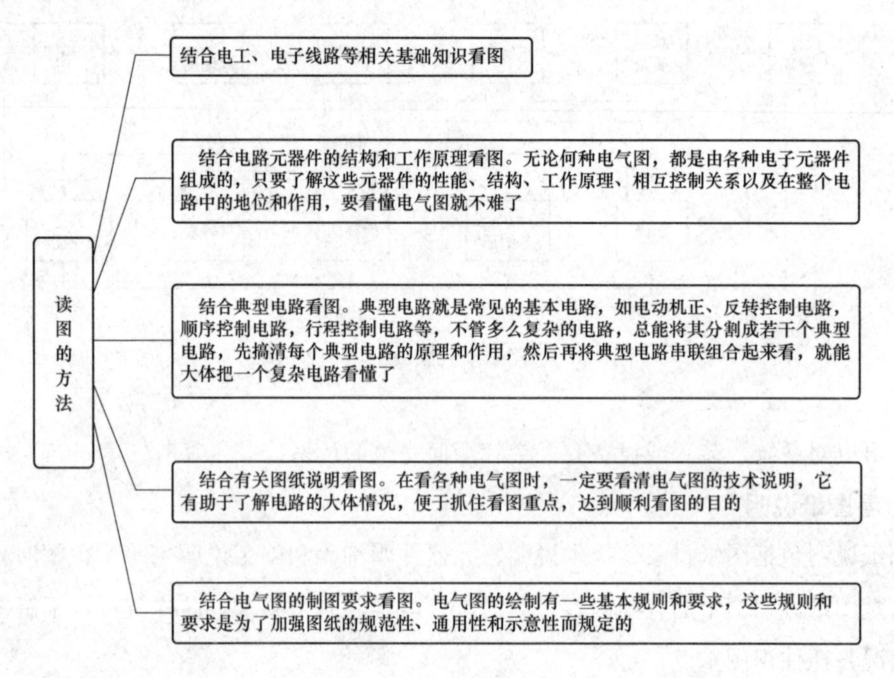

图 1-11　读图的方法

三、读图的注意事项

读图的注意事项如图 1-12 所示。

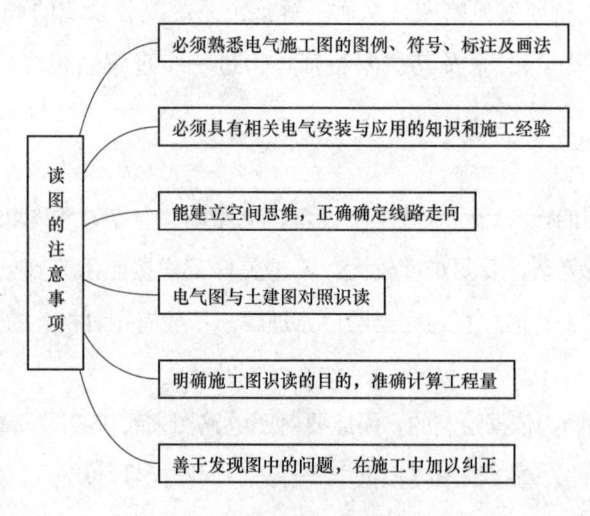

图 1-12　读图的注意事项

第五节　常用电气材料和设备

一、电线

1. 裸导线

裸导线的品种、型号、特性和用途见表 1-23。

表 1-23　　　　裸导线的品种、型号、特性和用途

类别	名称	型号	特性	用途
圆线	硬圆铜线 软圆铜线 特硬圆铜线	TY LR TYT	硬线的抗拉强度大，软线的伸长率高，半硬线介于两者之间	硬线主要用作架空导线；半硬线、软线主要用作电线、电缆及电磁线的线芯，也用作其他电器制品
	硬圆铝线 半硬圆铝线 软圆铝线	LY TYB LR		
	镀锡圆铜线	TXR TXRH	具有很好的耐蚀性与焊接性，并在铜线与被覆绝缘（如橡胶）之间起隔离作用	电线、电缆用线芯、屏蔽层及电器制品
	铝合金圆线	HL	具有比纯铝线高的抗拉强度	硬线用于制造架空导线，软线用于电线、电缆线芯等
	铜包钢圆线 镀银铜包钢线	GTA GTB GTYD	铜包钢圆线有高的抗拉强度，和铜铝一样的耐蚀性，镀银铜包钢线对高频通信有较大的优越性	架空导线，通信用载波避雷线，大跨越导线，高温电线线芯
	铝包钢圆线 镀银铝包钢线	GL GLYD	铝包钢圆线有高的抗拉强度，和铜、铝一样的耐蚀性；镀银铝包钢线对高频通信有较大的优越性	架空导线，通信用载波避雷线，大跨越导线，高温电线线芯
绞线	铝绞线	LJ	导电性、力学性能良好，钢芯铝绞线比铝绞线拉断力大 1 倍左右	用于低压或高压的架空电力线路
	钢芯铝绞线	GLJ		
型线	硬、软扁铜线	TBY、TBR	铜、铝扁线和母线的机械特性和圆线相同，扁线、母线的结构形状均为矩形，仅在规格尺寸和公差上有所区别	铜、铝扁线，主要用于电动机、电器等线圈或绕组；铜、铝母线主要作汇流排用，也用于其他电器制品
	硬、半硬扁铝线 软扁铝线	LBY、LBBY LBR		
	硬、软铜母线	TMY、TMR		
	硬、软铝母线	LMY、LMR		
	硬、软铜带	TDY、TDR	—	通信电缆线芯外导体
	梯形铜排 梯形银铜排 异形银铜排	TPT TYPT TYPT-1	银铜合金排，具有比铜好的耐磨性、较高的机械强度和硬度	直流电机换向器片

续表

类别	名称	型号	特性	用途
型线	圆形铜电车线 双沟型铜电车线	TCY TCG	—	电车线
	钢铝电车线 铝合金电车线	GLC LHC		
软接线	铜电刷线	TS、TSX TSR、TSXR	多股铜线或镀锡铜线绞制，柔软，耐振动，耐弯曲	电刷连接线
	铜软绞线	TJR-1 TJR-2 TJR-3	—	引出线，接地线，整流器和晶闸管的引出线等电气设备部件间连接用线
	铜编织线	TZ-1 TZ-2 TZ-3 TZ-4	柔软	小型电炉和电气设备等连接线
	线铜编织线	QC	柔软	汽车、拖拉机、蓄电池连接线

2. 绝缘导线

常用绝缘导线的品种、型号和用途，见表 1-24。

表 1-24　　常用绝缘导线的品种、型号和用途

类别	名称	型号		允许工作温度（℃）	用途
		铜芯	铝芯		
橡胶绝缘编织软导线	橡胶绝缘棉纱总编织圆形软导线	RX		65	连接交流额定电压 300V 以下的室内照明灯具、日用电器和工具
	橡胶绝缘棉纱编织双绞软导线	RXS			
	橡胶绝缘橡胶护套总编织圆形软导线	RXH			
橡胶绝缘固定敷设导线	橡胶绝缘棉纱编织导线	BX	BLX	65	固定敷设
	橡胶绝缘棉纱编织软导线	BXR			室内安装，要求电线较柔软时用
	氯丁橡胶绝缘导线		BLXF		固定敷设，适用于户外
	橡胶绝缘氯丁护套导线	BXW	BLXW		户内明敷和户外，特别是寒冷地区
	橡胶绝缘黑色聚氯乙烯护套导线	BXY	BLXY		
聚氯乙烯绝缘软导线	聚氯乙烯绝缘连接软导线	RV		70	交流额定电压为 450/750V 及以下的日用电器、小型电动工具、仪器仪表及动力、照明等装置的连接
	聚氯乙烯绝缘平行连接软导线	RVB			
	聚氯乙烯绝缘绞型连接软导线	RVS			
	聚氯乙烯绝缘及护套圆形连接软导线	RVV			
	聚氯乙烯绝缘及护套平行连接软导线	RVVB			
	耐热 105 ℃聚氯乙烯绝缘连接软导线	RV-105		105	主要用于要求耐热的场合

续表

类别	名称	型号		允许工作温度（℃）	用途
		铜芯	铝芯		
聚氯乙烯绝缘软导线	丁腈聚氯乙烯绝缘平行软导线	RFB		70	小型家用电器、电动工具、灯头线等使用时要求更柔软的场合
	丁腈聚氯乙烯绝缘绞型软导线	RFS			
	聚氯乙烯绝缘安装软导线	AVR		70	仪器仪表、电子设备等内部用软接线
	聚氯乙烯绝缘安装平行软导线	AVRB			
	聚氯乙烯绝缘安装绞型软导线	AVRS			
	聚氯乙烯绝缘及护套安装软导线	AVVR		70	轻型电气设备、控制系统等柔软场合使用的电源或控制信号连接线
	耐热 105 ℃聚氯乙烯绝缘安装软导线	AVR-105		105	同 AVVR，主要用于耐热场合
聚氯乙烯绝缘导线	聚氯乙烯绝缘导线	BV	BLV	70	交流额定电压为 450/750V 及以下的动力装置的固定敷设
	聚氯乙烯绝缘软导线	BVR			
	聚氯乙烯绝缘及护套圆形导线	BVV	BLVV		
	聚氯乙烯绝缘及护套平行导线	BVVB	BLVVB		
	耐热 105 ℃聚氯乙烯绝缘导线	BV-105		105	
	聚氯乙烯绝缘安装导线	AV		70	固定敷设高温环境等场合，其他同 BVVB
	耐热 105 ℃聚氯乙烯绝缘安装导线	AV-105		105	电器、仪表电子设备等用的硬接线
屏蔽绝缘导线	聚氯乙烯绝缘屏蔽导线	AVP		70	固定敷设
	聚氯乙烯绝缘有护套屏蔽软导线	RVP RVVP $RVVP_1$		70	移动使用和安装时要求柔软的场合，护套线用于防潮及要求一定机械强度保护的场合
	耐热 105 ℃聚氯乙烯绝缘屏蔽导线	AVP-105		105	固定敷设，同 AVP
	耐热 105 ℃聚氯乙烯绝缘屏蔽软导线	RVP-105		105	移动敷设，同 RVP
电动机、电器引接线	橡胶绝缘丁腈护套引接线	JBQ		B 级①	交流电压 1140V 及以下电动机、电器引接线
	丁腈聚氯乙烯绝缘引接线	JBF		B 级①	交流电压 500V 及以下电动机、电器引接线
	乙丙橡胶绝缘引接线	JFE		F 级①	交流电压 6kV 及以下电动机、电器引接线
	高强度硅橡胶绝缘引接线	JHQG		H 级①	交流电压 1140V 及以下电动机、电器引接线

①配套电动机、电气耐温等级。

3. 漆包线

漆包线的主要品种、型号、特点及用途，见表 1-25。

表 1-25　　漆包线的主要品种、型号、特点及用途

名称	型号	规格尺寸（mm）	耐温等级（℃）	优点	局限性	主要用途
油性漆包圆铜线	Q	0.02～2.50	A（105）	（1）漆膜均匀； （2）介质损耗角正切值小	（1）耐刮性差； （2）耐溶剂性差（使用浸渍剂时应注意）	中、高频线圈及仪表、电器的线圈
缩醛漆包圆铜线	QQ-1 QQ-2	0.02～2.50	E（120）	（1）热冲击性优； （2）耐刮性优； （3）耐水解性良好	漆膜受卷绕应力易产生裂纹（浸渍前须在120℃左右加热1h以上，消除应力）	中小电动机、微电动机绕组，油浸变压器线圈、电器仪表用线圈
缩醛漆包扁铜线	QQB	a边0.8～5.6； b边2.0～18.0				
聚氨酯漆包圆铜线	QA-1 QA-2	0.015～1.00	E（120）	（1）在高频条件下，介质损耗角正切值小； （2）可直接焊接，无须刮去漆膜； （3）着色性好，可制成不同颜色漆包线，在接头时便于识别	（1）过负载性能差； （2）热冲击及耐刮性尚可	要求Q值稳定的高频线圈、电视线圈和仪表用的微细线圈
聚酯漆包圆铜线	QZ-1/155/I QZ-2/155/I QZ-1/155/Ⅱ QZ-2/55/Ⅱ	0.02～2.50	B（130）	（1）在干燥和潮湿条件下，耐电压击穿性能优； （2）软化击穿性能好	（1）耐水解性差（用于密闭的电动机、电器时须注意）； （2）与聚氯乙烯、氯丁橡胶等含氯高分子化合物不相容； （3）热冲击性尚好	中小型电动机绕组、干式变压器和电器仪表的线圈
聚酯漆包扁铜线	QZB-1/155/I QZB-2/155/I QZB-1/155/Ⅱ QZB-2/55/Ⅱ	a边0.8～5.6； b边2.0～18.0				

二、电缆

1. 电力电缆

（1）常用电力电缆的品种、型号及规格，见表1-26。

表 1-26　　常用电力电缆的品种、型号及规格

类型	名称	型号	电压等级（kV）	最高长期工作温度（℃）
油浸纸绝缘电缆	普通黏性浸渍电缆统包型 分相铅（铝）包型	ZLL，ZL，ZLQ，ZQ ZLLF，ZL，QF，ZQF	1～35	1～3kV：80； 6kV：65； 10kV：60； 20～35kV：50； 1～6kV：80
	不滴流电缆统包型 分相铅（铝）包型	ZLQD，ZQD，ZLLD，ZLD ZLLFD，ZLFD，ZLQFD，ZQFD	1～35	

续表

类型	名称	型号	电压等级（kV）	最高长期工作温度（℃）
塑料绝缘电缆	聚氯乙烯电缆	VLV，VV	1～10	70
	聚乙烯电缆	YLV，YV	6～220	70
	交联聚乙烯电缆	YJLV，YJV	6～220	90
橡胶绝缘电缆	天然丁苯橡胶电缆	XLQ，XQ，XLV，XV XLHF，XLF	0.5～6	60
	乙丙橡胶电缆		1～138	80～85
	丁基橡胶电缆		1～35	80

（2）油浸纸绝缘电力电缆的品种、型号，见表1-27。

表1-27　　油浸纸绝缘电力电缆的品种、型号

外护层结构	铅套		铝套		分相铅套	
	铜芯	铝芯	铜芯	铝芯	铜芯	铝芯
裸金属护套（无外护层）	ZQ	ZLQ	ZL	ZLL	—	—
无铠装聚氯乙烯护套	ZQ02	ZLQ02	ZL02	ZLL02	—	—
无铠装聚乙烯护套	ZQ03	ZLQ03	ZL03	ZLL03	—	—
裸钢带铠装	ZQ20	ZLQ20	—	—	ZQF20	ZLQF20
钢带铠装、纤维外被层	（ZQ21）	（ZLQ21）	—	—	（ZQF21）	（ZLQF21）
钢带铠装聚氯乙烯护套	ZQ22	ZLQ22	Z122	ZLL22	ZQF22	ZLQF22
钢带铠装聚乙烯护套	ZQ23	ZLQ23	Z123	ZLL23	ZQF23	ZLQF23
裸细圆钢丝铠装	ZQ30	ZLQ30	ZL30	ZL30	—	—
细圆钢丝铠装聚氯乙烯护套	ZQ32	ZLQ32	ZL32	ZL32	—	—
细圆钢丝铠装聚乙烯护套	ZQ33	ZLQ33	ZL33	ZLL33	—	—
粗圆钢丝铠装	（ZQ40）	（ZLQ40）	—	—	（ZQF40）	（ZLQF40）
粗圆钢丝铠装、纤维外被层	ZQ41	ZLQ41	—	—	ZQF41	ZLQF41

注　1. 不滴流浸渍纸绝缘电力电缆须在型号末尾加“D”，如ZQD22。
2. 括号内为不推荐产品。

（3）塑料绝缘电力电缆的品种、型号、用途，见表1-28～表1-30。

表1-28　　聚氯乙烯电力电缆和交联聚乙烯电力电缆的品种、型号

外护层结构	交联聚乙烯电力电缆		聚氯乙烯电力电缆	
	铜芯	铝芯	铜芯	铝芯
无铠装、聚氯乙烯护套	VV	VLV	YJV	YJLV
无铠装、聚乙烯护套	VY	VLY	YJY	YJLY
钢带铠装、聚氯乙烯护套	VV22	VLV22	YJV22	YJIV22
钢带铠装、聚乙烯护套	VV23	VLV23	YJV23	YJLV23
细圆钢丝铠装、聚氯乙烯护套	VV32	VLV32	YJV32	YJLV32

续表

外护层结构	交联聚乙烯电力电缆		聚氯乙烯电力电缆	
	铜芯	铝芯	铜芯	铝芯
细圆钢丝铠装、聚乙烯护套	VV33	VLV33	YJV33	YJLV33
细圆钢丝铠装、聚氯乙烯护套	VV42	VLV42	YJV42	YJLV42
粗圆钢丝铠装、聚乙烯护套	VV43	VLV43	YJV43	YJLV43

表 1-29　　聚氯乙烯绝缘聚氯乙烯护套电力电缆的主要用途

名称	型号		主要用途
	铜芯	铝芯	
聚氯乙烯绝缘聚氯乙烯护套电力电缆	VV	VLV	敷设在室内、隧道内、管道中，电缆不能受机械外力作用
聚氯乙烯绝缘聚氯乙烯护套内钢带铠装电力电缆	VV29	VLV29	敷设在地下，电缆能承受机械外力作用，但不能承受大的拉力
聚氯乙烯绝缘聚氯乙烯护套裸细钢丝铠装电力电缆	VV30	VLV30	敷设在室内、矿井中，电缆能承受机械外力作用，并能承受相当的拉力
聚氯乙烯绝缘聚氯乙烯护套内细钢丝铠装电力电缆	VV39	VLV39	敷设在水中，电缆能承受相当的拉力
聚氯乙烯绝缘聚氯乙烯护套裸粗钢丝铠装电力电缆	VV50	VLV50	敷设在室内、矿井中，电缆能承受机械外力的作用，并能承受较大的拉力
聚氯乙烯绝缘聚氯乙烯护套内粗钢丝铠装电力电缆	VV59	VLV59	敷设在水中，电缆能承受较大的拉力

表 1-30　　交联聚乙烯绝缘聚氯乙烯护套电力电缆的主要用途

名称	型号		主要用途
	铜芯	铝芯	
交联聚乙烯绝缘铜带屏蔽聚氯乙烯护套电力电缆	YJV	YJLV	架空、室内、隧道、电缆沟、管道及地下直埋敷设
交联聚乙烯绝缘铜丝屏蔽聚氯乙烯护套电力电缆	YJSV	YJISV	
交联聚乙烯绝缘铜带屏蔽钢带铠装聚氯乙烯护套电力电缆	YJV22	YJLV22	室内、隧道、电缆沟及地下直埋敷设，电缆能承受机械外力作用，但不能承受大的拉力
交联聚乙烯绝缘铜带屏蔽细钢丝铠装聚氯乙烯护套电力电缆	YJV32	YJLV32	地下直埋、竖井及水下敷设，电缆能承受机械外力作用，并能承受相当的拉力
交联聚乙烯绝缘铜丝屏蔽细钢丝铠装聚氯乙烯护套电力电缆	YJSV32	YJLSV32	

续表

名称	型号		主要用途
	铜芯	铝芯	
交联聚乙烯绝缘铜带屏蔽粗钢丝铠装聚氯乙烯护套电力电缆	YJV42	YJLV42	地下直埋、竖井及水下敷设．电缆能承受机械外力作用，并能承受较大的拉力
交联聚乙烯绝缘铜丝屏蔽粗钢丝铠装聚氯乙烯护套电力电缆	YJSV42	YJLSV42	地下直埋、竖井及水下敷设，电缆能承受机械外力作用，并能承受较大的拉力
交联聚乙烯绝缘聚乙烯护套电力电缆	YJY	YJLY	地下直埋、竖井及水下敷设，电缆能承受机械外力作用，并能承受较大的拉力，电缆防潮性较好
交联聚乙烯绝缘皱纹铝包防水层聚氯乙烯护套电力电缆	YJLW02	YJLLW02	地下直埋、竖井及水下敷设，电缆能承受机械外力作用，并能承受较大的拉力，电缆可在潮湿环境及地下水位较高地方使用，并能承受一定的压力
交联聚乙烯绝缘铅包聚氯乙烯护套电力电缆	YJQ02	YJLQ02	地下直埋、竖井及水下敷设，电缆能承受机械外力作用，并能承受较大的拉力，但电缆不能承受压力
交联聚乙烯绝缘铅包粗钢丝铠装纤维外被电力电缆	YJQ41	YJLQ41	电缆可承受一定拉力，用于水底敷设

（4）橡胶绝缘电力电缆的品种、型号、规格及用途，见表 1-31。

表 1-31　　橡胶绝缘电力电缆的品种、型号及用途

名称	型号		主要用途
	铜芯	铝芯	
橡胶绝缘聚氯乙烯护套电力电缆	XV	XLV	敷设在室内、电缆沟内、管道中，电缆不能受机械外力作用
橡胶绝缘氯丁护套电力电缆	XF	XLF	
橡胶绝缘聚氯乙烯护套内钢带铠装电力电缆	XV29	XLV29	敷设在地下，电缆能受一定机械外力作用，但不能承受大的拉力
橡胶绝缘裸铅包电力电缆	XQ	XLQ	敷设在室内、电缆沟内、管道中，电缆不能受振动的机械外力作用，且对铅应有中性环境
橡胶绝缘铅包钢带铠装电力电缆	XQ2	XLQ2	同 XLV29
橡胶绝缘铅包裸钢带铠装电力电缆	XQ20	XLQ20	敷设在室内、电缆沟内、管道中，电缆不能受大的拉力

2. 电气设备用电缆

电气设备用电缆的品种、型号及用途，见表 1-32。

表 1-32　　电气设备用电缆的品种、型号及用途

名称	型号	工作温度（℃）	主要用途
轻型通用橡套电缆	YQ YQW		交流电压 250V 及以下的轻型移动电气设备，YQW 具有耐气候和耐油性
中型通用橡套电缆	YZ YZW		交流电压 500V 及以下的各种移动电气设备，YZW 具有耐气候和耐油性
重型通用橡套电缆	YC YCW		同中型通用橡套电缆，但能承受较大的机械外力作用
聚氯乙烯绝缘和护套控制电缆 聚乙烯绝缘聚氯乙烯护套控制电缆 橡胶绝缘聚氯乙烯护套控制电缆 橡胶绝缘聚氯丁橡套控制电缆 聚氯乙烯绝缘及护套内钢带铠装控制电缆 聚乙烯绝缘聚氯乙烯护套内钢带铠装控制电缆	KVV、KLVV KYV、KLYV KXV、KLXV KXF KVV29、KLVV29 KYV29、KLYV29		作各种电器、仪表、自动设备控制线路用，固定敷设于室内外，电缆沟、管道及地下； 内铠装电缆能承受较大的机械外力，不允许承受拉力； 聚乙烯绝缘的绝缘电阻、耐潮性比聚氯乙烯好； 耐寒型和氯丁护套电缆允许敷设最低温度比一般电缆低
橡胶绝缘聚氯乙烯护套内钢带铠装控制电缆	KXV29、KLXV29	65	作各种电器、仪表、自动设备控制线路用，固定敷设于室内外，电缆沟、管道及地下； 内铠装电缆能承受较大的机械外力，不允许承受拉力； 聚乙烯绝缘的绝缘电阻、耐潮性比聚氯乙烯好； 耐寒型和氯丁护套电缆允许敷设最低温度比一般电缆低
聚乙烯绝缘耐寒塑料护套控制电缆 橡胶绝缘耐寒塑料护套控制电缆	KYVD、KLYVD KXVD、KLXVD		
橡胶绝缘氯丁橡套控制软电缆 聚氯乙烯绝缘及护套控制软电缆	KXFR KVVR		同 KXF 和 KVV 型，但作为移动控制线路用
聚氯乙烯绝缘及护套信号电缆 聚氯乙烯绝缘及护套内钢带铠装信号电缆 聚乙烯绝缘聚氯乙烯护套信号电缆 聚乙烯绝缘聚氯乙烯护套内钢带铠装信号电缆	PVV PVV29 PYV PYV29		信号联络、火警及各种自动装置线路，固定敷设于室内外、电缆沟、管道或地下直埋； 内铠装电缆能承受较大的机械外力，不允许承受拉力； 聚乙烯绝缘的绝缘电阻、耐潮性比聚氯乙烯好
电焊机用铜芯软电缆 电焊机用铝芯软电缆 可控型电焊机用电缆	YH YLH YHK		供电焊机二次侧与焊钳之间的连接用； 质量轻（比 YH 型轻 30%～50%），便于移动，用途同上； 电缆中备有电焊机控制线及 36V 电源线，用途同上

3. 通信/电信设备用电缆

（1）通信用电缆。传输电话、电视、电报、广播、数据、传真以及电信信息的电缆均为通信电缆。通信用电缆应具有高可靠性、传输质量好、保密性好以及复用路数多、

使用寿命长等优点，通信用电缆的品种、型号及组成，见表1-33。

表1-33　　通信用电缆的品种、型号及组成

名称	型号	导体	绝缘体	内护层	特征	外护层	派生
市内通信电缆 通信线 铁道电气化电缆 长途通信电缆 局用电缆 同轴电缆 电话软线 配线电缆 海底通信电缆 矿用话缆 岛屿通信电缆 船用通信电缆	H HB HD HE HJ HO HR HP HH HU HW CH	C—铁芯 L—铝芯 T—铜芯	V—聚氯乙烯 Y—聚乙烯 X—橡胶 YF—泡沫聚乙烯 Z—纸 E—乙丙橡胶 J—交联聚乙烯 S—硅橡胶	H—橡套 L—铝套 Q—铅套 V—聚氯乙烯 LW—皱纹铝管 F—氯丁橡胶	A—综合护套 C—自承式 D—带型 E—耳机用 J—交换机用 P—屏蔽 S—水下 Z—综合型 R—柔软 W—尾巴电缆	02，03，20，21，22，23，31，32，33，41，42，43，…（数字含义见本节电缆型号）	1—第一种 2—第二种 T—热带型 252—252Hz DA—在火焰条件下燃烧特性表示

例：铜芯纸绝缘铅套粗钢丝铠装纤维外被层高频长途通信电缆可表示如下。

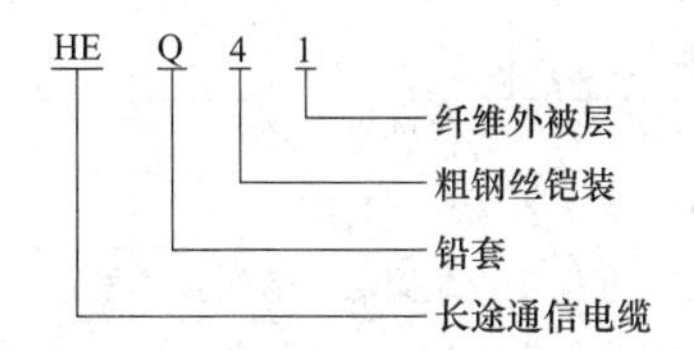

通信电缆分为市内通信电缆和长途通信电缆，这里仅介绍铜芯聚烯烃绝缘综合护层市内通信电缆，见表1-34。

表1-34　　市内通信电缆的名称及型号

名称	型号
铜芯实心聚烯烃绝缘铝/塑综合护套市内通信电缆	HYA
铜芯实心聚烯烃绝缘铝/塑综合护套单钢带纵包铠装聚乙烯外套市内通信电缆	HYA53
铜芯实心聚烯烃绝缘铝/塑综合护套自承式市内通信电缆	HYAC
铜芯实心聚烯烃绝缘铝/塑综合护套脉码调制（pulse code modulation，PCM）市内通信电缆	HYAC
铜芯实心聚烯烃绝缘填充式铝/塑综合护套市内通信电缆	HYAT
铜芯实心聚烯烃绝缘填充式铝/塑综合护套以单钢带铠装聚乙烯外套市内通信电缆	HYAT53
铜芯泡沫实心皮聚烯烃绝缘铝/塑综合护套市内通信电缆	HYPA
铜芯泡沫实心皮聚烯烃绝缘填充式铝/塑综合护套市内通信电缆	HYPAT
铜芯泡沫聚烯烃绝缘填充式铝/塑综合护套市内通信电缆	HYFAT
铜芯泡沫实心皮聚烯烃绝缘铝/塑综合护套钢带铠装聚乙烯外套市内通信电缆	HYAT53
铜芯泡沫实心皮聚烯烃绝缘填充式铝/塑综合护套钢带铠装聚乙烯外套市内通信电缆	HYPAT53
铜芯泡沫实心皮聚烯烃绝缘填充式铝/塑综合护套脉码调制（PCM）市内通信电缆	HYATG

(2) 电信设备用电信电缆。全聚氯乙烯配线电缆主要用于线路的始端和终端，供连接市内电话电缆至分线箱或配线架，也可用于短距离布线。局用电缆用于配线架至交换机或交换机内部各线机器连接等，其名称及型号见表1-35。

表1-35　电信电缆的名称及型号

名称	型号
铜芯聚氧乙烯绝缘聚氯乙烯护套配线电缆	HPVV
铜芯聚氯乙烯绝缘聚氯乙烯护套局用电缆	HJVV
铜芯聚氯乙烯绝缘聚氯乙烯护套屏蔽型局用电缆	HJVVP

(3) 光纤通信电缆。光纤通信电缆主要用于公共通信网和专业通信网的通信设备装置中，其名称及型号，见表1-36；其型号及芯数，见表1-37。

表1-36　光纤通信电缆的名称及型号

名称	型号
金属加强构件非填充型铝聚乙烯黏胶护套光缆	GYA
金属加强构件填充型铝聚乙烯黏胶护套光缆	GYTA
金属加强构件非填充型铝聚乙烯黏胶护套聚氧乙烯外套光缆	GYA02
金属加强构件填充型铝聚乙烯黏胶护套聚氧乙烯外套光缆	GYTA02
金属加强构件非填充型铝聚乙烯黏胶护套钢带铠装聚氯乙烯外套光缆	GYA22
金属加强构件非填充型铝聚乙烯黏胶护套钢带铠装聚乙烯外套光缆	GYA23
金属加强构件填充型铝聚乙烯黏胶护套钢带铠装聚氯乙烯外套光缆	GYTA22
金属加强构件填充型铝聚乙烯黏胶护套钢带铠装聚乙烯外套光缆	GYTA23
金属加强构件非填充型铝聚乙烯黏胶护套钢丝铠装聚乙烯外套光缆	GYA33
金属加强构件填充型铝聚乙烯黏胶护套钢丝铠装聚氯乙烯外套光缆	GYTA32
金属加强构件填充型铝聚乙烯黏胶护套钢丝铠装聚乙烯外套光缆	GYTA23
金属加强构件填充型铝聚乙烯黏胶护套纵包钢带聚乙烯外套光缆	GYTA53
金属加强构件非填充型聚乙烯黏胶护套光缆	GYV
金属加强构件非填充型聚乙烯黏胶护套光缆	GYY
中气束管式填充型钢聚乙烯黏胶护套光缆	GYTW
中气束管式填充型钢丝铠装聚乙烯黏胶护套光缆	GYTB33

表1-37　光纤通信电缆的型号及芯数

结构形式	型号	芯数
层绞式光缆	GYA，GYTA，GYA02，GYTA02，GYA22，GYA23，GYTA22，GYTA23，GYA32，GYA33，GYTA32，GYTA33，GYV，GYY，GYTA53	2，4，6，8，10，12
骨架式光缆	GYTA，GYTA53，GYTA23，GYTA33	4，6，8，10，12，14，16，18，20，22，24
束管式光缆	GYTB33，GYTW	4，6，8，10，12

（4）光纤光缆。

1）光纤光缆概述。光纤由纤芯、包层和被覆层构成，纤芯折射率比周围包层的折射率略高，光信号主要在纤芯中传输，包层为光信号提供反射边界并起机械保护作用，被覆层起增强保护作用。光缆由传输光信号的纤维光纤、承受拉力的抗张元件和外部保护层组成。

光纤传输质量的关键指标是损耗。光纤产生损耗的原因，如图1-13所示。

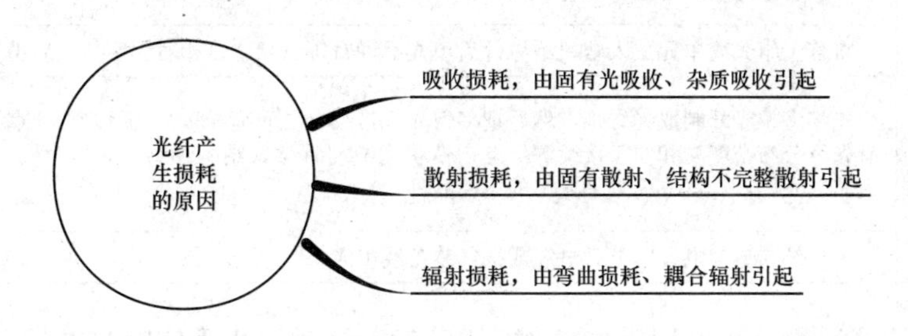

图1-13　光纤产生损耗的原因

光纤中存在着一些低损耗窗口，开发和利用这些窗口可以提高光纤的传输质量。

光纤应具有足够的抗拉强度和剪切强度，且在恶劣环境下不会因疲劳而损坏。光纤机械强度下降主要由光纤中的裂纹引起，光纤裂纹来自光纤预制棒中存在的固有裂纹和光纤制造过程产生的裂纹。

2）光纤的结构与分类。按组成裸光纤的材料可分为四类，见表1-38。

表1-38　裸光纤的组成材料

裸光纤材料	组成与特点
石英系光纤	纤芯和包层由不同的石英制成，高纯度石英中因分别掺入不同的杂质（GeO_2、P_2O_5、B_2O_3、F等）而有不同的折射率；目前产量最大、性能最佳，在通信系统中应用最广泛
多组分玻璃光纤	以多种氧化物成分玻璃作为纤芯材料，较容易制成廉价的大芯径大数值孔径光纤，应用于中短距离光通信系统
聚合物包层光纤	由SiO_2和折射率较小的聚合物（硅树脂、聚四氟乙烯）包层组成，包层材料折射率低，具有较大的芯径和较大的数值孔径，用于计算机网络和专用仪器设备
塑料光纤	由折射率高的透明塑料纤芯与折射率低的透明塑料包层组成，常用材料有聚甲基丙烯酸甲酯、聚苯乙烯等；特点是数值孔径较大、芯径大，柔韧性好、耐冲击、重量轻、易加工、省电、使用方便、使用寿命长、价格便宜（约为玻璃光纤的1/10），可用于工作环境恶劣的各种短距离通信系统，能大大降低整个系统的成本，并且由于近年提高了传输带域超过了同型玻璃光纤，传输损耗从3500dB/km降到20dB/km，因此应用越来越广。近年来，中红外光纤、传感器用光纤、大芯径大数值孔径光纤、耐辐照光纤等也有较大的发展

3）光缆的结构。常见光缆基本结构见表1-39。

表1-39　常见光缆基本结构

基本结构	特点
层绞式光缆	由多根光纤分层绞合而成，适于制作芯数较少的光缆
骨架式光缆	用骨架保护光纤，有一槽一芯和一槽多芯结构，光纤在槽内有一定的活动余地
单元式光缆	把几根光纤以层绞或骨架式结构制作成光缆单元（每个单元芯数小于10），然后把若干光缆单元绞合成光缆，可制作成包含几百根光纤的光缆
中心管式光缆	将若干组光缆单元放入塑料绝缘管后填充石油膏等胶状物以相对固定，最后铠装成缆
带状光缆	先将多根光纤制成光纤带，然后把多组光纤带绞合成光缆或多组光纤带置于骨架中成缆，具有光纤分布密度高和便于接续等优点；带状光缆与骨架式结构相结合，可生产4000芯以上的大芯数光缆，这将成为未来光缆的主要品种
综合光缆	由光纤与通信电缆、电力电缆或电气装备线组成

4）光缆的分类。光缆可用于广域网（WAN，包括公共通信网和专用通信网）、通信设备、信号测量、光电技术仪器仪表等。光缆主要品种，见表1-40。

表1-40　光缆主要品种

光缆品种	特点和应用
直埋光缆	有防水层和铠装层，用于长途光通信干线，是目前主要生产品种
管道光缆	采用铝带复合护层，用于市内光通信干线
架空光缆	有轻型铠装，能防外力损伤，用于区域通信线路
海底光缆	铠装护企要求高，能承受敷设、打捞时的张力和海底高压力，将替代海底通信电缆
水下光缆	具有良好的径向和纵向密封性，用于过水光通信线路
软光缆	具有良好的弯曲性能和足够的抗拉伸能力，用于非固定场合
室内光缆	具有阻燃性能，用于大楼内局域网中
设备内光缆	结构轻巧，芯径较大，用于设备内光路连接
光电综合通信光缆	由光纤与同轴通信电缆组成，用于区域通信
航空航天和军用光缆	有飞机用光缆、航天飞行器用光缆、舰船用光缆、水下遥控用光缆、野战用光缆、制导用光缆、导弹火箭用光缆、核试验用光缆等
电力系统用光缆	（1）光纤复合架空地线（optical power grounded wave guide，OPGW）由铝管保护的光纤和电力线路架空线（铝包钢线或铝合金线）组成； （2）架空地线卷绕光缆（overhead ground wound fiber optic cable，GWWOP）是一种卷绕在现有架空地线上的耐热高强度光缆
光电复合缆	深海无人运载工具用光电复合缆、深海无人运载工具用脐带光电复合缆、遥控深潜器光电复合缆、遥控深潜器用脐带光电复合缆、通用拖曳光电复合缆、导弹发射用脐带光电复合缆等

三、绝缘子

1. 绝缘子的分类

绝缘子是对处在不同电位的电气设备或导体同时提供电气绝缘和机械支持的器件，其分类和基本结构见表 1-41 和表 1-42。

表 1-41　　绝缘子按用途和结构分类

类型名称	形式	图形	用途	备注
线路绝缘子	针式	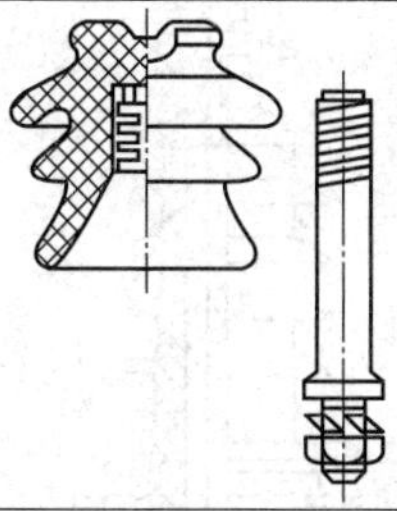	架空电力线路、电气化铁道牵引线路	可击穿型（B型）
	盘形悬式	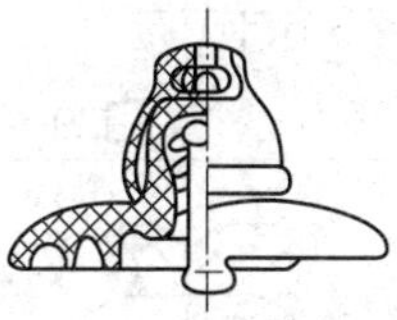		
	蝶式	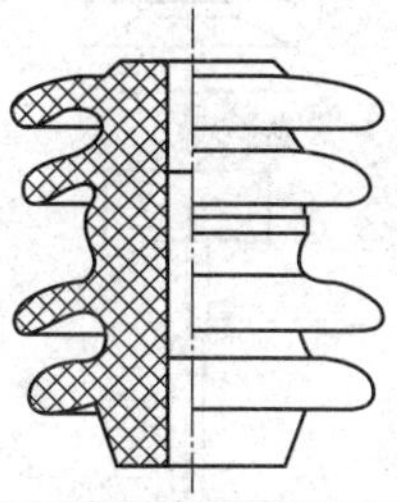		
电站、电器绝缘子	套管	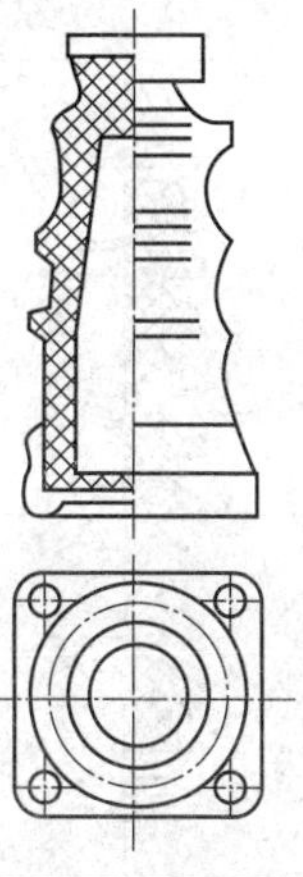	电站和电器	可击穿型（B型）

续表

类型名称	形式	图形	用途	备注
电站、电器绝缘子	针式支柱	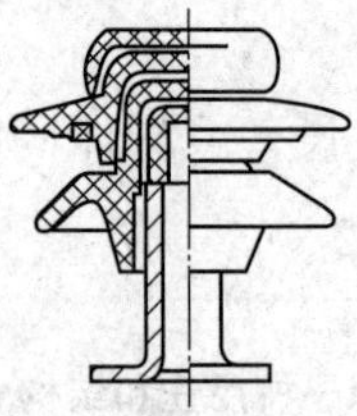	电站和电器	可击穿型（B型）
	隔板支柱	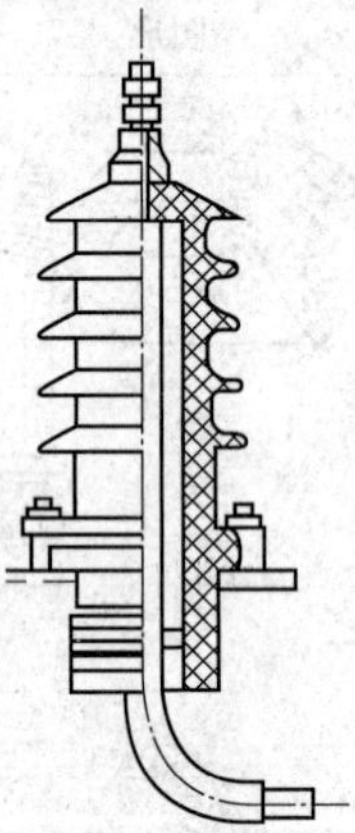		
	线路柱式	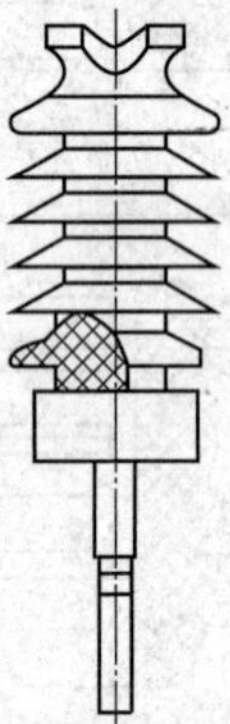		不可击穿型（A型）
	长棒形			

续表

类型名称	形式	图形	用途	备注
电站、电器绝缘子	横担	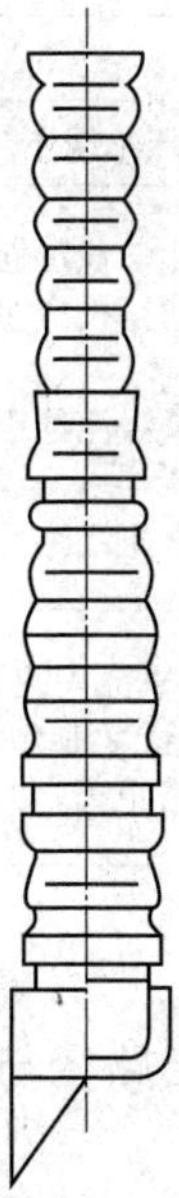	电站和电器	不可击穿型（A 型）
	棒形支柱	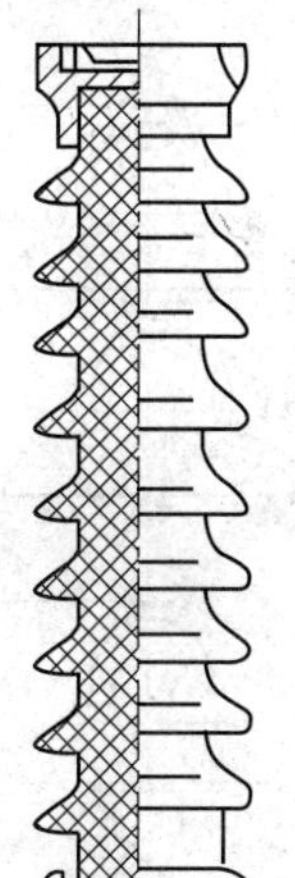		
	空心绝缘子	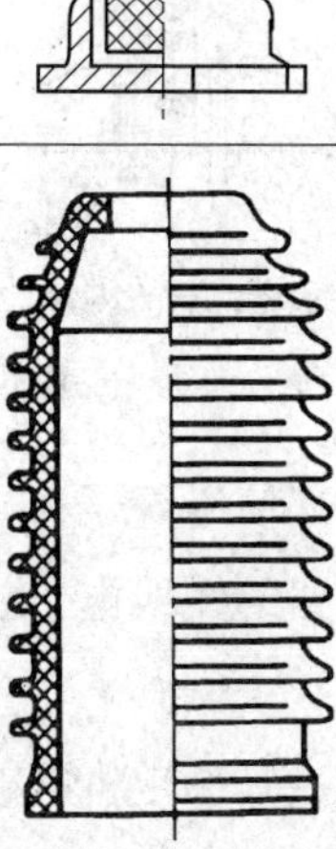		

表 1-42　　绝缘子按电压、材料、击穿可能性分类

分类	类别
电压种类	交流绝缘子、直流绝缘子
电压高低	高压绝缘子（U_r>1kV）、低压绝缘子（U_r≤1kV）
主绝缘材料	瓷绝缘子：电气机械性能、化学稳定性和耐候性好，原材料丰富、价格低廉，应用广泛。 玻璃绝缘子：生产周期短、建厂投资少、绝缘子损坏时易于发现，用于制造结构较简单、尺寸较小的绝缘子。 有机材料绝缘子：主要是环氧浇注绝缘子，用于制造形状复杂、尺寸小、电场高、耐 SF_6 分解产物的绝缘子。 复合材料绝缘子：用于超高电压线路
击穿可能性	A 型绝缘子：δ/L_d>1/2（环氧浇注绝缘子：>1/3）。 B 型绝缘子：δ/L_d<1/2（环氧浇注绝缘子：<1/3）。 其中，L_d为绝缘子外部干闪络距离，δ 为固体绝缘内部最短击穿距离

2. 绝缘子的结构特性

（1）盘形悬式绝缘子。绝缘子串闪络路径与电压类型有关，见图 1-14 及表 1-43。

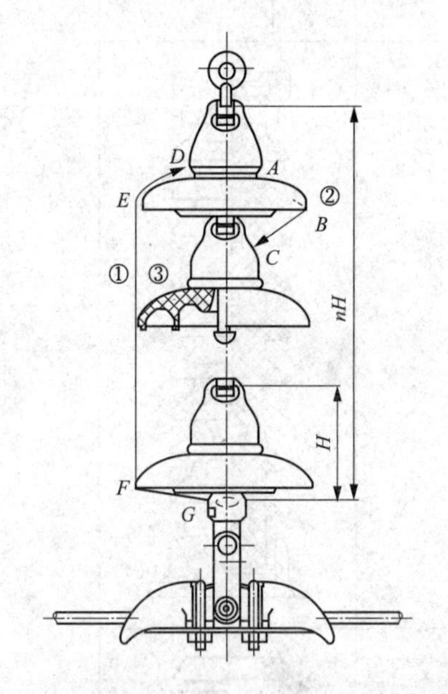

图 1-14　盘形绝缘子串的闪络距离和闪络路径

H—绝缘子高度；①～③—三种不同的闪络路径

在长绝缘子串的导线侧装设均压环使绝缘子与导线间电容增大，可使绝缘子串的电压分布趋于均匀，减小电晕放电和线路的无线电干扰，同时也会使绝缘子串的闪络电压略微降低。

盘形绝缘子运行负荷最大值不超过其额定机电破坏负荷的 30%。

表 1-43　　盘形绝缘子串的闪络电压类型和闪络路径关系

闪络电压类型	决定因素	闪络路径
工频干闪、雷电冲击、操作冲击干闪、正极性操作冲击湿闪	绝缘子串长度 L_d	图 1-14 中①：最短路径，$D\to E\to F\to G$ $L_d=DE$（沿面）$+EF$（空气间隙）$+FG\approx nH$
工频湿闪、负极性操作冲击湿闪	绝缘子形式：空气间隙长 L_g，潮湿表面长 L_w	图 1-14 中②：沿绝缘子表面和空气间隙交替组成的路径，$L_w=nAB$（沿各绝缘子表面），$L_g=nBC$
污秽闪络	绝缘子形式，材质，污秽	图 1-14 中③：沿全部绝缘体表面

（2）高压支柱绝缘子。高压支柱绝缘子分为户内和户外两大类。户外绝缘件表面采用多棱式以提高其闪络特性；户内多为实心棒形支柱绝缘子。超高压支柱绝缘子顶部装设均压环，直径应超过绝缘子高度的 20%。支柱绝缘子的运行负荷最大值不应超过其弯曲破坏力的 40%；短路时合力的最大值不超过额定弯曲破坏力。

（3）复合绝缘子。复合绝缘子的芯棒或芯管一般为树脂浸渍玻璃纤维棒（大多采用引拔棒），主要提供机械强度；外套多由硅橡胶或乙丙橡胶制作，提供必要的干弧距离和爬电距离，并且保证芯体不受气候环境影响。复合绝缘子有线路柱式绝缘子、长棒形绝缘子、支柱绝缘子和空心绝缘子等品种。复合绝缘子具有尺寸小、质量轻、机械强度高、对杆塔机械强度要求较低等优点，运输、安装、维护方便，防污性突出，可用于强污秽地区，复合空心绝缘子还消除了瓷套易破裂的危险。

（4）高压套管。高压套管是引导高压导体穿过隔板并使导体与隔板绝缘的器件。高压套管按绝缘结构分为单一绝缘（主绝缘有纯瓷、树脂、合成橡胶等）套管、复合绝缘（瓷套加油、瓷套加压缩气体、瓷套加绝缘胶）套管和电容式（油浸电缆纸、环氧或酚醛胶单面上胶纸、环氧胶浸渍绝缘纸、有机复合）套管等几种。

电容式套管最常用，主绝缘称为电容芯子，绝缘内部布置有导电层（电极）以改善电场分布，电极一般用铝箔，若以半导体镶边铝箔、半导体箔以及绝缘纸印制半导体条作为电极，则可改善电极边缘的局部放电特性；油纸套管芯子两端一般切割成阶梯状，套管必须全部充油，上下均有瓷套，油与外界隔绝，密封要求高，局部放电电压高、放电量小、$\tan\delta$ 低、散热好、热稳定性好；胶纸套管芯子两端车削成锥形，套管户外部分（上部）需瓷套保护，并充油以防潮，胶纸套管尺寸小、机械强度高、耐局部放电性能好、维护方便。电容套管可以缩小套管本身的尺寸，并使安装有电容套管的变压器、油断路器等电力设备的尺寸减小。

（5）直流绝缘子。直流绝缘子运行条件不同于交流绝缘子，应有特殊考虑：

1）直流电压下，瓷中钠离子易迁移引起绝缘子老化和热破坏，因而要求降低绝缘子中钠含量，要选用高电阻率材料。

2）负极性湿闪电压比交流低，直流绝缘子的污秽沉积比交流下更严重，表面局部放电持续时间较长，直流污秽耐压比交流时低，因而爬电比距要求较高。

3）盘型直流绝缘子的钢脚在直流电压下易被电解腐蚀，钢脚一般应有锌护套，严重污秽地区使用的盘形或长棒形绝缘子帽钟罩口下缘应装设锌环。

直流套管电场分布不同于交流套管，要求增加绝缘长度，要有足够的保护爬电距离和伞间距。套管瓷套表面涂室温固化硅橡胶能有效提高耐污秽性能。

四、变配电工程常用设备

电气设备按照电压等级可分为高压电气设备和低压电气设备，额定电压大于 1kV 的为高压电气设备，额定电压在 1kV 以下的为低压电气设备。

1. 高压电气设备

（1）电力变压器。电力变压器是将一种电压的交流电能转换为另一种电压的交流电能，以满足输电或用电的需要。

电力变压器按功能可分为降压变压器、升压变压器和联络变压器；按相数可分为单相变压器、三相变压器；按绕组形式可分为双绕组变压器、三绕组变压器、自耦变压器；按调压方式可分为无载调压变压器及有载调压变压器；按绕组绝缘类型可分为油浸式电力变压器、干式变压器、充气式变压器；按用途可分为普通变压器、全封闭变压器、防雷变压器等。

变压器型号的含义如图 1-15 所示。

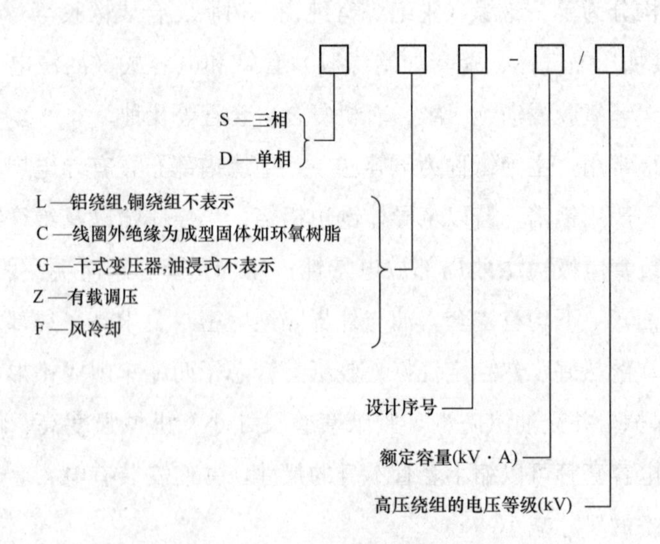

图 1-15　变压器型号的含义

如变压器的型号是S7－500/10，表示三相油浸自冷式铜绕组变压器，高压侧的额定电压为10kV，低压侧的额定电压为0.4kV，额定容量为500kV·A。

(2) 高压断路器。高压断路器是变电/配电所用以通断电路的设备，正常供电时用来接通和切断负荷电流；当发生短路故障或严重过负荷时，借助继电保护装置的作用，自动、迅速地切断故障电流。断路器应在尽可能短的时间内熄灭电弧，因而具有可靠的灭弧装置。

高压断路器型号的含义如图1-16所示。

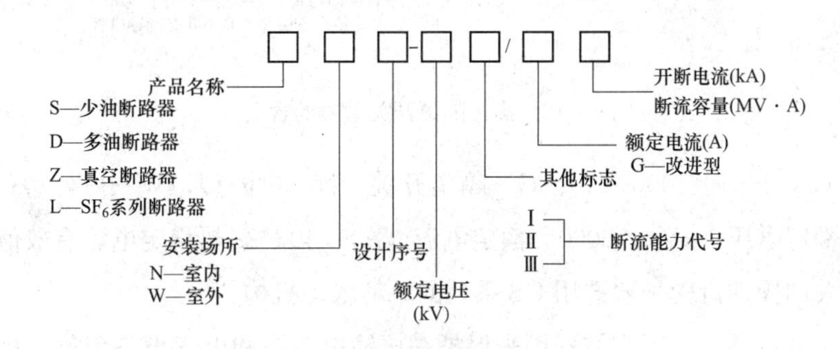

图1-16　高压断路器型号的含义

(3) 高压负荷开关。高压负荷开关具有简单的灭弧装置，能通断一定的负荷电流和过负荷电流，但不能切断短路电路，通常情况下，负荷开关与高压熔断器配合使用，由熔断器切断短路电流。

高压负荷开关型号的含义如图1-17所示。

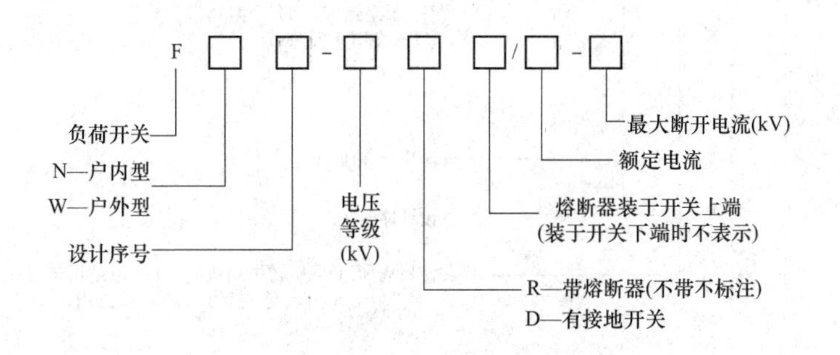

图1-17　高压负荷开关型号的含义

如型号FN3－10R/400：F—负荷开关；N—户内型，W—户外型；3—设计序号；10—额定电压（kV）；400—额定电流（A）；R—带熔断器。

负荷开关的操动机构一般选用CS系列的手动操动机构。

(4) 高压隔离开关。高压隔离开关主要用来隔离电源，将需要检修的设备与电源可靠地断开；在结构上，隔离开关断开后有明显的可见的断开间隙，故隔离开关的触点是暴露在空气中的。

高压隔离开关型号的含义如图 1-18 所示。

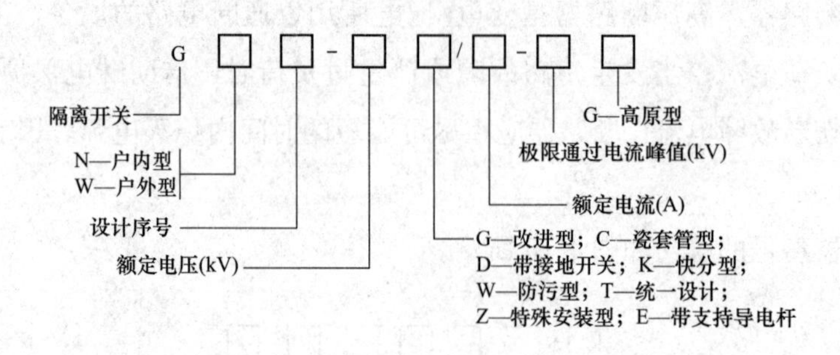

图 1-18　高压隔离开关型号的含义

如型号 GN22－10/2000－40：G—隔离开关；N—户内型，W—户外型；22—设计序号；10—额定电压（kV）；2000—额定电流（A）；40—2s 热稳定电流有效值（kA）。

隔离开关的操动机构一般选用 CS 系列的手动操动机构。

（5）高压避雷器。高压避雷器用来保护高压输电线路和电气设备免遭雷电过电压的损害。避雷器一般在电源侧与被保护设备并联，当线路上出现雷电过电压时，避雷器的火花间隙被击穿或高阻变为低阻，对地放电，从而保护了输电线路和电气设备。

避雷器型号的含义如图 1-19 所示。

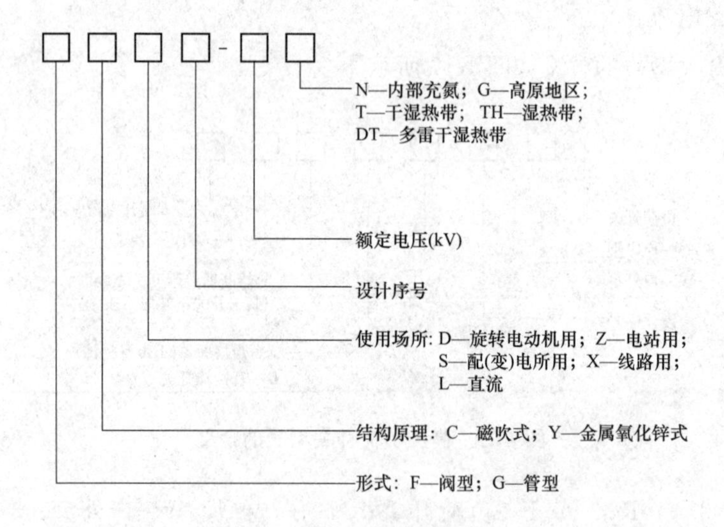

图 1-19　避雷器型号的含义

（6）高压开关柜。高压开关柜是由制造厂按一定的接线方案要求将开关电器、母线（汇流排）、测量仪表、保护继电器及辅助装置等组装在封闭的金属柜中的成套式配电装置。

高压开关柜型号的含义如如图 1-20 所示。

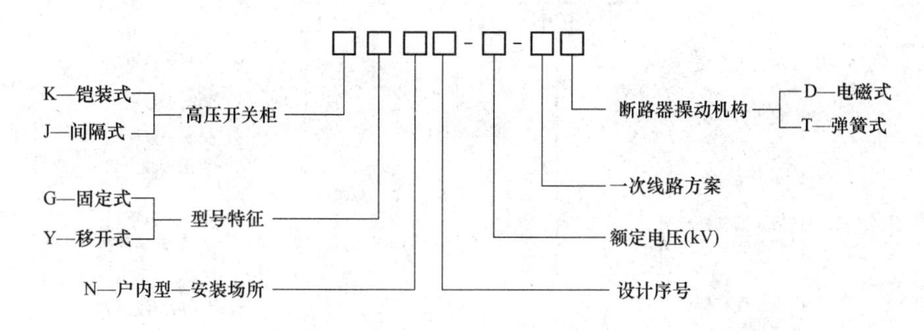

图 1-20　高压开关柜型号的含义

2. 低压电气设备

（1）低压断路器。低压断路器用作交、直流线路的过载、短路或欠电压保护，也可用于不频繁启动电动机以及操作或转换电路。

塑料外壳式断路器型号的含义如图 1-20 所示。

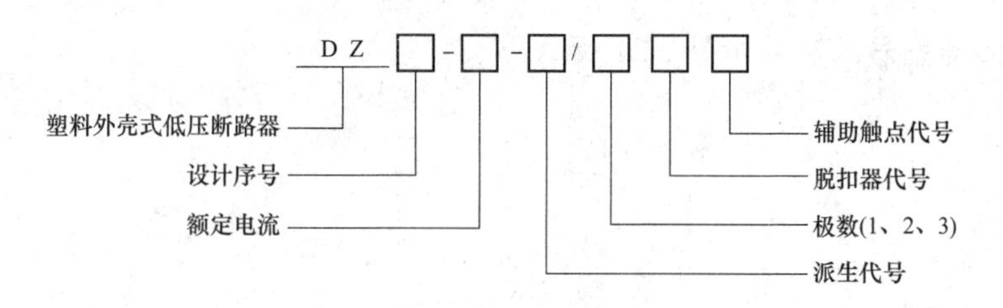

图 1-21　塑料外壳式断路器型号的含义

（2）熔断器。熔断器由熔断管、熔体和插座三部分组成。当电流超过规定值并经过足够时间后，熔体熔化，把其所接入的电路断开，对电路和设备起短路或过载保护。

瓷插式熔断器型号的含义如图 1-22 所示。

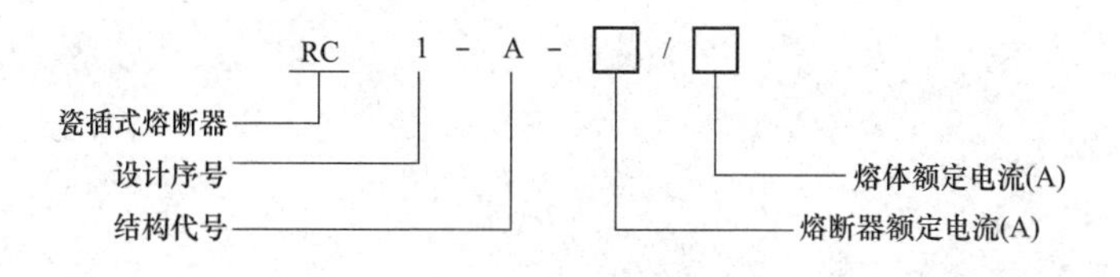

图 1-22　瓷插式熔断器型号的含义

（3）刀开关（低压隔离开关）。刀开关没有任何防护，一般只能安装在低压配电柜中。刀开关主要用于隔离电源和分断交直流电路。

刀开关型号的含义如图 1-23 所示。

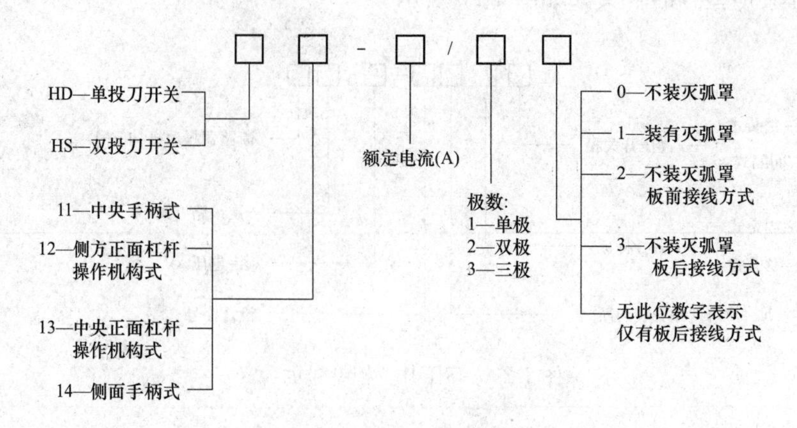

图 1-23　刀开关型号的含义

（4）交流接触器。交流接触器是适用于控制频繁操作的电气设备，可用按钮操作，作远距离分、合电动或电容器等负载的控制电器，也可作电动机的正、反转控制。交流接触器自身具备灭弧罩，可以带负分、合电路，动作迅速，安全可靠。

交流接触器型号的含义如图 1-24 所示。

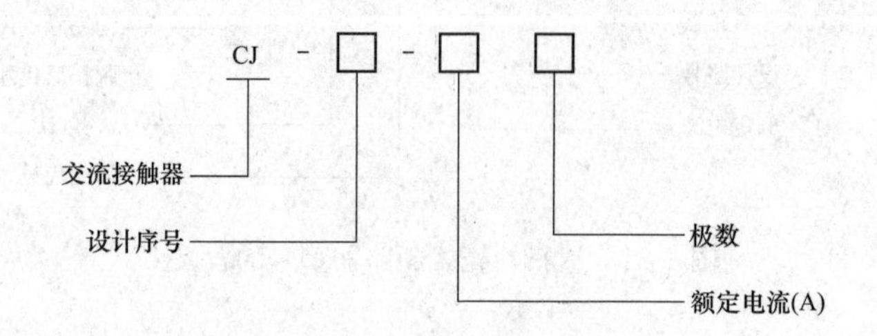

图 1-24　交流接触器型号的含义

建筑电气工程识图与预算

从新手到高手

第二章

建筑电气工程施工图的识读

第一节　变电/配电工程施工图

扫码观看本资料

一、电力系统的组成

电力系统由发电厂的发电机、升压及降压变电设备、电力网及电能用户（用电设备）组成，如图 2-1 所示。

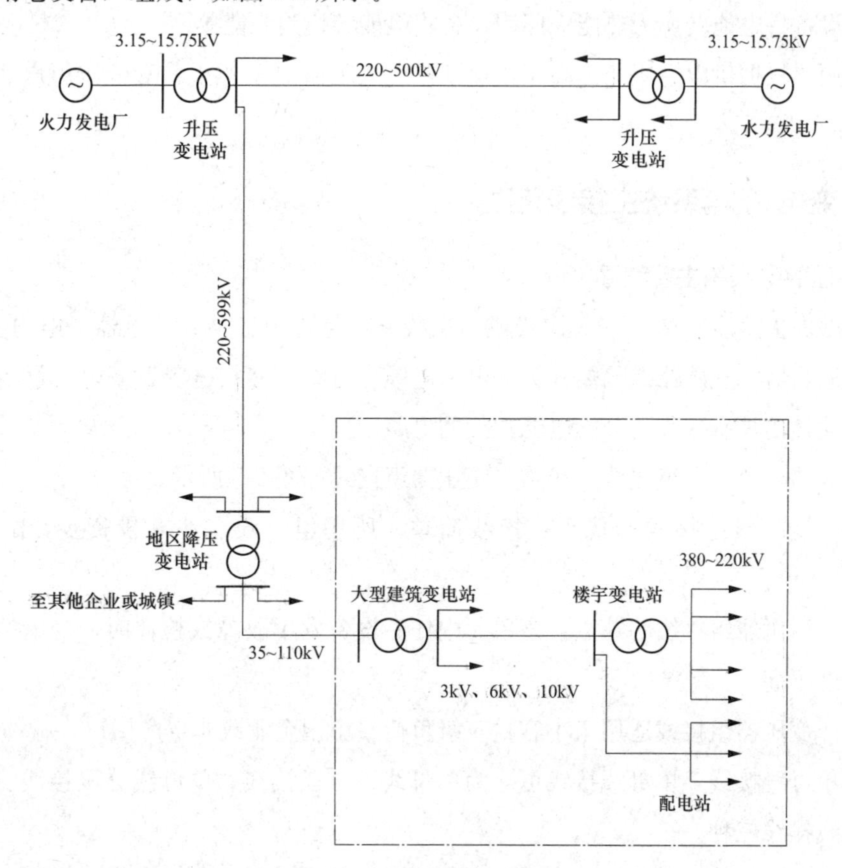

图 2-1　电力系统示意图

1. 发电厂

发电厂把自然界中的一次能源转换为用户可以直接使用的二次能源，即电能。根据发电厂取用的一次能源的不同，发电形式主要有火力发电、水力发电、风力发电、潮汐发电、地热发电、太阳能发电、核能发电等。

2. 变电站

变电站能接受电能，变换电压和分配电能，由电力变压器、配电装置和二次装置等构成。变电站根据性质和任务的不同，分为升压变电站和降压变电站；根据地位和作用的不同，分为枢纽变电站、地区变电站和用户变电站。

3. 电力网

电力网由升压和降压变电站和与之对应的电力线路组成，能变换电压、传送电能，将发电厂生产的电能经过输电线路，送到用户（用电设备）。

4. 配电系统

配电系统将电力系统的电能传输给电能用户，电能用户（消耗电能的用电单位）将电能通过用电设备转换为满足用户需求的其他形式的能量，如电动机将电能转换为机械能；电热设备将电能转换为热能；照明设备将电能转换为光能等。

电能用户根据供电电压分为高压用户（额定电压在1kV以上）和低压用户（额定电压为220/380V）。

二、变电/配电系统主接线路图

1. 高压供电系统主接线图

变电站的主接线，又称一次接线或一次线路，是指由各种开关电器、电力变压器、断路器、避雷器、互感器、隔离开关、电力电缆、母线、移相电容器等电气设备按一定的次序相连接的具有接收与分配电能功能的电路。

（1）线路一变压器组接线。线路一变压器组接线如图2-2所示。

线路一变压器组接线的优点：接线简单，所用电气设备少，投资少，配电装置简单。

线路一变压器组接线的缺点：该单元中任一设备发生故障或检修时，变电站全部停电，可靠度不高。

线路一变压器组接线适用于小容量三级负荷、小型企业或非生产用户。

（2）单母线接线。单母线接线可分为单母线不分段接线、单母线分段接线、单母线带旁路母线接线三种。

1）单母线不分段接线。单母线不分段接线的每条引入线、引出线的电路中都装有

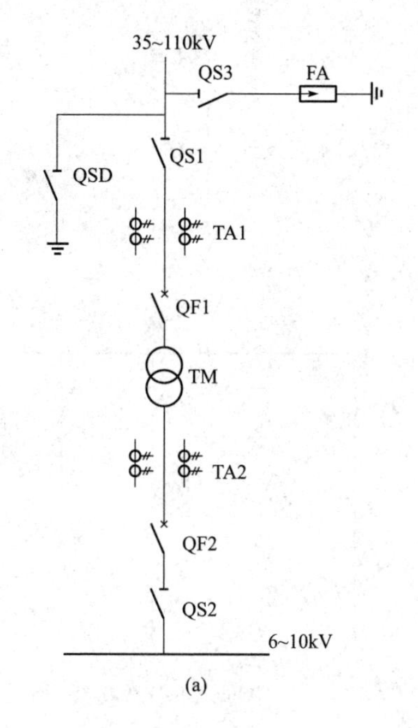

(a)

(b)

(c)

图 2-2　线路—变压器组接线

（a）一次侧采用断路器和隔离开关；（b）一次侧采用隔离开关；（c）双电源双变压器

断路器和隔离开关，电源的引入、引出都是通过一根母线连接，每条引入线、引出线的电路中都装有断路器与隔离开关，如图 2-3 所示。

单母线不分段接线的优点：电路简单清晰，使用设备少，经济性好。

单母线不分段接线的缺点：可靠性、灵活性差，当电源线路、母线或母线隔离开关发生故障或检修时，全部用户供电中断。

单母线不分段接线只适用于对供电要求不高的三级负荷用户，或有备用电源的二级负荷用户。

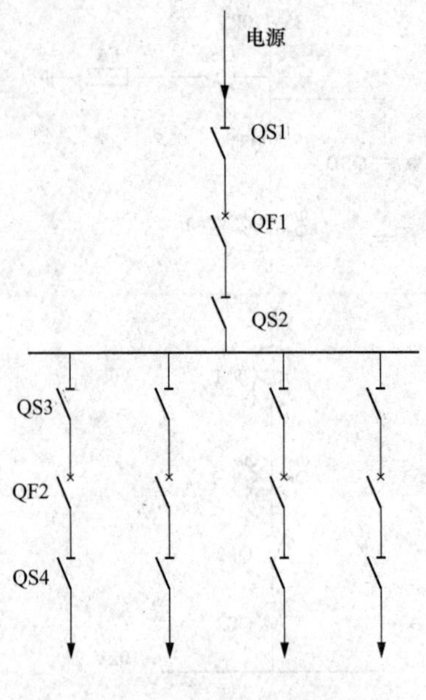

图 2-3　单母线不分段接线

2）单母线分段接线。单母线分段接线可采用隔离开关或断路器分段，隔离开关分断操作不方便，目前已不采用，如图 2-4 所示。

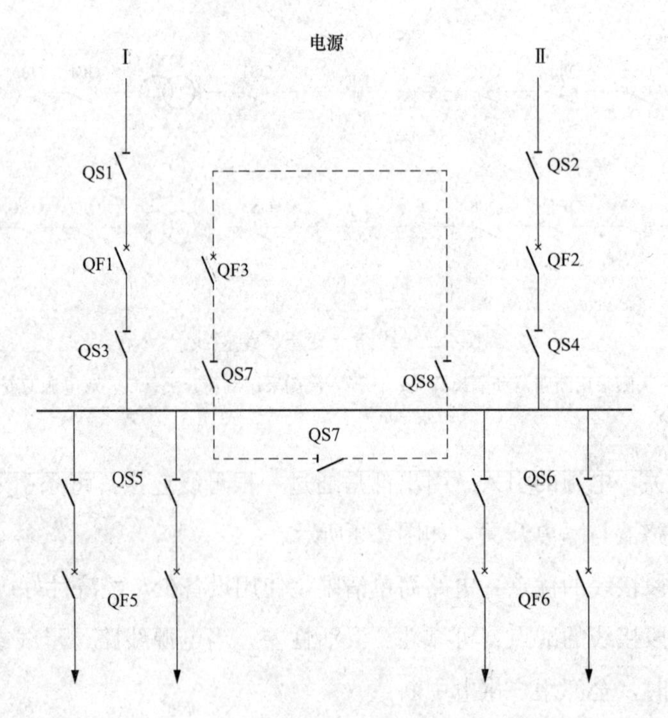

图 2-4　单母线分段接线

单母线分段接线的优点：可分段单独运行，也可并列同时运行，供电可靠性高，操作灵活，除母线故障或检修外，可对用户持续供电。

单母线分段接线的缺点：母线故障或检修时，有50%左右的用户停电。

3）单母线带旁路母线接线，如图2-5所示。

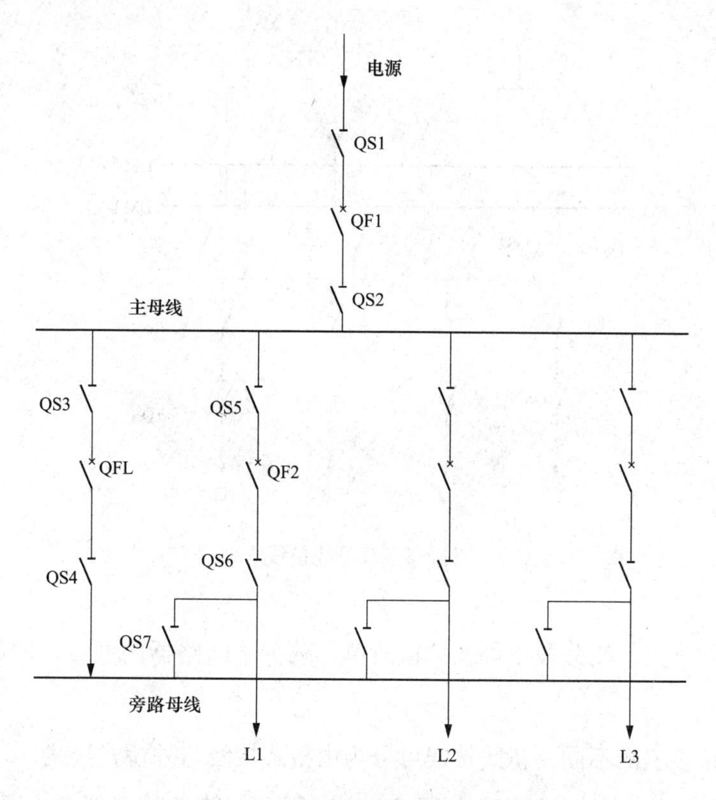

图2-5　单母线带旁路母线接线

单母线带旁路母线接线的优点；引出线断路器检修时，可用旁路母线断路器（QFL）代替引出线断路器，给用户继续供电。

单母线带旁路母线接线的缺点：造价较高，只用在引出线数量很多的变电站中。

（3）双母线接线。双母线接线如图2-6所示，DMⅠ是工作母线，DMⅡ是备用母线，任一电源进线回路或负荷引出线都经一个断路器和两个母线隔离开关接于双母线上，两个母线通过母线断路器QFL及其隔离开关相连接。双母线接线有两组母线分列运行和两组母线并列运行两种工作方式。

双母线接线的优点：双母线两组互为备用，极大地提高了供电的可靠性与灵活性。

双母线接线的缺点：闸操作比较复杂，在运行中隔离开关作为操作电器，容易发生误操作。尤其当母线出现故障时，须短时切换较多电源和负荷；当检修出线断路器时，仍然会使该回路停电。配电装置复杂，投资较多经济性差。

（4）桥式接线。桥式接线是指在两路电源进线间跨接一个“桥式”断路器。

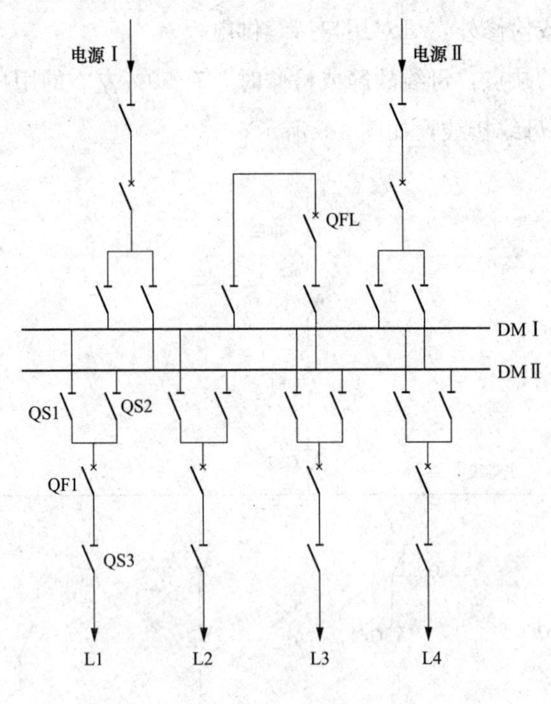

图 2-6 双母线接线

桥式接线的优点：比分段单母线结构简单，减少了断路器的数量，四回电路只采用三台断路器。

按照跨接桥位置的不同，桥式接线可分为内桥式接线与外桥式接线。

1）内桥式接线。内桥式接线如图 2-7(a) 所示，跨接桥靠近变压器侧，桥开关 (QF3) 装于线路开关 (QF1、QF2) 内，变压器回路只装隔离开关，不装断路器。

内桥式接线的优点：对电源进线回路操作方便，灵活供电可靠性高。

内桥式接线适用于因电源线路较长而发生故障和停电检修的机会较多，且用于变电站的变压器不需要经常切换的总降压变电站。

2）外桥式接线。外桥式接线如图 2-7(b) 所示，跨接桥靠近线路侧，桥开关 (QF3) 装在变压器开关 (QF1、QF2) 外，进线回路只装隔离开关，不装断路器。

外桥式接线的优点：对变压器回路操作方便，灵活，供电可靠性高。

外桥式接线适用于电源线路较短而变电所负荷变动较大、根据经济运行要求需要经常投切变压器的总降压变电站。

2. 变电/配电系统主接线图

(1) 如图 2-8 所示，一般建筑如住宅、学校、商店等，只有配电装置，低压 380V/220V 进线，图 2-8 中 D1～D4 为四面电气柜，低压电源经电缆引入，经熔断器式刀开关

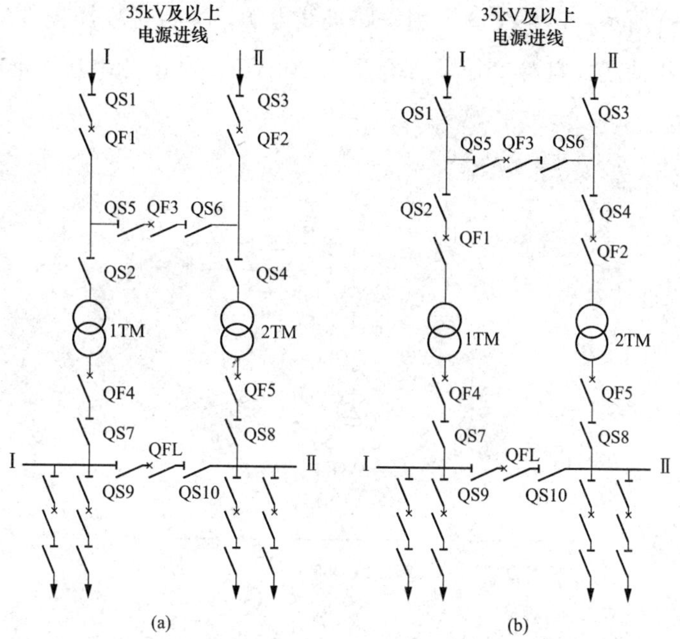

图 2-7　桥式接线图

（a）内桥式接线；（b）外桥式接线

和仪表用电流互感器至低压母线，各电气柜均用低压断路器作为带负荷分合电路和供电线路的短路及过载保护；D3、D4 还装有电能表，低压电源经空气断路器或隔离刀开关送至低压母线，用户配用由空气断路器作为带负荷分合电路和供电线路的短路及保护，电能表装在每用户点。

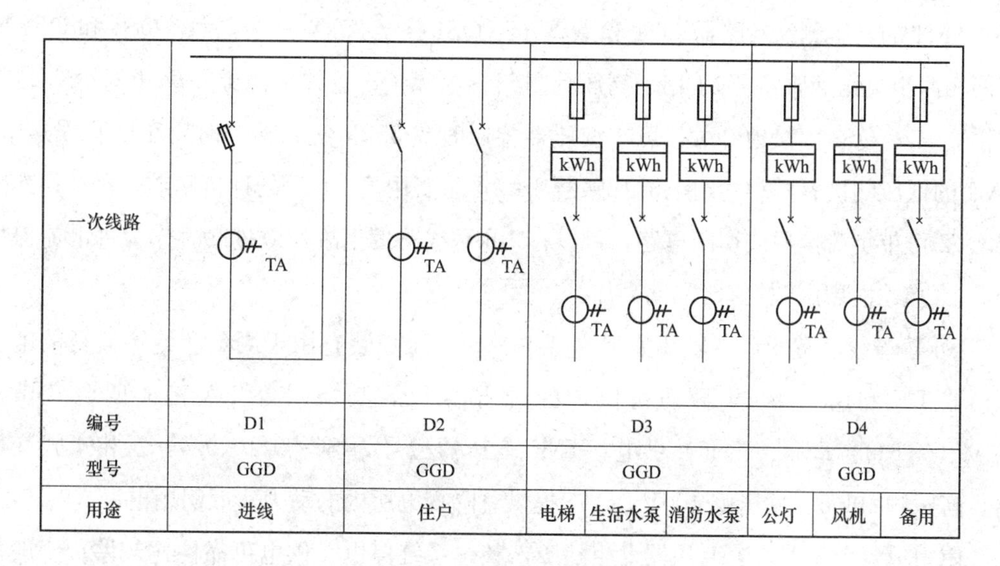

图 2-8　低压供电系统图

(2) 如图 2-9 所示，该系统图采用一路进线电源，一台主变压器 TM1，型号为 SJ-5000-35/10：三相油浸式自冷变压器，容量 5000kVA；高压侧电压 35kV，低压侧电压 10kV，Y/Δ 连接。

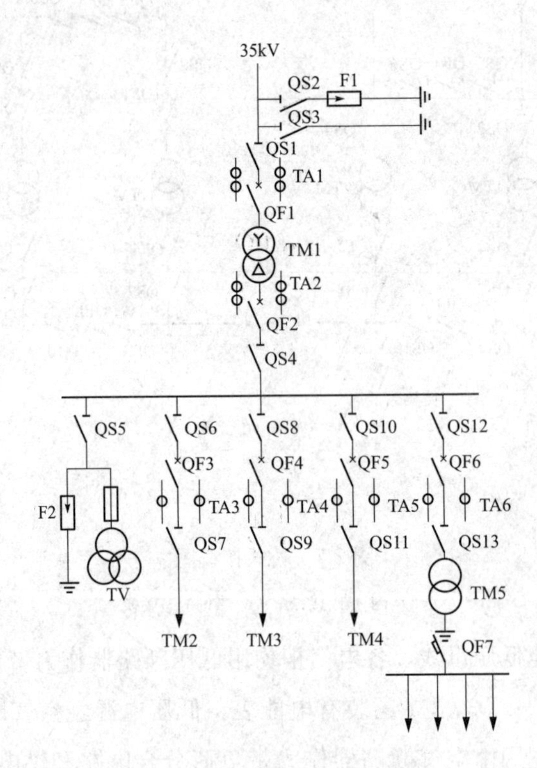

图 2-9　35kV 总降站电气系统图

TM1 的高压侧经断路器 QF1 和隔离开关 QS1 接至 35kV 进线电源，QS1 和 QF1 间有两相两组电流互感器 TA1 用于高压计量与继电保护；进线电源经隔离开关 QS2 接有避雷器 F1；QS3 为接地开关，可在变压器检修时或 35kV 线路检修时用于防止误送电；TM1 的低压侧接有两相两组电流互感器 TA2，主要用于 10kV 的计量和继电保护；断路器 QF2 可带负荷接通或切断电路，可以在 10kV 线路发生故障或过载时作为过电流保护开关；QS4 主要用于检修时隔离高压。

10kV 母线接有 5 台高压开关柜，其中一台高压柜装有用于测量及绝缘监视的电压互感器 TV 和用于 10kV 侧防雷保护的避雷器 F2，其余四台开关柜向四台变压器（TM2、TM3、TM4、TM5）供电。TM5 变压器型号为 SC-50/10/0.4：三相干式变压器，高压侧 10kV，低压侧 400V，用于提供总降变电所内的动力、照明用电。

使用单台变压器，若变压器发生故障，整个系统停电，供电可靠性比较差；一般都采用两路进线，由两台 35kV 变压器降压供电。

(3) 10kV/0.4kV变电/配电电气系统图。电能用户如中小型工厂、宾馆及商住楼等，通常都采用10kV进线。按照负荷的重要程度，可采用一台或两台变压器进行供电。

如图2-10所示为某种10kV/0.4kV进线的电气系统图，图2-10中，电源从W1引入，高压配电装置为两面高压柜，其中，一面柜中装有隔离开关QS、断路器QF；另一面柜中装有一台电压互感器TV、两台电流互感器TA1、熔断器F4和避雷器FV。变压器T低压侧中性点接地，并引出中线N接入低压开关柜。在低压配电装置中包括一面主柜，柜中装有三台电流互感器TA2、总隔离开关Q2和总断路器Q3。断路器Q3连接柜上的母线W2。低压配电装置中有三条配电回路：左边第一回路上装有熔断器F5、隔离开关Q4和三只电流互感器TA3；中间第二回路上装有隔离开关Q5、断路器Q7和两只电流互感器TA4，分别监测两根导线中的电流；右边第三回路上的设备与左边第一回路的设备相同。

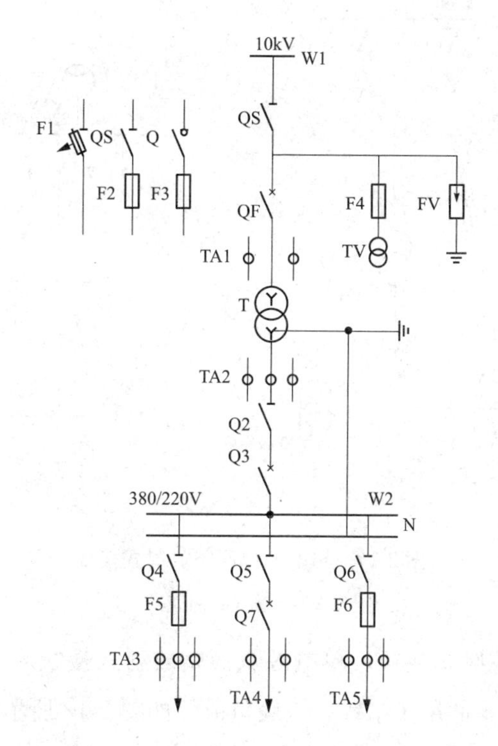

图2-10　10kV/0.4kV进线的电气系统图

若变压器容量小于315kV·A，高压设备可简化，图2-10中左上角所示为三种简化的高压设备配置方法：一为使用室外跌落式熔断器F1；二为使用隔离开关与熔断器组合；三为使用负荷开关和熔断器组合。后两种配置方法可将高压电器安装于变压器室的墙壁上，而不使用高压开关柜。

3. 变配电系统接线图

(1) 放射式接线。放射式接线（专用线供电）指从电源点用专用开关及专用线路直接送到用户或设备的受电端，沿线没有其他负荷分支的接线。

放射式接线的优点：引出线发生故障时互相不影响，供电可靠性比较高，切换操作方便，保护简单。

放射式接线的缺点：有色金属消耗量比较多，采用的开关设备比较多，投资大。

放射式接线适用于用电设备容量大、负荷性质重要、潮湿及腐蚀性环境的场所。

放射式接线主要有单电源单回路放射式及双回路放射式接线两种。

1）单电源单回路放射式接线。单电源单回路放射式接线的电源由总降压变电站的 6～10kV 母线上引出一回线路直接向负荷点（或用电设备）供电，沿线没有其他负荷，受电端间无电的联系，适用于可靠性要求不高的二级、三级负荷，如图 2-11 所示。

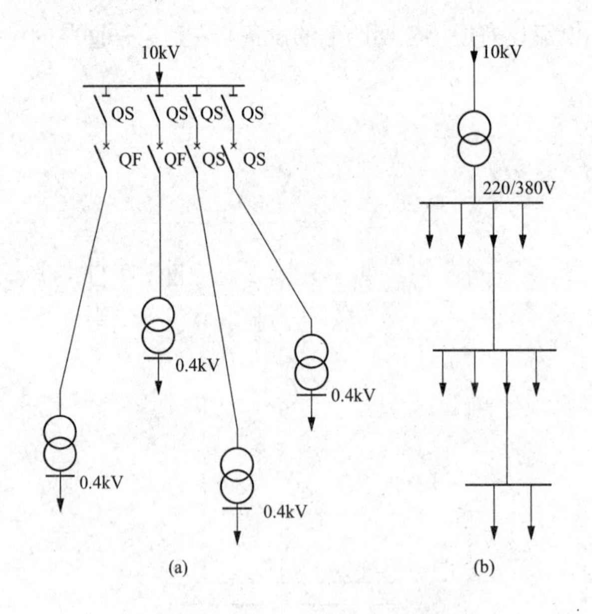

图 2-11　单电源单回路放射式接线

（a）高压；（b）低压

2）单电源双回路放射式接线。单电源双回路放射式接线对一个负荷点或用电设备使用两条专用线路供电，适用于二级、三级负荷，如图 2-12 所示。

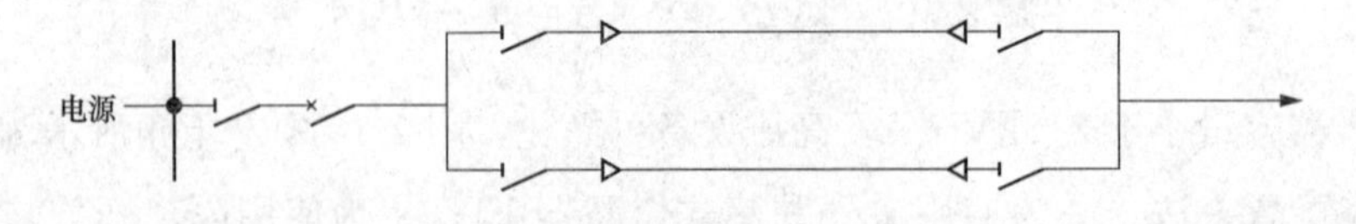

图 2-12　单电源双回路放射式接线

3）双电源双回路放射式接线（双电源双回路交叉放射式接线）。双电源双回路放射式接线的两条放射式线路连接于不同电源的母线上，也就是两个单电源单回路放射的交叉组合，如图 2-13 所示。双电源双回路放射式接线适用于可靠性要求较高的一级负荷。

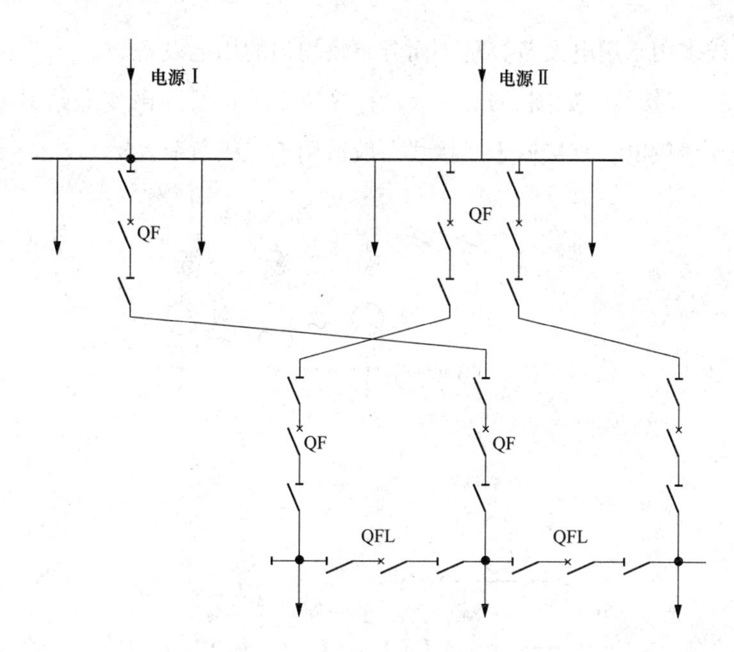

图 2-13　双电源双回路放射式接线

4）具有低压联络线的放射式接线。如图 2-14 所示，具有低压联络线的放射式接线从邻近的负荷点（或用电设备）取得另一路电源，用低压联络线引入，提高了单回路放射式接线的供电可靠性。具有低压联络线的放射式接线适用于可靠性要求不高的二级、三级负荷，若低压联络线的电源取自另一路电源，则可供小容量的一级负荷。

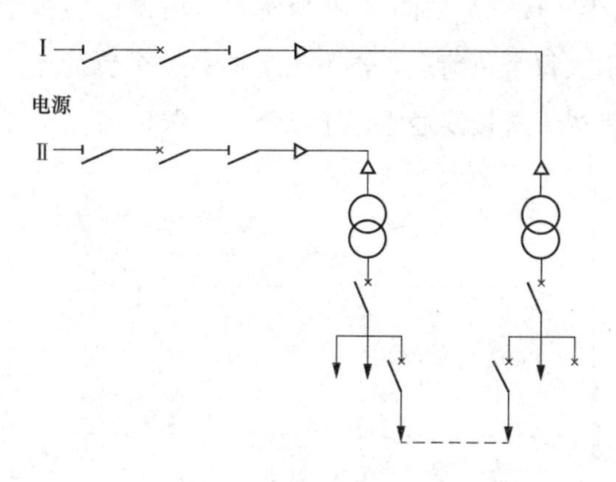

图 2-14　具有低压联络线的放射式接线

（2）树干式接线。树干式接线是指由高压电源母线上引出的每路出线，沿线要分别连到若干个负荷点或用电设备的接线方式。

树干式接线的优点：一般情况下，有色金属消耗量较少，采用的开关设备较少。

树干式接线的缺点：干线发生故障时，影响范围大，供电可靠性较差。

树干式接线多用于用电设备容量小而分布较均匀的用电设备。

1）直接树干式接线。如图 2-15 所示，直接树干式接线在由变电站引出的配电干线上直接接出分支线供电。直接树干式接线一般适用于三级负荷。

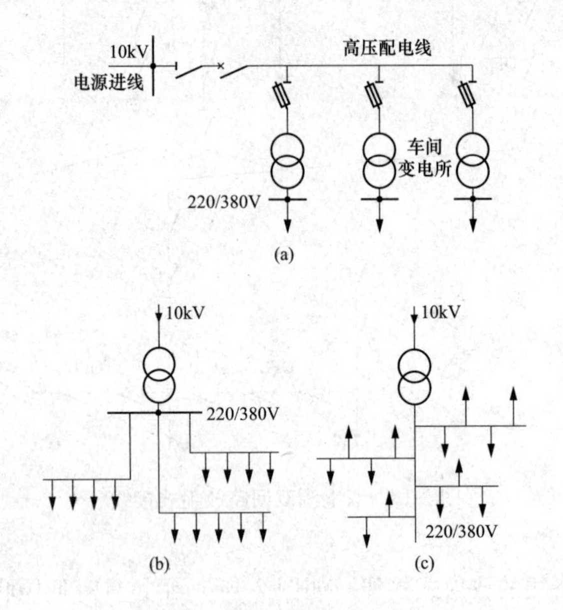

图 2-15　直接树干式接线图

（a）高压树干式接线；（b）低压母线放射式的树干式接线；

（c）低压“变压器－干线组”的树干式接线

2）单电源链串树干式接线。如图 2-16 所示，单电源链串树干式接线在由变电站引出的配电干线上分别引入每个负荷点，再引出走向另一个负荷点，干线的进出线两侧都装有开关。单电源链串树干式接线通常用于二级、三级负荷。

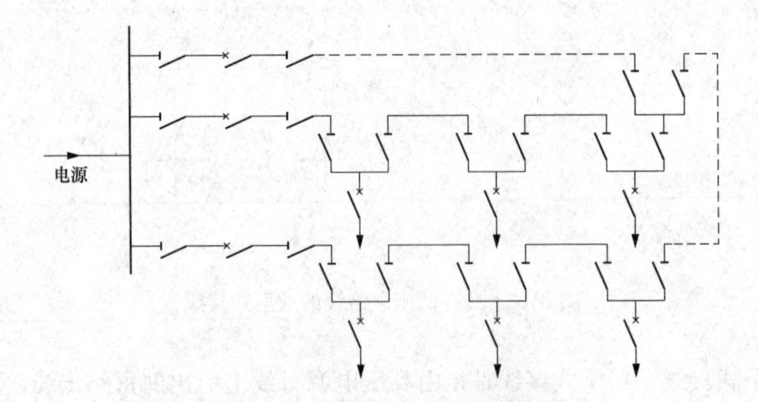

图 2-16　单电源链串树干式接线图

3）双电源链串树干式接线。如图 2-17 所示，双电源链串树干式接线在单电源链串树干式的基础上增加了一路电源。双电源链串树干式接线适用于二级、三级负荷。

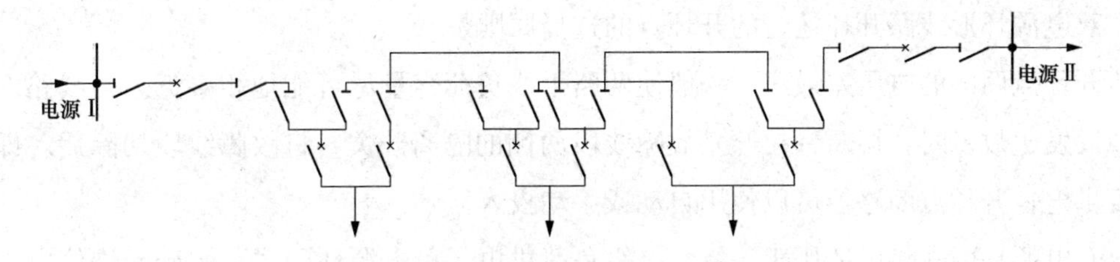

图 2-17　双电源链串树干式接线图

（3）环网式接线。环网式线路，如图 2-18 所示。

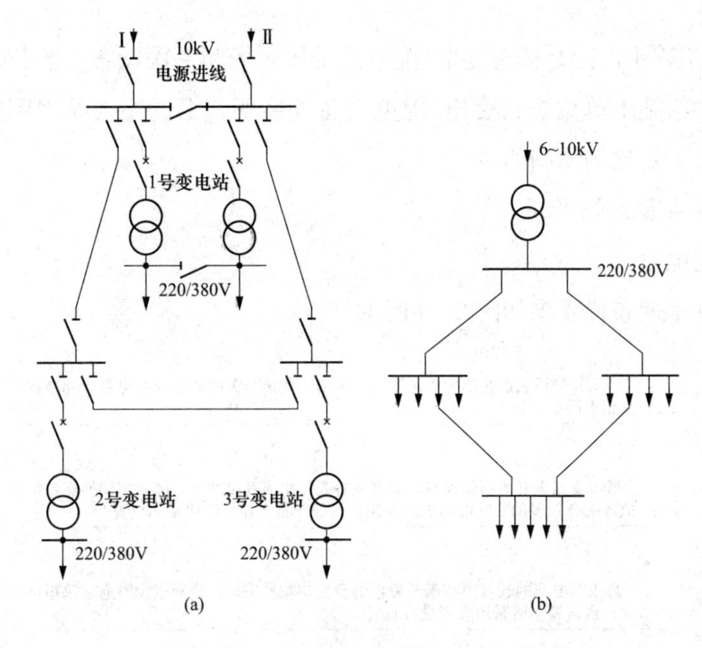

图 2-18　环网式接线图

（a）高压；（b）低压

环网式线路的优点：可靠性比较高，接入环网的电源可以是一个，也可以是两个甚至多个。

环网式线路的缺点：环网内线路的导线通过的负荷电流应考虑故障情况下环内通过的负荷电流，导线截面要求相同，因此，环网式线路的有色金属消耗量大。

为加强环网结构（保证某一条线路故障时各用户仍有较好的电压水平），或保证在更严重的故障（某两条或多条线路停运）时的供电可靠性，一般可采用双线环网式结构；双电源环形线路在运行时，往往是开环运行的，即在环网的某一点将开关断开。此时环网式线路演变为双电源供电的树干式线路。

双电源环形线路开环运行主要考虑继电保护装置动作的选择性，缩小电网故障时的停电范围。

双电源环形线路开环运行的开环点的选择原则是：

开环点两侧的电压差最小，一般使两路干线负荷容量尽可能地相接近。当线路的任一线段发生故障时，切断（拉开）故障线段两侧的隔离开关，将故障线段切除后，即可恢复供电；开环点断路器可以使用自动或手动投入。

双电源环网式供电适用于一级、二级负荷供电；单电源环网式适用于允许停电半小时以内的二级负荷。

三、变配电工程平面图

变电/配电工程平面图是体现变电/配电站总体布置和一次设备安装位置的图纸，也是设计单位提供给施工单位进行变电/配电设备安装所依据的主要技术图纸，是根据设备的实际尺寸按一定比例绘制的。

1. 变配电所平面布置要求

（1）高压配电室。

高压配电室平面布置要求如图 2-19 所示。

高压配电室平面布置要求

- 高压开关柜装设在单独的高压配电室内。高压开关柜和低压配电屏单列布置时，二者的净距不得小于2m
- 当布置高压开关柜位置时，应避免各高压出线互相交叉。经常需要操作、维护、监视或故障机会较多的回路的高压开关柜，最好布置于靠近值班桌的位置
- 高压配电室的长度由高压开关柜的台数与宽度决定。台数较少时通常采用单列进行布置，台数较多时采用双列进行布置
- 高压开关柜靠墙安装时，柜后距墙净距不应小于0.5m。两头端与侧墙净距不得小于0.2m
- 架空进、出线时，进、出线套管至室外地面距离不得低于4m；进、出线悬挂点对地距离不低于4.5m
- 室内电力电缆沟底要有一定的坡度和集水坑，以便排水；沟盖应采用花纹钢板，相邻开关柜下面的检修坑间要用砖墙隔开，电缆沟深通常为1m
- 长度大于8m的配电装置室，应有两个出口，并应布置于配电装置室的两端。长度大于60m时，要增添一个出口；当配电装置室有楼层时，一个出口可设于通往屋外楼梯的平台处
- 高压配电室的耐火等级不得低于二级

图 2-19　高压配电室平面布置要求

（2）低压配电室。低压配电室平面布置要求如图 2-20 所示。

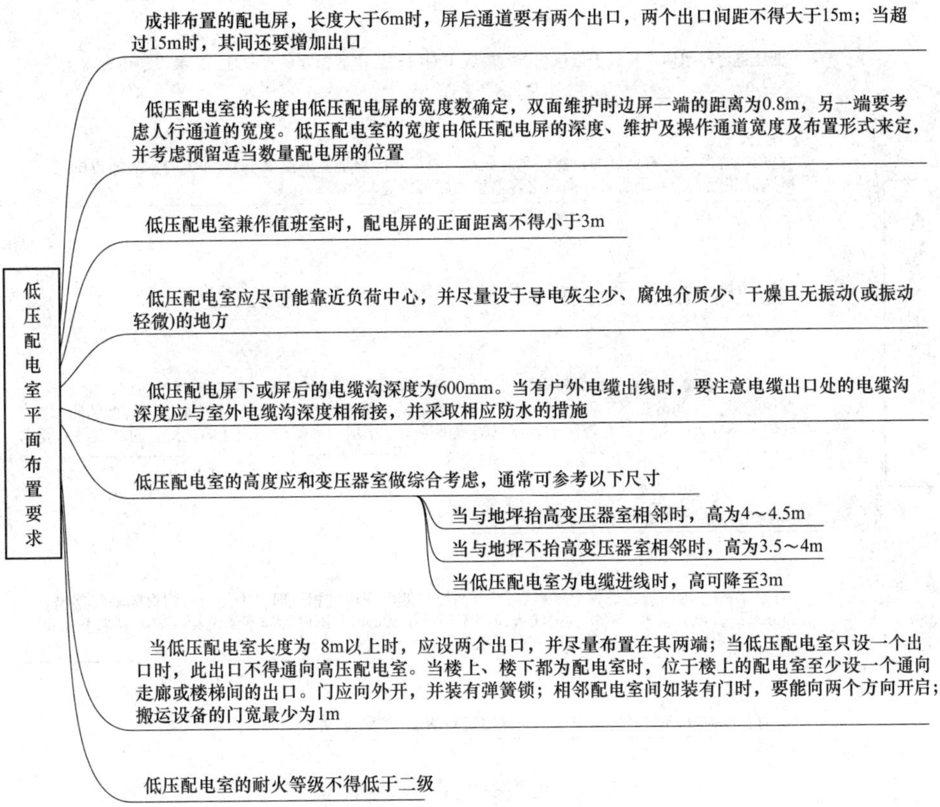

图 2-20　低压配电室平面布置要求

（3）变压器室。变压器室平面布置要求如图 2-21 所示。

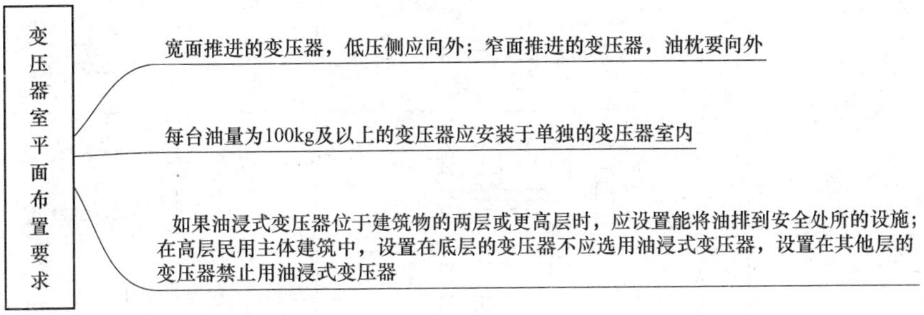

图 2-21　变压器室平面布置要求

（4）电容器室。电容器室平面布置要求如图 2-22 所示。

2. 变配电站平面布置形式

6～10kV 室内变电站高压配电室、低压配电室、变压器室的基本布置形式见表 2-1。

电容器室平面布置要求

- 高压电容器组通常装设于电容器室内，当容量较小时，可装设于高压配电室内，但同高压配电装置的距离不应小于1.5m；若采用有防火及防爆措施的电容器时，也可与高压配电装置并列
- 低压电容器组通常装设于低压配电室内或车间内；当电容器容量较大时，应装设于电容器室内
- 高压电容器室要有良好的自然通风。如自然通风不能保证室内温度小于400℃时，应增设机械通风装置。为利于通风，高压电容器室地坪可抬高0.8m
- 进、出风处应设有网孔不大于10mm×10mm的铁丝网，以防小动物进入室内
- 自行设计安装室内装配式高压电容器组时，电容器可分层进行安装，通常不超过三层，层间不得加隔板，层间的距离不得小于1m，下层电容器的底部高出地面0.2m以上，上层电容器的底部距离地面不应大于2.5m；对低压电容器只需要满足上、下层电容器底部距地的规定，对层数没有要求
- 电容器外壳间(宽面)的净距不得小于0.1m
- 电容器室(室内装设可燃性介质电容器)与高压、低压配电室相连时，中间应有防火隔墙将其隔开，如分开时，电容器室与建筑物的防火净距不得小于10m。高压电容器室建筑物的耐火等级不宜低于二级；低压电容器室的耐火等级不宜低于三级
- 室内长度超过8m要开设两个门，并应布置在两端，门要向外开启

图 2-22　电容器室平面布置要求

表 2-1　　常用 6～10kV 室内变电所基本布置形式

类型		有值班室	无值班室
独立式	一台变压器	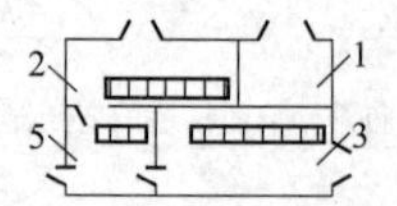	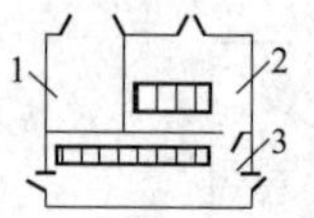
		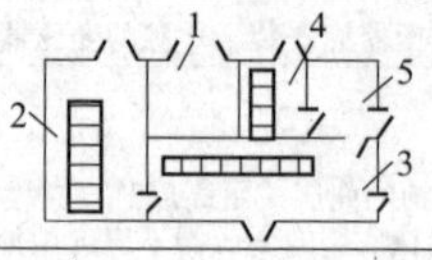	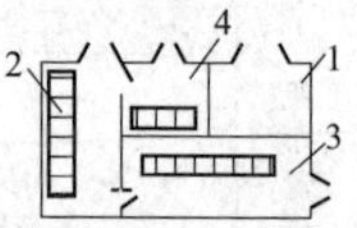
	两台变压器	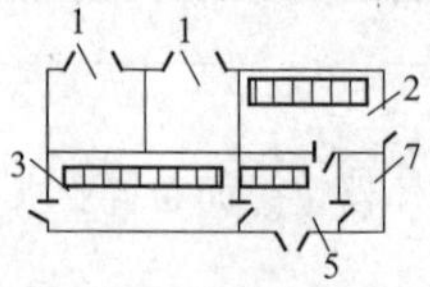	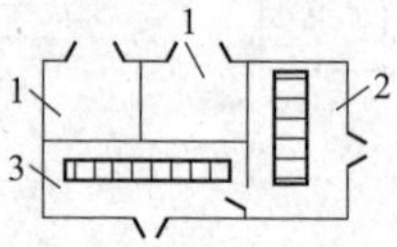
		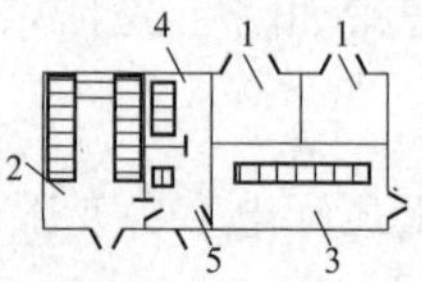	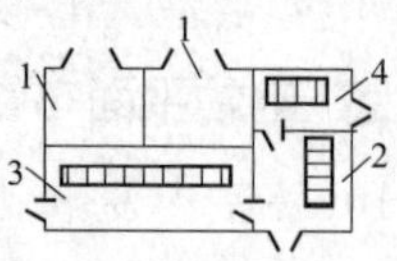

续表

类型		有值班室	无值班室
独立式	高压配电所	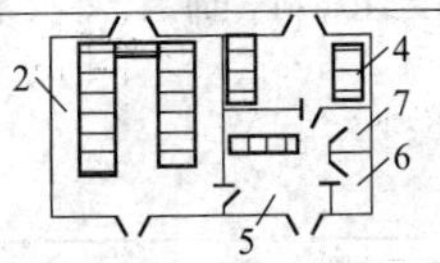	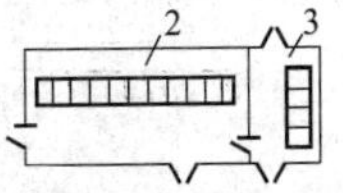
		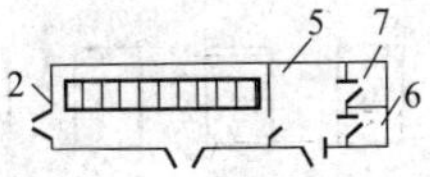	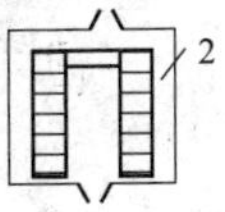
附设式	内附式	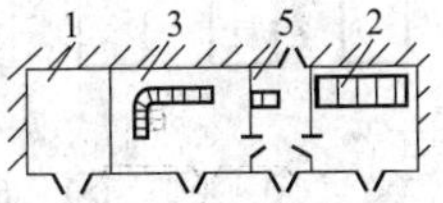	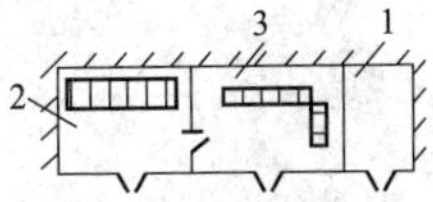
		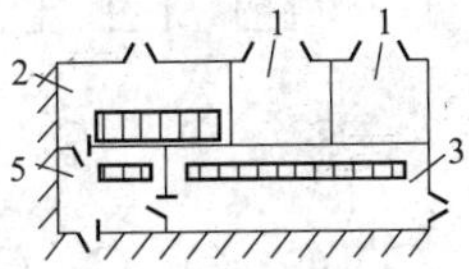	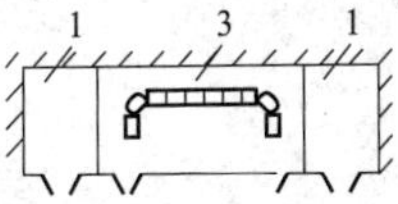
	外附式	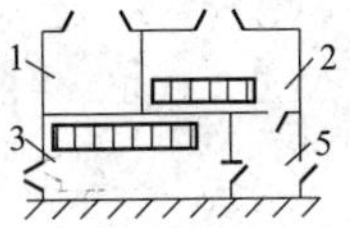	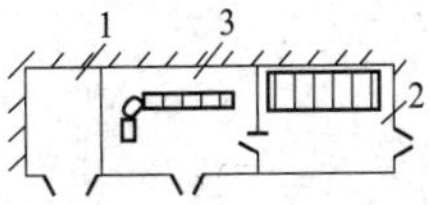
		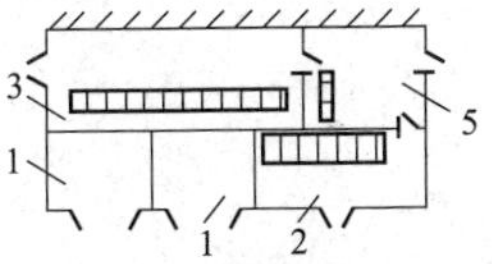	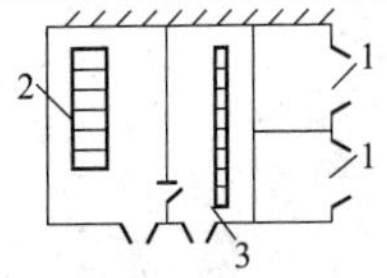
	外附露天式	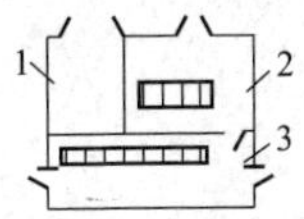	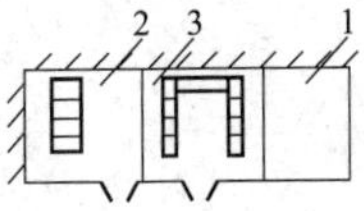
		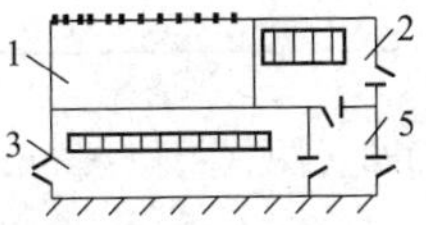	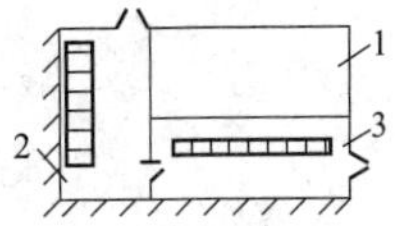

注 1—变压器室；2—高压配电室；3—低压配电室；4—电容器室；5—控制室或值班室；6—辅助房；7—厕所。

四、变配电系统二次电路

1. 屏面布置图

屏面布置图主要是二次设备在屏面上具体位置的详细安装尺寸，是用来装配屏面设备的依据。屏面布置图通常按一定比例绘制，同时标出与原理图一致的文字符号与数字符号。

一般情况下，屏顶安装控制信号电源及母线，屏后两侧安装端子排和熔断器，屏上方安装少量的电阻、光字牌、信号灯、按钮、控制开关及有关的模拟电路，如图 2-23 所示。

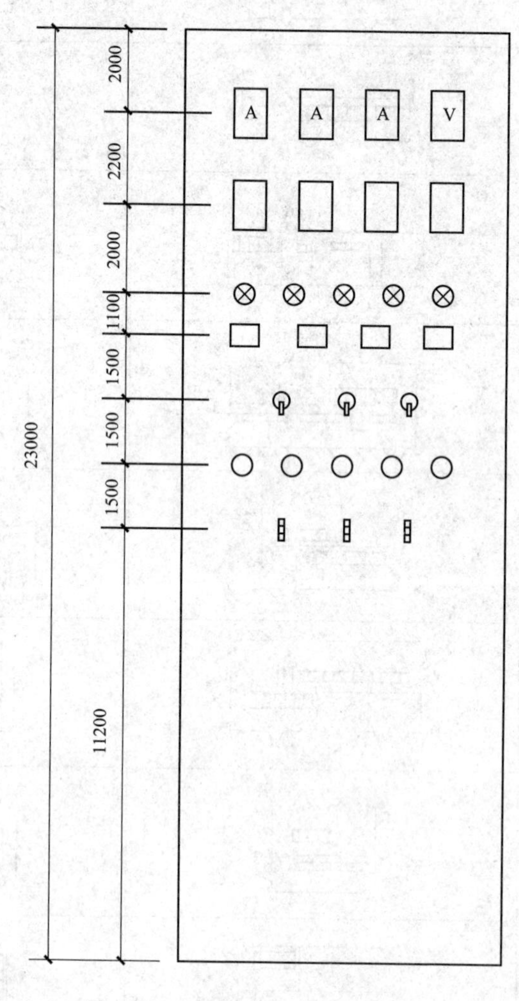

图 2-23 屏面布置图（单位：mm）

2. 端子排图

端子排是屏内与屏外各个安装设备间连接的转换回路。端子排图是表示端子排内各端子与外部设备间导线连接的图。

端子按用途可分为几种，如图 2-24 所示。

端子排列一般遵循的原则，如图 2-25 所示。

端子上的编号方法如下：

(1) 端子的左侧通常为与屏内设备相连接设备的编号或符号；中左侧为端子顺序编号；中右侧为控制回路相应编号；右侧一般为与屏外设备或小母线相连接的设备编号或

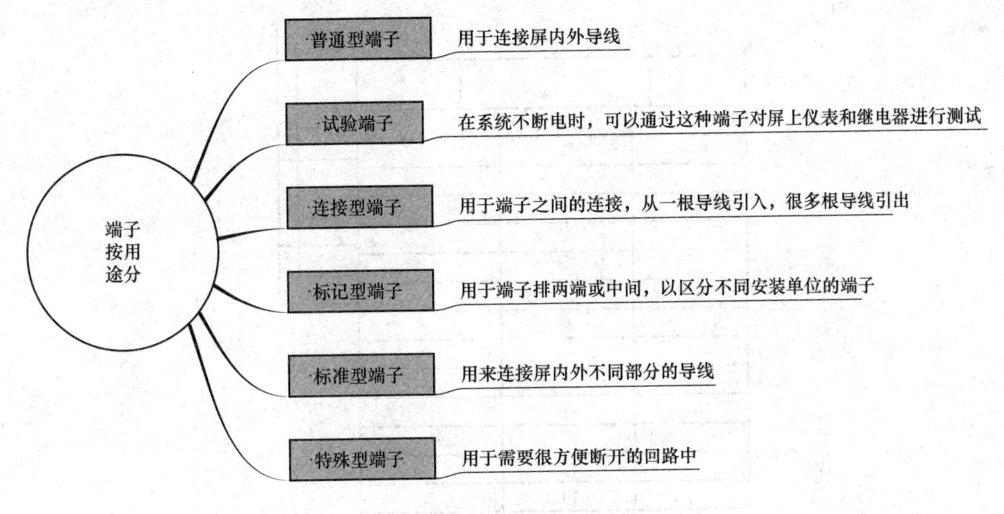

图 2-24　端子按用途分类

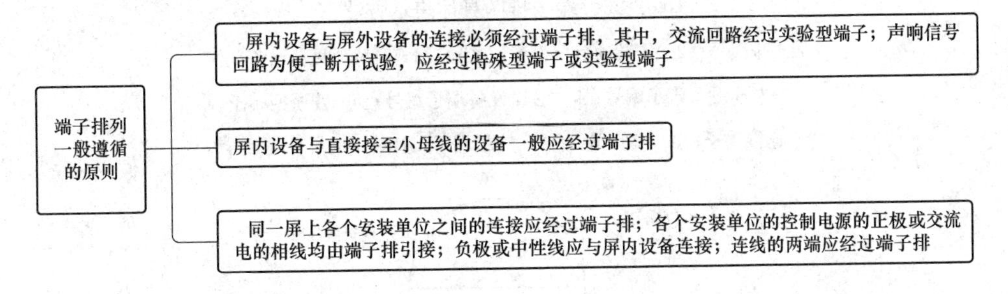

图 2-25　端子排列一般遵循的原则

符号。

(2) 正负电源间通常编写一个空端子号，防止造成短路，在最后预留 2～5 个备用端子号，向外引出电缆按其去向分别编号，并用一根线条集中进行表示。端子排图具体表示方法如图 2-26 所示。

3. 屏后接线图

屏后接线图是按照展开式原理图、屏面布置图与端子排图绘制的，作为屏内配线、接线和查线的主要参考图。

图 2-27 为屏内设备的标注方法。在设备图形上方画一个圆圈来标注，上面写出安装单位编号，旁边标注该安装单位内的设备顺序号，下面标注设备的文字符号与设备型号。

4. 二次电缆敷设图

二次电缆敷设图是指在一次设备布置图上绘制出电缆沟、电缆线槽、预埋管线、直接埋地的实际走向，以及在二次电缆沟内电缆支架上排列的图样。

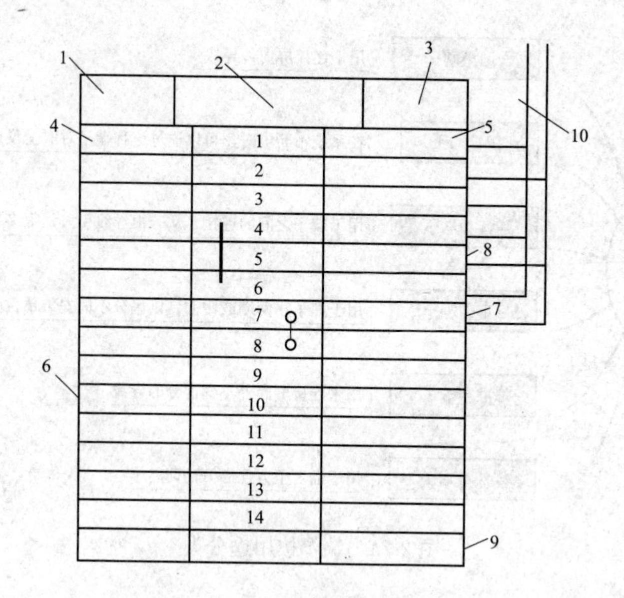

图 2-26　端子排图具体表示方法

1—端子排代号；2—安装项目（设备）名称；3—安装项目（设备）代号；

4—左连设备端子编号；5—右连设备端子编号；6—普通型端子；

7—连接端子；8—试验端子；9—终端端子；10—引向屏外连接导线

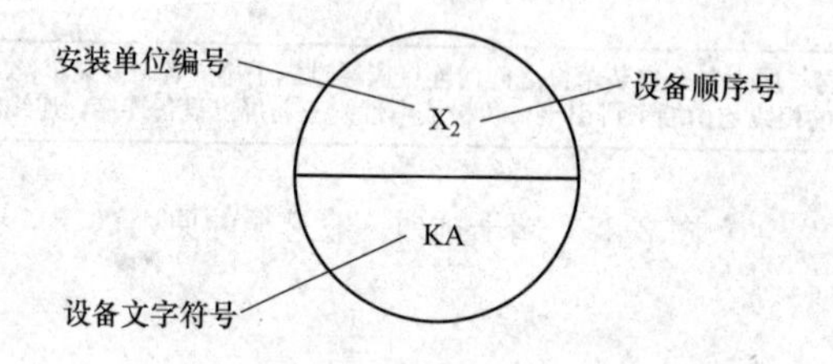

图 2-27　屏内设备的标注方法

在二次电缆敷设图中，需要标出电缆编号和电缆型号。有时候在图中列出表格，详细标出每根电缆的起始点、终止点、电缆型号、长度及敷设方式等。

二次电缆敷设时要求使用控制电缆，电缆应选用多芯电缆，当电缆芯截面积不超过 $1.5mm^2$ 时，电缆芯数不应超过 30 芯；当电缆芯截面积为 $2.5mm^2$ 时，电缆芯数不应超过 24 芯；当电缆芯截面积为 $4\sim6mm^2$ 时，电缆芯数不应超过 10 芯。

对于大于 7 芯以上的控制电缆，应留有必要的备用芯；对于接入同一安装屏内两侧端子的电缆，芯数超过 6 芯时要采用单独电缆；对于较长的电缆，要尽可能减少电缆根数，避免中间多次转接。

一般计量表回路的电缆截面积不应小于 $2.5mm^2$；电流回路保护装置与电压回路保护装置的电缆截面积应计算后再进行确定；控制信号回路用控制电缆截面积不应小于 $1.5mm^2$。

二次电缆敷设示意图如图 2-28 所示。

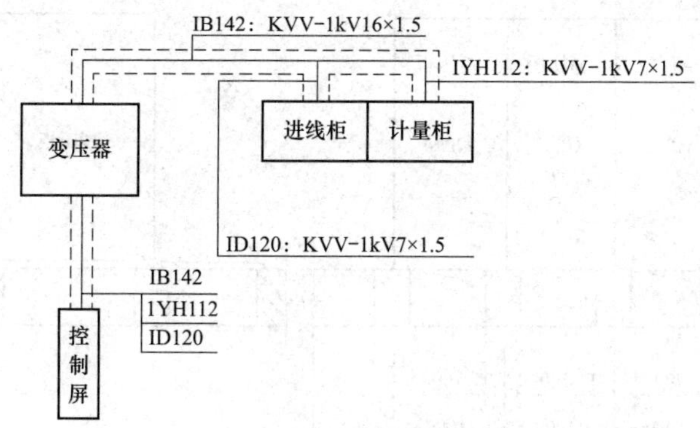

图 2-28　二次电缆敷设示意图

五、实例

1. 某公寓楼变配电站施工图

某公寓楼变配电站施工图，如图 2-29 所示。

图 2-29 说明：

（1）从平面图可知，该变电所位于公寓地下一层，变电站内有高压室、低压室、变压器室、操作室及值班室等。

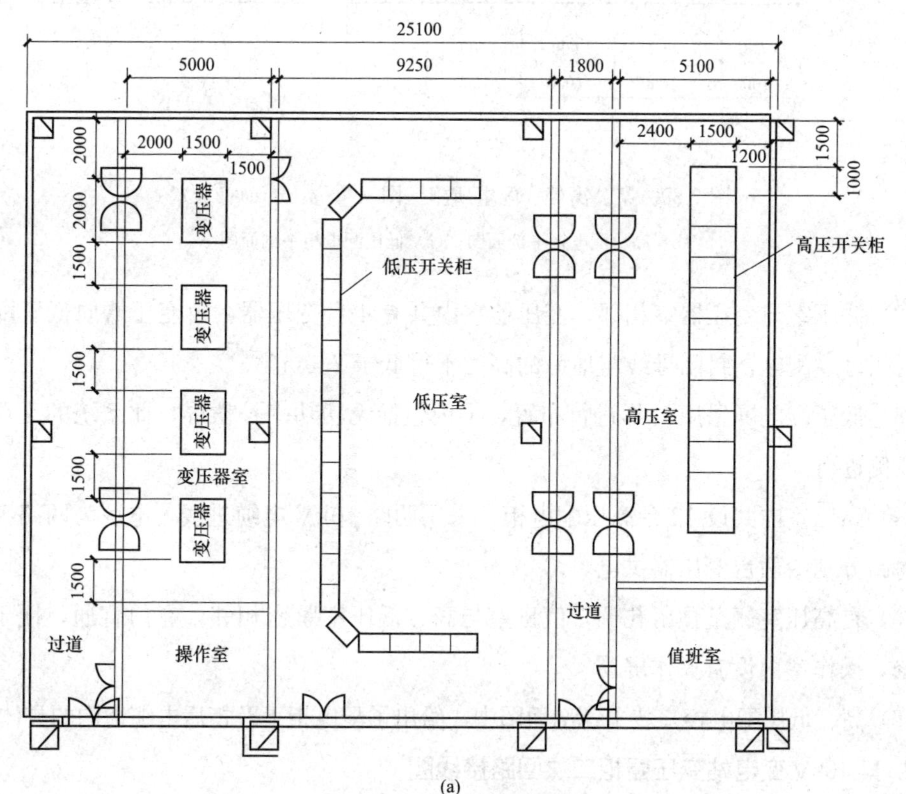

(a)

图 2-29　某公寓楼变配电站施工图（单位：mm）（一）

（a）变配电站平面图

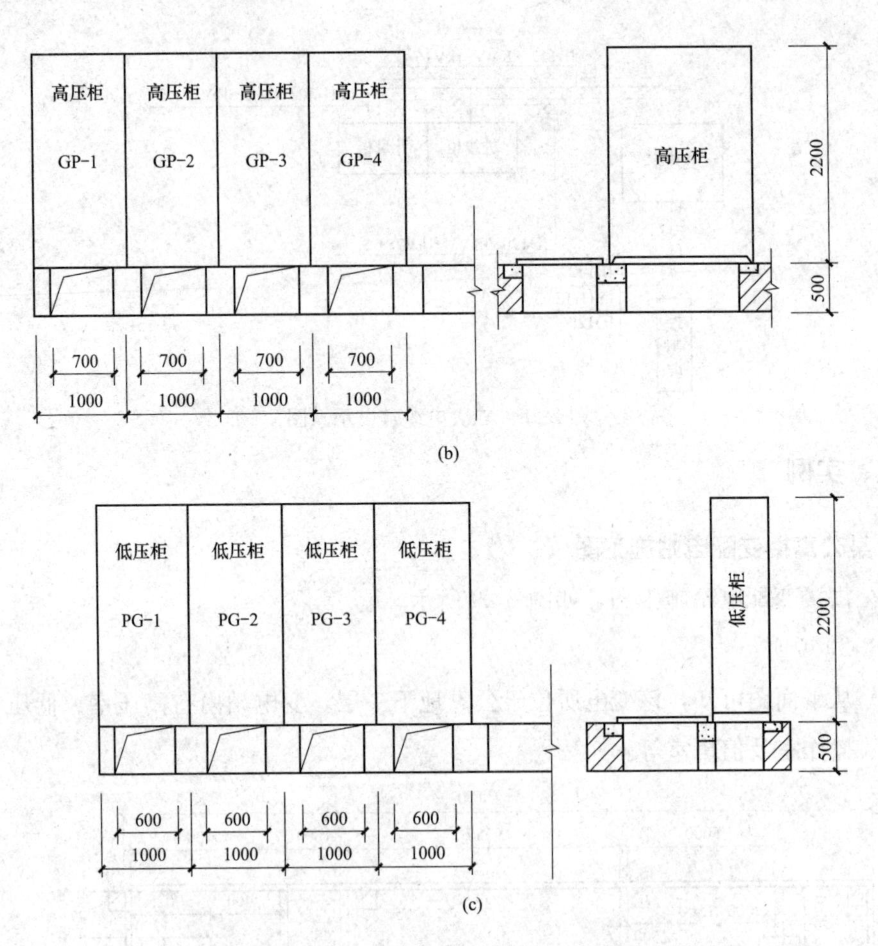

图 2-29　某公寓楼变配电所施工图（单位：mm）（二）

(b) 高压配电柜平剖面图；(c) 低压配电柜平剖面图

(2) 低压室与变压器室相邻，变压器室内共有 4 台变压器，由变压器向低压配电屏采用封闭母线配电，封闭母线与地面的高度不得低于 2.5m。

(3) 低压配电屏采用 L 形进行布置，屏内包括无功功率补偿屏，此系统的无功补偿在低压侧进行。

(4) 高压室内共设 12 台高压配电柜，采用两路 10kV 电缆进线，电源为两路独立电源，每路分别给两台变压器供电。

(5) 在高压室侧壁预留孔洞，值班室与高、低压室紧密相邻，有门直通，便于维护与检修，操作室内设有操作屏。

(6) 高、低压配电柜安装平、剖面图中，给出了配电柜下及柜后电缆地沟的具体做法。

2. 某 10kV 变电站变压器柜二次回路接线图

某 10kV 变电站变压器柜二次回路接线图，如图 2-30 所示。

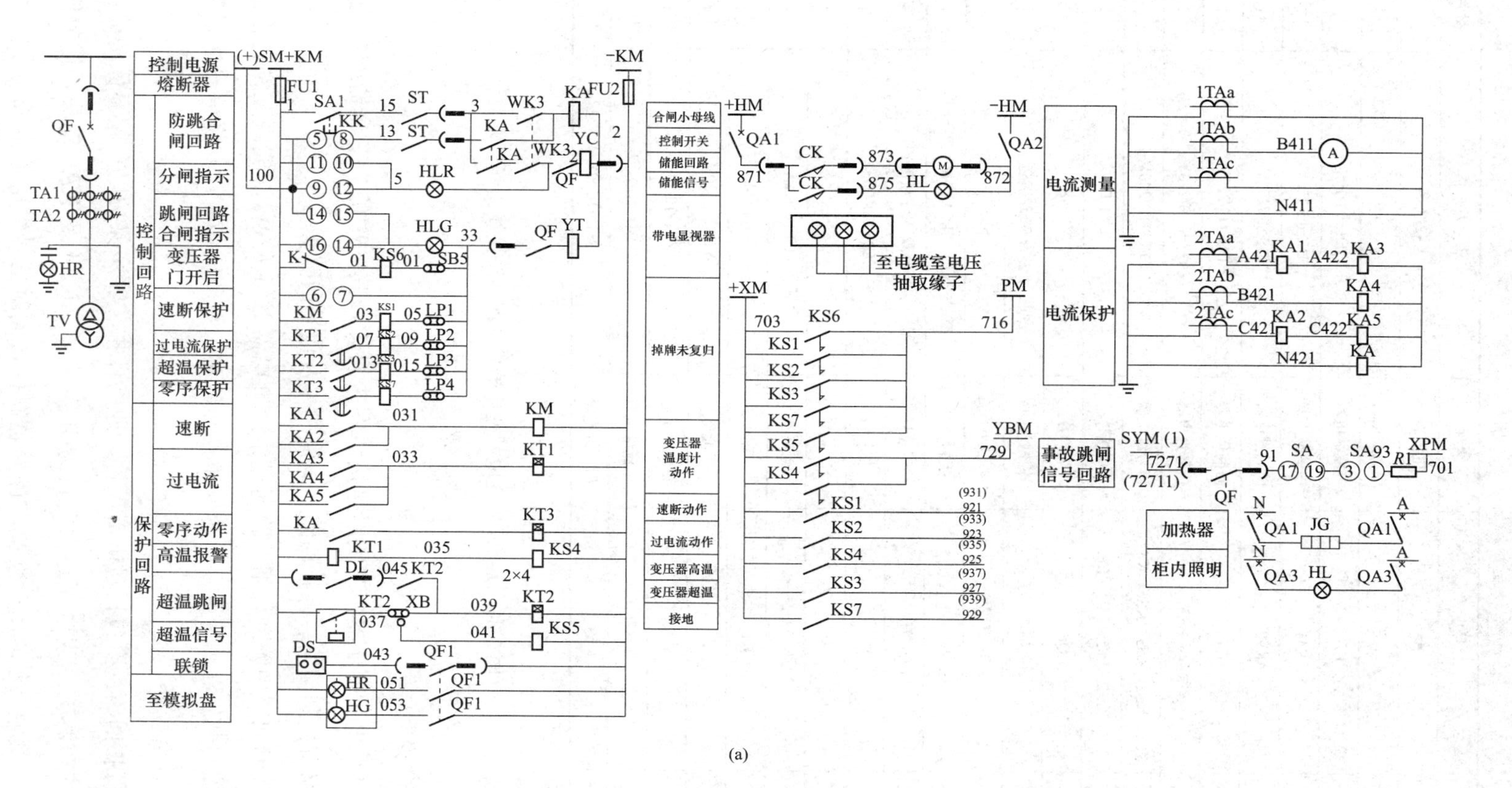

(a)

图 2-30 某 10 kV 变电站变压器柜二次回路接线图（一）

（a）二次回路接线图；

序号	代号	名称	型号及规格	数量
1	A	电流表	42L6-A	1
2	KA1、KA2	电流继电器	DL-11/100	2
3	KA3、KA4、KA5	电流继电器	DL-11/10	3
4	KM	中间继电器	DZ-15/220V	1
5	KT2	时间继电器	DS-25/220V	1
6	KT1	时间继电器	DS-115/220V	1
7	KS4、KS5	信号继电器	DX-31B/220V	2
8	KS1、KS2、KS3、KS6、KS7、	信号继电器	DX-31B/220V	5
9	LP1、LP2、LP3、LP4、LP5、	连接片	YY1-D	5
10	QP	切换片	YY1-S	1
11	SA1	控制按钮	LA18-22黄色	1
12	ST1、ST2	行程开关	SK-11	2
13	SA	控制开关	LW2-Z-1A、4.6A、40、20/F8型	1
14	HG、HR	信号灯	XD5220V红绿色各1	2
15	HL	信号灯	XD5220V黄色	1
16	JG	加热器	—	1
17	FU1、FU2	熔断器	GF1-16/6A	2
18	R1	电阻	ZG11-50Ω	1
19	H	荧光灯	YD12-1220V	1
20	GSN	带电显示器	ZS1-10/T1	1
21	KA	电流继电器	DD-11/6	1
22	KT3	时间继电器	BS-72D 220V	1

(b)

图 2-30　某 10kV 变电站变压器柜二次回路接线图（二）

（b）主要设备元件清单

图 2-30 说明：

（1）从变电所变压器柜二次回路接线图中可知，其一次侧为变压器配电柜系统图，二次侧回路有控制回路、保护回路、电流测量及信号回路等。

（2）控制回路中防跳合闸回路通过中间继电器 KM 及 WK3 实现互锁；控制回路中设有变压器门开启联动装置以防止变压器开启对人身造成伤害，并将信号通过继电器线圈 KS6 送至信号屏。

（3）保护回路主要包括过电流保护、速断保护、零序保护以及超温保护等。过电流保护的动作过程为：当电流过大时，继电器 KA3、KA4 及 KA5 动作，使时间继电器 KT1 通电，其触点延时闭合使真空断路器跳闸，同时信号继电器 KS2 响，信号屏显示动作信号；速断保护通过继电器 KA1、KA2 动作，使 KM 有电，迅速断开供电回路，并通过信号继电器 KS1 向信号屏反馈信号；当变压器高温时，KT1 闭合，继电器 KS4 动作，高温报警信号反馈到信号屏，当变压器超温时，KT2 闭合，继电器 KS5 动作，超温报警信号反馈至信号屏，同时 KT2 动作，实现超温跳闸。

（4）电流测量回路主要通过电流互感器 TA1 来采集电流信号，接至柜面上电流表。

（5）信号回路主要采集各控制回路及保护回路信号，并反馈至信号屏，使值班人员能够监控管理，反馈的信号主要包括掉牌未复位、速断动作、过电流动作、变压器超温报警及超漏跳闸等信号。

第二节　电气照明施工图

扫码观看本资料

一、电气照明的分类

电气照明的分类如图 2-31 所示。

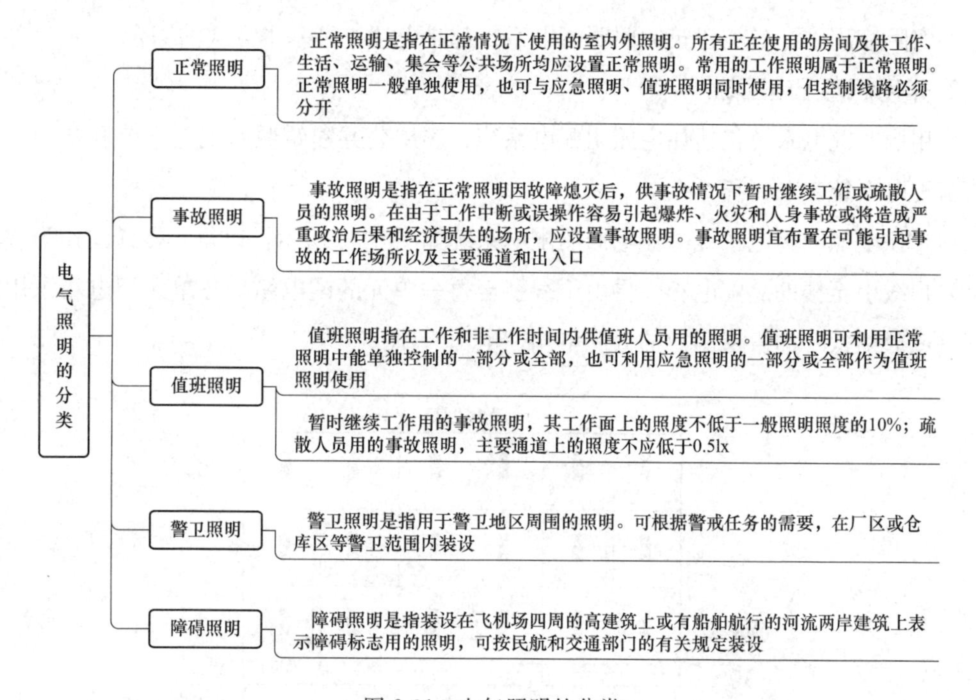

图 2-31　电气照明的分类

二、照明配电系统

1. 照明配电方式

照明配电方式是由低压配电屏或照明总配电盘以不同方式向各照明分配电盘进行配

电。基本的照明配电方式有 4 种，如图 2-32 所示。

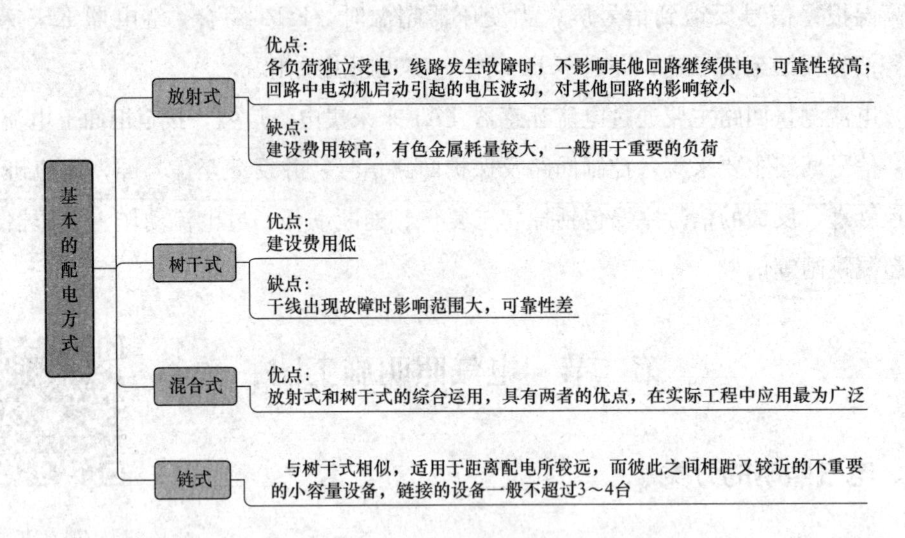

图 2-32　基本的照明配电方式

在实际应用中，各类建筑的照明配电系统都是上述 4 种基本方式的综合。

2. 常用照明配电系统

常用照明配电系统包括住宅照明配电系统、多层公共建筑照明配电系统和智能建筑的直流配电系统。

(1) 住宅照明配电系统。住宅照明配电系统如图 2-33 所示，以每一楼梯间作为一单元，进户线引至楼的总配电箱，再由干线引至每一单元的配电箱，各单元配电箱采用树干式（或放射式）向各层用户的分配电箱馈电。

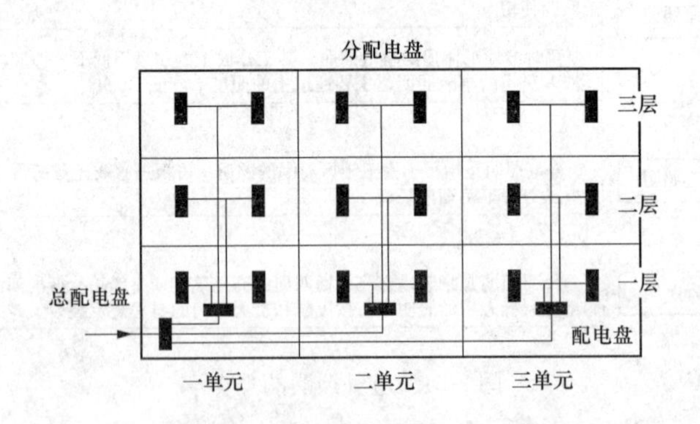

图 2-33　住宅照明配电系统示意图

为了便于管理，住宅楼的总配电箱和单元配电箱一般装在楼梯公共过道的墙面上。分配电箱可装设电能表，以便用户单独计算电费。

(2) 多层公共建筑照明配电系统。多层公共建筑（如办公楼、教学楼等）照明配电系统如图 2-34 所示，其进户线直接进入大楼的传达室或配电间的总配电箱，由总配电箱采取干线立管式向各层分配电箱馈电，再经分配电箱引出支线向各房间的照明器和用电设备供电。

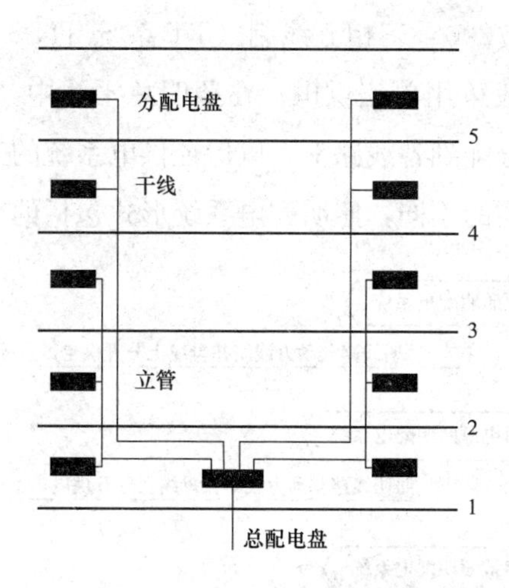

图 2-34　多层公共建筑照明配电系统示意图

（3）智能建筑的直流配电系统。直流配电系统主要用于向智能建筑的电话交换机及其他需要直流电源的设备和系统供电，供电电压一般为 48、30 、24V 和 12V。智能建筑中常采用半分散供电方式，即将交流配电屏、高频开关电源、直流配电屏、蓄电池组及其监控系统组合在一起构成智能建筑的交直流一体化电源系统，也可用多个架装的开关电源和 AC-DC 变换器组成的组合电源向负载供电。这种由多个一体化电源或组合电源分别向不同的智能化子系统供电的供电方式称为分散式直流供电系统。分散式直流供电系统如图 2-35 所示。

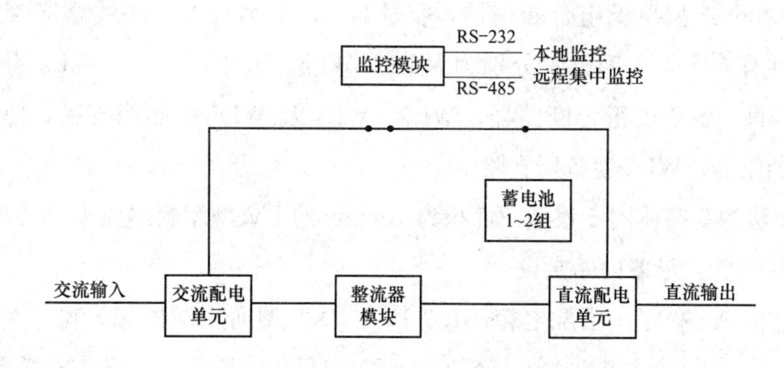

图 2-35　分散式直流供电系统示意图

三、照明系统图

建筑电气照明系统图是用来表示照明系统网络关系的图纸，应表示出系统的各个组成部分之间的相互关系、连接方式，以及各组成部分的电器元件和设备及其特性参数。

1. 照明系统图的接线形式

照明配电系统有380V/220V三相五线制（TT系统 TN-S系统）和220V单相两线制。在照明分支线中，一般采用单相供电；在照明总干线中，要采用三相五线制供电，并且要尽量把负荷均匀地分配到各线路上，以保证供电系统的三相平衡。

根据照明系统接线方式的不同，照明配电系统形式包括的内容，如图2-36所示。

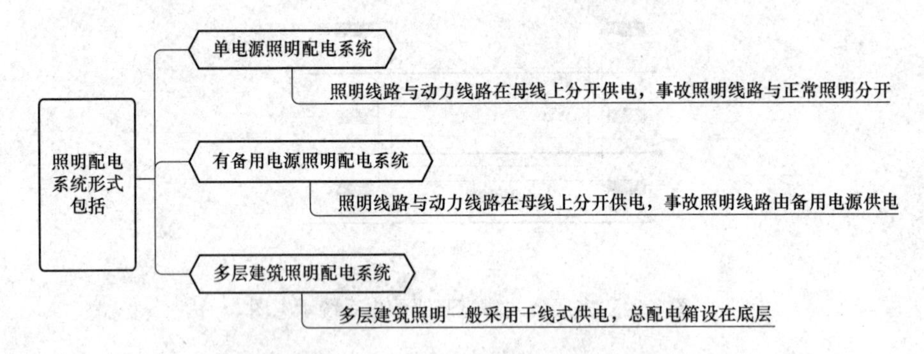

图2-36　照明配电系统形式包括的内容

2. 照明系统图的识读方法

如图2-37所示为某综合大楼为3层砖泥结构照明系统图，图2-37中，进线标注为VV22-（4×16）-SC50-FC，说明该楼使用全塑铜芯铠装电缆，规格为4芯，截面积16mm^2，穿直径为50mm的焊接钢管，沿地下暗敷设进入建筑物的首层配电箱。

1层配电箱为PXT型通用配电箱，AL-1箱尺寸为700mm×660mm×200mm，配电箱内装一只总开关，使用C45N-2型单极组合断路器，容量为32A。总开关后接本层开关，也使用C45N-2型单极组合断路器，容量为15A。另外的一条线路穿管引上二楼。本层开关后共有6个输出回路，分别为WL1～WL6，其中：WL1、WL2为插座支路，开关使用C45N-2型单极组合断路器；WL3、WL4及WL5为照明支路，使用C45N-2型单极组合断路器；WL6为备用支路。

1层到2层的线路使用5根截面面积为10mm^{2}的BV型塑料绝缘铜导线连接，穿直径35mm焊接钢管，沿墙内暗敷设。

2层配电箱AL-2与3层配电箱AL-3都为PXT型通用配电箱，尺寸为500mm×250mm×150mm。箱内主开关为C45N-2型15A单极组合断路器，在主开关前分出一条线路接往三楼。主开关后为7条输出回路，其中WL1、WL2为插座支路，使用带漏电保护断路器；WL3、WL4、WL5为照明支路；WL6、WL7两条为备用支路。

从2层到3层用5根截面积为6mm^{2}的塑料绝缘铜线进行连接，穿直径为20mm焊接钢管，沿墙内暗敷设。

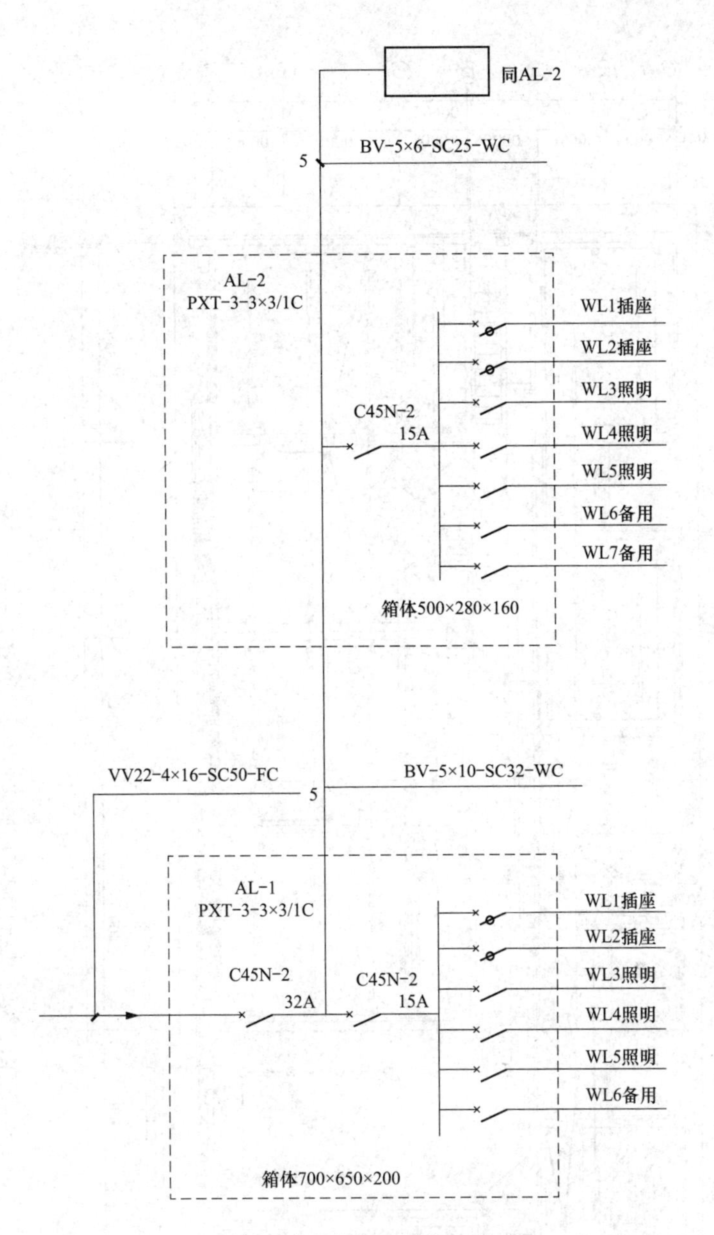

图 2-37 某综合大楼照明系统图（单位：mm）

四、照明平面图

如图 2-38 所示是某幼儿园一层照明平面图。

从图 2-38 中可知，照明配电箱 AL1，由配电箱 AL1 引出 WL1～WL11 共 11 路配电线。

WL1 照明支路，共有 4 盏双眼应急灯和 3 盏疏散指示灯。4 盏双眼应急灯分别位于：1 盏位于轴线Ⓑ的下方，连接到③轴线右侧传达室附近；另外 3 盏位于轴线Ⓔ的下

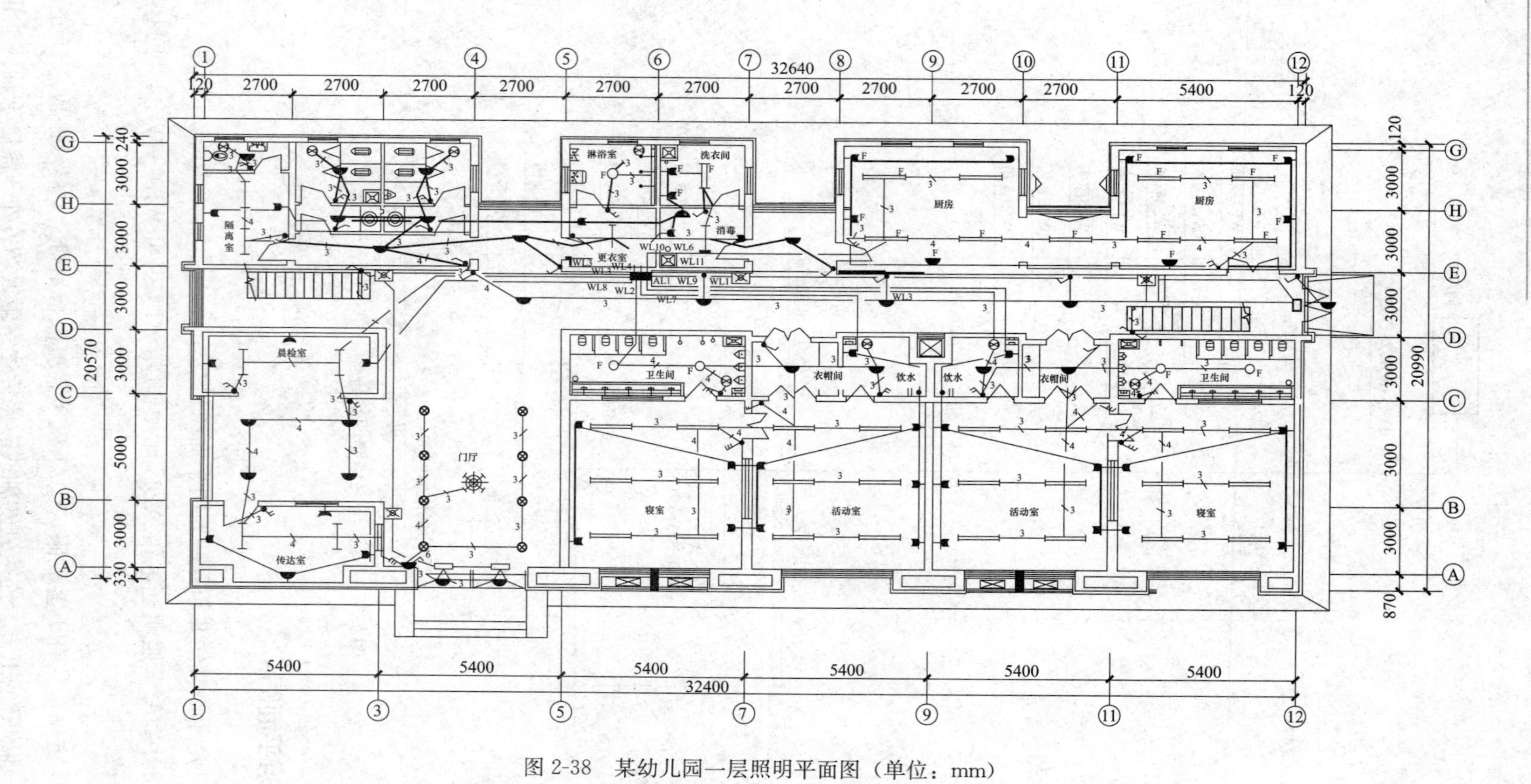

图 2-38 某幼儿园一层照明平面图（单位：mm）

方，分别连接到③轴线左侧传达室附近、⑦轴线左侧消毒室附近、⑪轴线右侧厨房附近。3盏疏散指示灯分别位于：2盏位于轴线Ⓐ的上方，连接到③～⑤轴线之间的门厅；位于轴线Ⓓ～Ⓔ之间，连接到⑫轴线右侧的楼道附近。

WL2照明支路，共有2盏防水吸顶灯、2盏吸顶灯、12盏双管荧光灯、2个排风扇、3个暗装三极开关、2个暗装两极开关、1个暗装单极开关。轴线Ⓒ～Ⓓ之间，连接到⑤～⑦轴线之间的卫生间里安装2盏防水吸顶灯、1个排风扇和1个暗装三极开关；连接到⑦～⑧轴线之间的衣帽间里安装1盏吸顶灯和1个暗装单极开关；连接到⑧～⑨轴线之间的饮水间里安装1盏吸顶灯、1个排风扇和1个暗装两极开关；轴线Ⓐ～Ⓒ之间，连接到⑤～⑦轴线之间的寝室里安装6盏双管荧光灯和1个暗装三极开关；连接到⑦～⑨轴线之间的活动室里安装6盏双管荧光灯和1个暗装三极开关。

WL3照明支路，共有2盏防水吸顶灯、2盏吸顶灯、12盏双管荧光灯、2个排风扇、3个暗装三极开关、2个暗装两极开关、1个暗装单极开关。轴线Ⓒ～Ⓓ之间，连接到⑨～⑩轴线之间的饮水间里安装1盏吸顶灯、1个排风扇和1个暗装两极开关；连接到⑩～⑪轴线之间的衣帽间里安装1盏吸顶灯和1个暗装单极开关；连接到⑪～⑫轴线之间的卫生间里安装2盏防水吸顶灯、1个排风扇和1个暗装三极开关；轴线Ⓐ～Ⓒ之间，连接到⑨～⑪轴线之间的活动室里安装6盏双管荧光灯和1个暗装三极开关；连接到⑪～⑫轴线之间的寝室里安装6盏双管荧光灯和1个暗装三极开关。

WL4照明支路，共有1盏防水吸顶灯、12盏吸顶灯、1盏双管荧光灯、4盏单管荧光灯、4个排风扇、5个暗装两极开关和11个暗装单级开关；轴线Ⓖ下方，连接到①～②轴线之间的卫生间里安装1盏吸顶灯、1个排风扇和1个暗装两极开关；轴线Ⓗ～Ⓖ之间，连接到②～③轴线之间的卫生间里安装1盏吸顶灯、1个排风扇和1个暗装两极开关；连接到③～④轴线之间的卫生间里安装1盏吸顶灯、1个排风扇和1个暗装两极开关；连接到⑤～⑥轴线之间的淋浴室里安装1盏防水吸顶灯和1个排风扇；连接到⑥～⑦轴线之间的洗衣间里安装1盏双管荧光灯；轴线Ⓔ～Ⓗ之间，连接到②轴线左侧位置安装1个暗装两极开关；连接到③轴线位置安装1盏吸顶灯；连接到⑥～⑦轴线之间的消毒间里安装1盏单管荧光灯和2个暗装单极开关（其中1个暗装单级开关是控制洗衣间1盏双管荧光灯的）；连接到⑤～⑥轴线之间的更衣室里安装1盏单管荧光灯、1个暗装单极开关和1个暗装两极开关（其中1个暗装两极开关是用来控制淋浴室的防水吸顶灯和排风扇的）；连接到④～⑤轴线之间的位置安装1盏吸顶灯和1个暗装单极开关；轴线Ⓗ下方，连接到②～③轴线之间的洗手间里安装1盏吸顶灯和1个暗装单极开关；连接到③～④轴线之间的洗手间里安装1盏吸顶灯和1个暗装单极开关；轴线Ⓔ上方，连接到④轴线左侧位置安装1个暗装单极开关；轴线Ⓔ～Ⓗ之间和Ⓗ上方，连接到

①～②轴线之间的中间位置各安装 1 个单管荧光灯；轴线Ⓔ的下方，连接到④轴线位置安装 1 个暗装单极开关；连接到④～⑤轴线之间的中间位置安装 1 个暗装单级开关；连接到⑩～⑪轴线之间的中间位置安装 1 个暗装单级开关；连接到⑫轴线的位置安装 1 个暗装单级开关；轴线Ⓓ～Ⓔ之间，连接到④～⑤轴线之间的中间位置安装 1 盏吸顶灯；连接到⑥～⑦轴线之间的中间位置安装 1 盏吸顶灯；连接到⑩～⑪轴线之间的中间位置安装 1 盏吸顶灯；连接到⑫轴线右侧的位置安装 1 盏吸顶灯。

WL5 照明支路，共有 6 盏吸顶灯、4 盏单管荧光灯、8 盏筒灯、1 盏水晶吊灯、1 个暗装三极开关、3 个暗装两极开关和 1 个暗装单极开关。轴线Ⓒ～Ⓓ之间，连接到①～③轴线之间的晨检室里安装 2 盏单管荧光灯和 1 个暗装两极开关；轴线Ⓑ～Ⓒ之间，连接到①～③轴线之间的位置安装 4 盏吸顶灯和 1 个暗装两级开关；轴线Ⓐ～Ⓑ之间，连接到①～③轴线之间的传达室里安装 2 盏单管荧光灯和 1 个暗装两极开关；轴线Ⓐ～Ⓒ之间，连接到③～⑤轴线之间的门厅里安装 8 盏筒灯、1 盏水晶吊灯、1 个暗装三极开关和 1 个暗装单级开关；轴线Ⓐ下方，连接到③～⑤轴线之间的位置安装 2 盏吸顶灯。

WL6 照明支路，共有 9 盏防水双管荧光灯、2 个暗装两极开关。轴线Ⓔ～Ⓖ之间，连接到⑧～12 轴线之间的厨房里安装 9 盏防水双管荧光灯和 2 个暗装两极开关。

WL7 插座支路，共有 10 个单相二、三孔插座。轴线Ⓐ～Ⓒ之间，连接到⑤～⑦轴线之间的寝室里安装 4 个单相二、三孔插座；连接到⑦～⑨轴线之间的活动室里安装 5 个单相二、三孔插座；轴线Ⓒ～Ⓓ之间，连接到⑧轴线右侧的饮水间里安装 1 个单相二、三孔插座。

WL8 插座支路，共有 7 个单相二、三孔插座。轴线Ⓒ～Ⓓ之间，连接到①～③轴线之间的晨检室里安装 3 个单相二、三孔插座；轴线Ⓐ～Ⓑ之间，连接到①～③轴线之间的传达室里安装 4 个单相二、三孔插座。

WL9 插座支路，共有 10 个单相二、三孔插座。轴线Ⓒ～Ⓓ之间，连接到⑨～⑩轴线之间的饮水间里安装 1 个单相二、三孔插座；轴线Ⓐ～Ⓒ之间，连接到⑨～⑪轴线之间的活动室里安装 5 个单相二、三孔插座；轴线Ⓐ～Ⓒ之间，连接到⑪～⑫轴线之间的寝室里安装 4 个单相二、三孔插座。

WL10 插座支路，共有 5 个单相二、三孔插座、2 个单相二、三孔防水插座。轴线Ⓔ～Ⓗ之间，连接到①～②轴线之间的隔离室里安装 2 个单相二、三孔插座连接到⑤轴线右侧更衣室里安装 1 个单相二、三孔插座；连接到⑥～⑦轴线之间的消毒室里安装 2 个单相二、三孔插座；轴线Ⓗ～Ⓖ之间，连接到⑥～⑦轴线之间的洗衣间里安装 2 个单相二、三孔防水插座。

WL11 插座支路，共有 8 个单相二、三孔防水插座。轴线Ⓔ～Ⓖ之间，连接到⑧～⑫轴线之间的厨房里安装 8 个单相二、三孔防水插座。

第三节　动力工程施工图

一、动力系统图

动力系统图是用图形符号、文字符号绘制的，用来概略表示该建筑内动力、照明系统或分系统的基本组成、相互关系及主要特征的一种简图，具有电气系统图的基本特点。动力系统图能集中反映动力及照明的安装容量、计算容量、计算电流、配电方式、导线或电缆的型号、规格、数量、敷设方式及穿管管径、开关及熔断器的规格型号等。

1. 低压动力配电系统接线形式

一般情况下，低压动力配电系统的电压等级为 380/220V 中性点直接接地系统，线路一般从建筑物变电所向建筑物各用电设备或负荷点配电，低压配电系统的接线方式如图 2-39 所示。

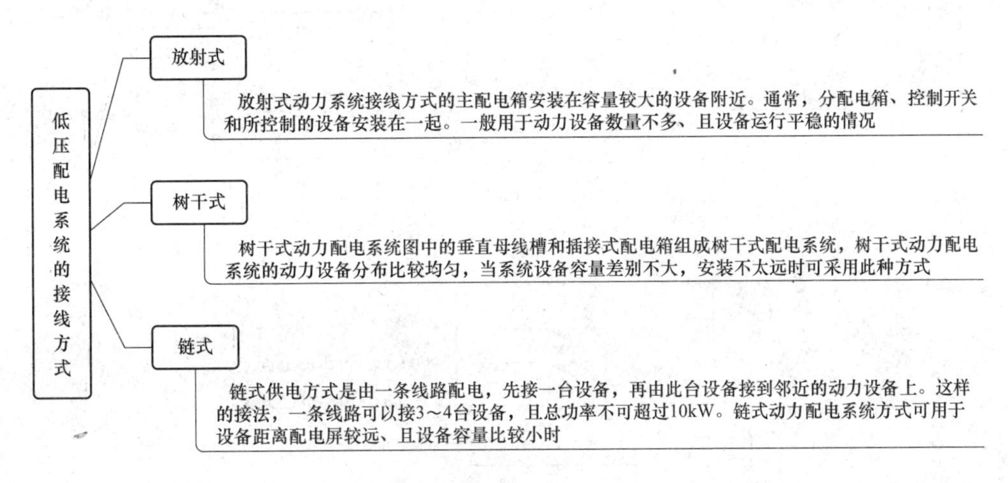

图 2-39　低压配电系统的接线方式

2. 动力系统图的识读方法

建筑物的动力设备较多，包括电梯、水泵、空调以及消防设备等，如图 2-40 所示为某教学大楼 1～6 层的动力系统图。

如图 2-40 所示，设备包括电梯及各层动力装置，其中电梯动力由低压配电室 AA4 的 WPM4 回路用电缆经竖井引至 6 层电梯机房，接至 AP-6-1 箱上，箱型号为 PZ30-3003，电缆型号为 VV-（5×10）铜芯塑缆。该箱输出两个回路，电梯动力 18.5kW，主开关为 C45N/3P（50A）低压断路器，照明回路主开关为 C45N/1P（10A）。

（1）动力母线是用安装在电气竖井内的插接母线完成的，母线型号为 CFW-3A-

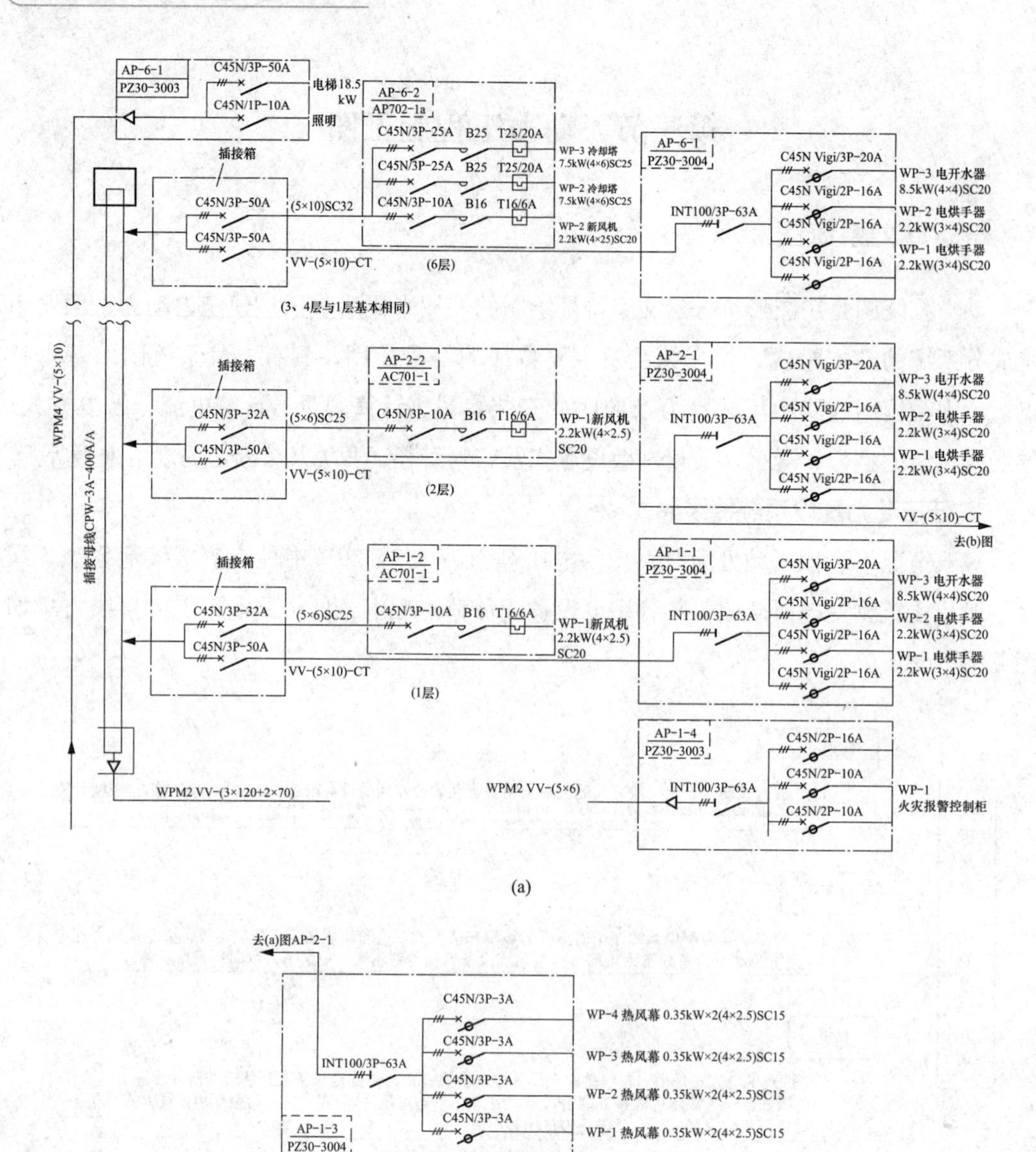

图 2-40　某教学楼动力系统图

400A/4，额定容量为 400A，三相加一根保护线。动力母线的电源是用电缆从低压配电室 AA3 的 WPM2 回路引入的，电缆型号为 VV-（3×120+2×70）铜芯塑缆。

（2）各层的动力电源是经插接箱取得的，插接箱与母线成套供应，箱内设两只 C45 N/3 P（32A）、C45 N/3P（50A）低压断路器，将电源分为两路（括号内数值为电流整定值）。

（3）1 层中，电源分为两路。一路是用电缆桥架（CT）将电缆 VV-（5×10）-CT 铜芯电缆引至 AP-1-1 配电箱，型号为 PZ30-3004；另一路是用 5 根直径为 6mm、导线穿管径25mm的钢管，将铜芯导线引至AP-1-2配电箱，型号为AC701-1。AP-1-2配电箱内有C45 N/3P（10A）的低压断路器，额定电流为10A；B16交流接触器，额定电流为16A；T16/6A热继电器，额定电流为16A，热元件额定电流为6A；总开关为隔离开关，型号为INT100/3P（63A）。AP-1-2配电箱为一路WP-1，新风机2.2kW，用铜芯塑线（4×2.5）-SC20连接；AP-1-1配电箱分为四路，其中有一备用回路。AP-1-1配电箱具体分路内容如下：

第一分路WP-1为电烘水器2.2kW，用铜芯塑线（3×4）SC20引出到电烘水器上，开关为C45NVigi/2P（16A），有漏电报警功能（Vigi）；

第二分路WP-2为电烘水器，用铜芯塑线（3×4）SC20引出到电烘水器上，开关为C45NVigi/2P（16A），有漏电报警功能（Vigi）；

第三分路为电开水器8.5kW，用铜芯塑线（4×4）SC20连接，开关为C45NVigi/3P（20A），有漏电报警功能。

（4）2～5层与1层基本相同，但AP-2-1箱增设了一个为一层设置的回路，编号AP-1-3，型号为PZ30-3004，如2-40（b）图所示，四路热风幕，0.35kW×2，用铜线穿管（4×2.5）-SC15连接。

（5）5层中AP-5-1与1层相同，而AP-5-2增加了两个回路，两个冷却塔7.5kW，用铜塑线（4×6）-SC25连接，主开关为C45N/3P（25A）低压断路器，接触器B25直接启动，热继电器T25/20A作为过载及断相保护；增加回路后，插接箱的容量也做相应调整，两路均为C45 N/3P（50A），连接线变为（5×10）-SC32。

（6）1层还从低压配电室AA4的WLM2引入消防中心火灾报警控制柜一路电源，编号AP-1-4，箱型号为PZ30-3003，总开关为INT100/3P（63A）刀开关，分3路，型号都是C45N/2P（16A）。

二、动力平面图

动力设备及照明灯具的具体安装方法一般不在平面图上直接给出，必须通过阅读安装大样图来解决。可以把阅读平面图和阅读安装大样图结合起来，以全面了解具体的施工方法。

如图2-41所示为某办公大楼配电室平面图。

图2-41中列出了剖面图和主要设备规格型号。从图2-41中可以看出，配电室位于一层右上角⑦～⑧和Ⓗ～Ⓖ/①轴间，面积5400mm×5700mm；两路电源进户，其中有一380V/220V的备用电源，电缆埋地引入，进户位置⑩轴距⑦轴1200mm并引入电缆沟内，进户后直接接于AA1柜总隔离开关上闸口。进户电缆型号为VV22（3×185+1×95）×2，备用电缆型号为VV22（3×185+1×95），由厂区变电所引来。

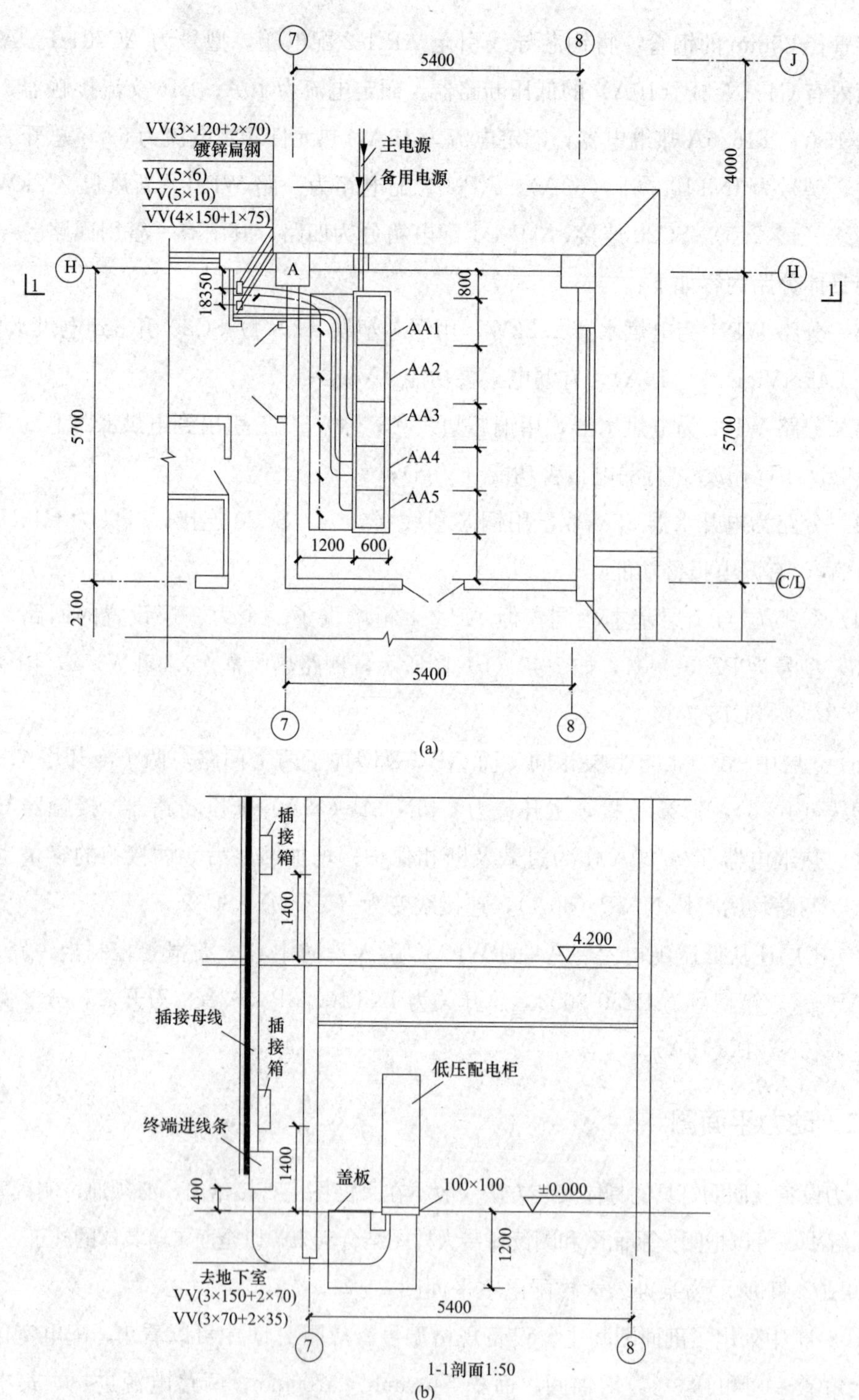

图 2-41　某办公大楼配电室平面布置图（单位：mm）

VV—聚氯乙烯绝缘聚氯乙烯护套（铜芯）

（a）平面图；（b）剖面图

室内设柜 5 台，成列布置于电缆沟上，距Ⓗ轴 800mm，距⑦轴 1200mm；出线经电缆沟引至⑦轴与Ⓗ轴所成直角的电缆竖井内，通往地下室的电缆引出沟后埋地－0.8m 引入。柜体型号及元器件规格型号见表 2-2；槽钢底座采用 100mm×100mm 槽钢；电缆沟设木盖板厚 50mm。

表 2-2　　设备规格型号

编号	名称	型号规格	单位	数量	备注
AA1	低压配电柜	GGD2－15	台	1	
AA2	无功补偿柜	GGJ2－01	台	1	
AA3，AA5	低压配电柜	GGD2－38	台	2	
AA400	低压配电柜	GGD2－39	台	1	
	插接母线	CFW－3A－400A			92DQ5－133

接地线由⑦轴与Ⓗ轴交叉柱 A 引出到电缆沟内并引到竖井内，材料为－40mm×4mm 镀锌扁钢，系统接地电阻小于或等于 4 Ω。

第四节　送电线路工程图

一、电力架空线路工程图

如图 2-42 所示是一条 10kV 高压电力架空线路工程平面图。

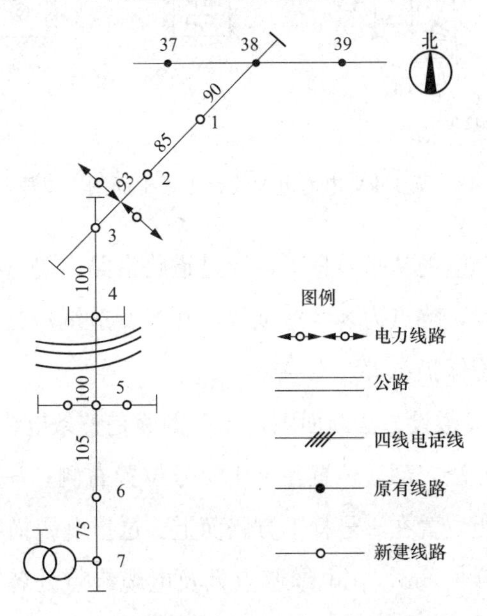

图 2-42　10kV 高压电力架空线路工程平面图

图 2-42 中 37、38、39 号为原有线路电杆，从 38 号杆分支出一条新线路，自 1 号杆到 7 号杆，7 号杆处装有一台变压器 T；数字 90、85 等是电杆间距，高压架空线路的杆距一般为 100m 左右；新线路上 2、3 杆之间有一条电力线路，4、5 杆之间有一条公路和路边的电话线路，跨越公路的两根电杆为跨越杆，杆上加双向拉线加固；5 号杆上安装的是高桩拉线；在分支杆 38 号杆、转角杆 3 号杆和终端杆 7 号杆上均装有普通拉线，转角杆 3 号杆在两边线路延长线方向装了一组拉线和一组撑杆。

二、电力电缆线路工程图

如图 2-43 所示为某 10kV 电力电缆线路工程平面图。

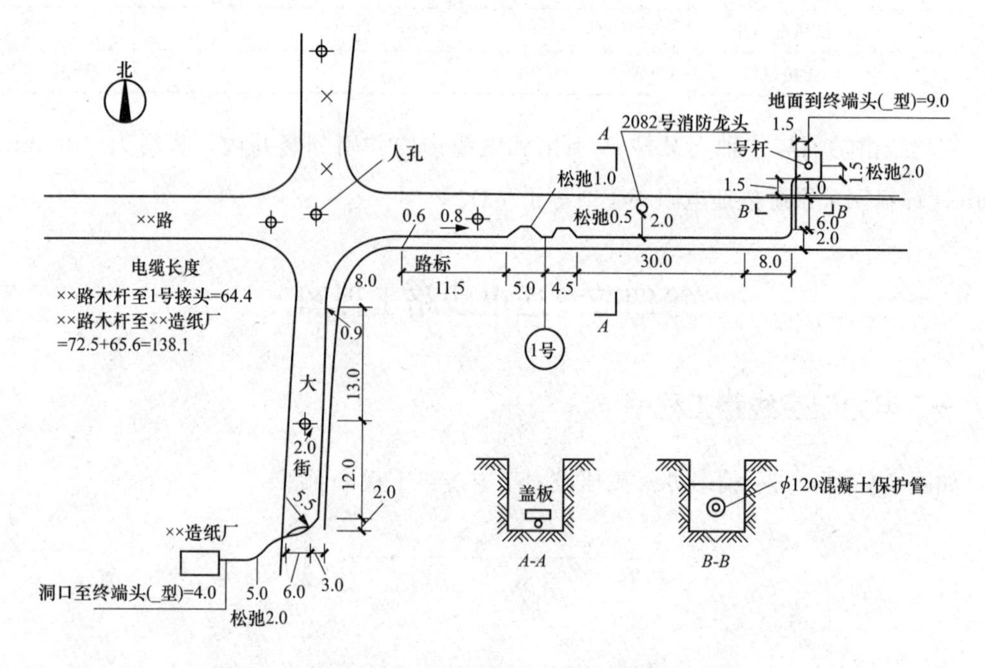

图 2-43　某 10kV 电力电缆线路工程平面图（单位：m）

电缆直接埋地敷设，电缆从 1 号杆下，穿过道路沿路南侧进行敷设，到××大街转向南，沿街东侧进行敷设，终点为××造纸厂，在××造纸厂处穿过大街，按要求在穿过道路的位置做混凝土管保护。

图 2-43 右下角为电缆敷设方法断面图。*A-A* 剖面是整条电缆埋地敷设的情况，采用铺沙子盖保护板的敷设方法，剖切位置在图中 1 号位置右侧；*B-B* 剖面是电缆穿过道路时加保护管的情况，剖切位置在 1 号杆下方路面上。这里电缆横穿道路时使用的是 $\phi120$ 的混凝土保护管，每段管长 6m，在电缆起点处及电缆终点处各有一根保护管；电缆全长为 138.1m，其中包含了在电缆两端和电缆中间接头处必须预留的松弛长度。

图 2-43 中标有 1 号的位置为电缆中间接头位置，1 号点向右直线长度 4.5m 内做了一段弧线，应有松弛量 0.5m，向右直线段 30＋8＝38（m），转向穿过公路，路宽 2＋6＝8（m），电杆距路边 1.5＋1.5＝3（m），这里有两段松弛量共 2m（两段弧线）；电缆终端头距地面为 9 m，电缆敷设时距路边 0.6m；这段电缆总长度为 65.6m。

从 1 号位置向左 5m 内做一段弧线，松弛量 1m；再向左经 11.5m 直线段进入转弯向下，弯长 8m；向下直线段 13＋12＋2＝27（m）后，穿过大街，街宽为 9m；造纸厂距路边为 5m，留有 2m 松弛量，进厂后到终端头长度为 4m。这一段电缆总长为 72.5m，电缆敷设距路边的 0.9m 与穿过道路的斜向增加长度相抵不再计算。

三、实例

1. 某 380V 低压电力架空线路工程平面图

某 380V 低压电力架空线路工程平面图，如图 2-44 所示。

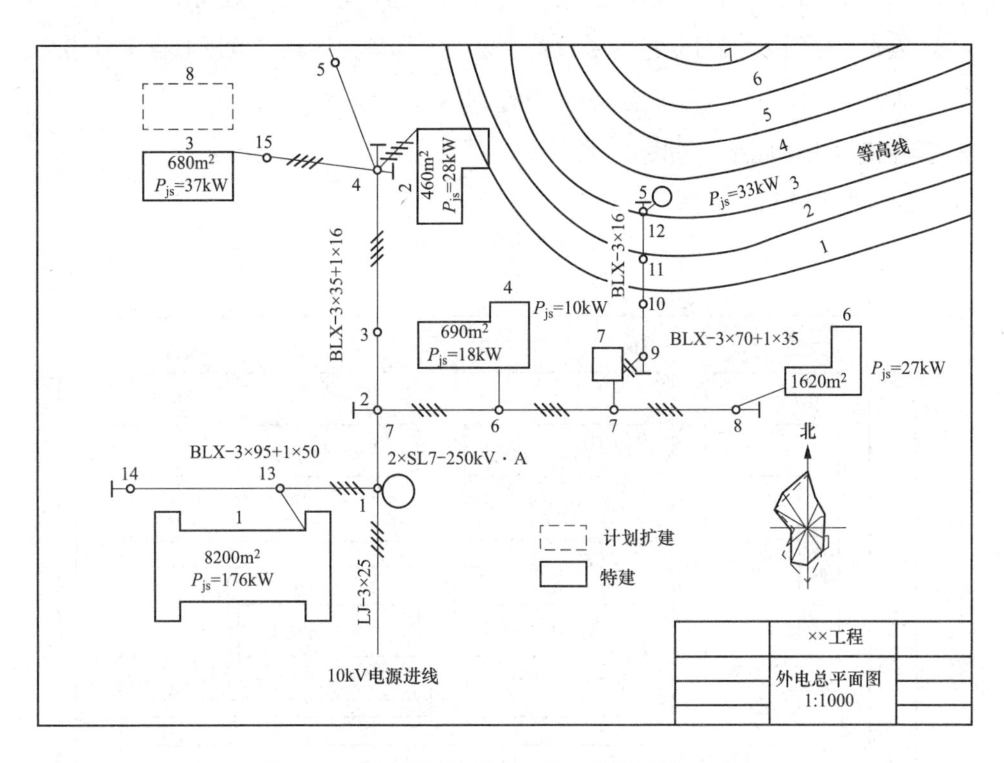

图 2-44 某 380V 低压电力架空线路工程平面图

图 2-44 说明：

（1）图 2-44 中电源进线为 10kV 架空线，从场外高压线路引来；电源进线使用 LJ－3×25，3 根$25mm^2$ 铝绞线，接至 1 号杆；在 1 号杆处为两台变压器 2×SL7－250kV·A，SL7 表示 7 系列三相油浸自冷式铝绕组变压器，额定容量为 250kVA。

(2) 从1号杆到14号杆为4根BLX型导线 (BLX-3×95+1×50)，即橡胶绝缘铝导线，其中3根导线的截面为95mm²，1根导线的截面为50mm²；14号杆为终端杆，装一根拉线；从13号杆向1号建筑做架空接户线。

(3) 1号杆到2号杆上为两层线路，一路为到5号杆的线路，4根BLX型导线 (BLX3×35+1×16)，其中3根导线截面为35mm²、1根导线截面为16mm²；另一路为横向到8号杆的线路，4根BLX型导线 (BLX-3×70+1×35)，其中3根导线截面为70mm²、1根导线截面为35mm²。1号杆到2号杆间线路标注为7根导线，共用1根中性线，2号杆处分为2根中性线，2号杆为分杆，要加装二组拉线，5号杆、8号杆为终端杆也要加装拉线。

(4) 线路在4号杆分为三路：第一路到5号杆；第二路到2号建筑物，要做1条接户线；最后一路经15号杆接入3号建筑物。为加强4号杆的稳定性，在4号杆上装有两组拉线；5号杆为线路终端，同样安装了拉线。

(5) 在2号杆到8号杆的线路上，从6号杆、7号杆和8号杆处均做接户线。

(6) 从9号杆到12号杆是给5号设备供电的专用动力线路，电源取自7号建筑物。

(7) 动力线路使用3根截面为16mm²的BLX型导线 (BLX3×16)。

2. 某生活区供电线路平面图

某生活区供电线路平面图，如图2-45所示。

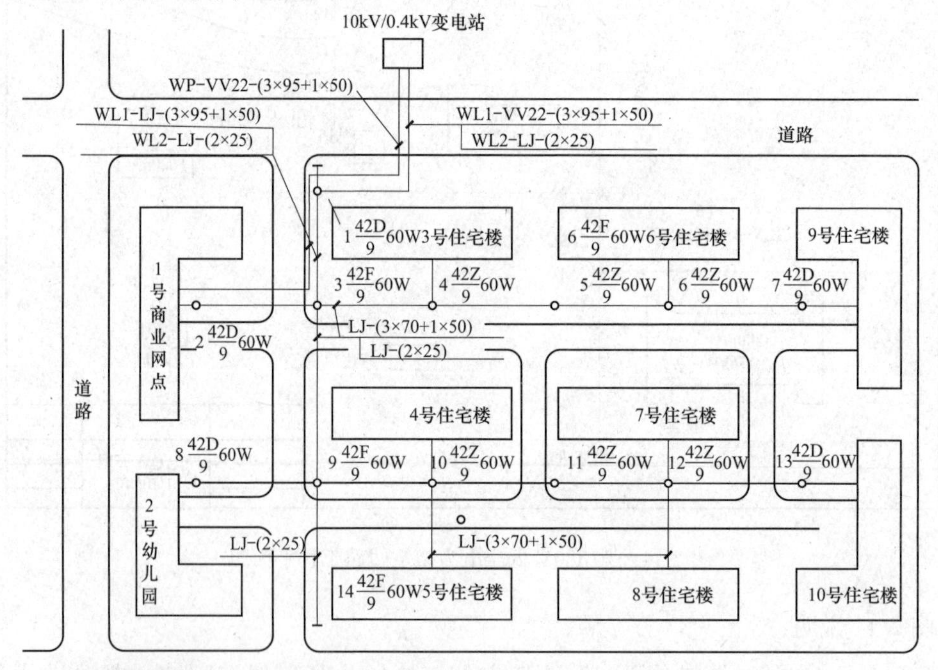

图2-45　某生活区供电线路平面图

图 2-45 说明：

（1）1 号楼为商业网点，2 号楼为幼儿园，3～10 号楼为住宅楼。供电电源引自 10kV/0.4kV 变电站，用电力电缆线路引出。

（2）商业网点电源回路为 WP-VV22－（3×95＋1×50），由变电站直接敷设到位。WLl－VV22－（3×95＋1×50）为各用户的照明电力电缆，引至 1 号杆时改为架空敷设，采用 LJ－（3×70＋1×50）铝绞线。

（3）送至 3 号电线杆后，改用（LJ-3×70＋1×50）铝绞线将电能送至各分干线，接户线采用 LJ－（3×35＋1×16）铝绞线。

（4）WL2－LJ－（2×25）为路灯照明电力电缆，到 1 号电线杆后，改用 LJ－（2×25）铝绞线。

（5）电线杆型分别为 422（直线杆）、42F（分支杆）、42D（终端杆），杆高为 9m，路灯为 60W 灯泡。

第五节　电气设备控制电路图

一、电气控制电路图

1. 三相笼型异步电动机控制电路图

（1）点动控制电路。三相笼型异步电动机点动控制电路如图 2-46 所示，主要由电源开关 QF、点动按钮 SB 以及接触器 KM 等组成。

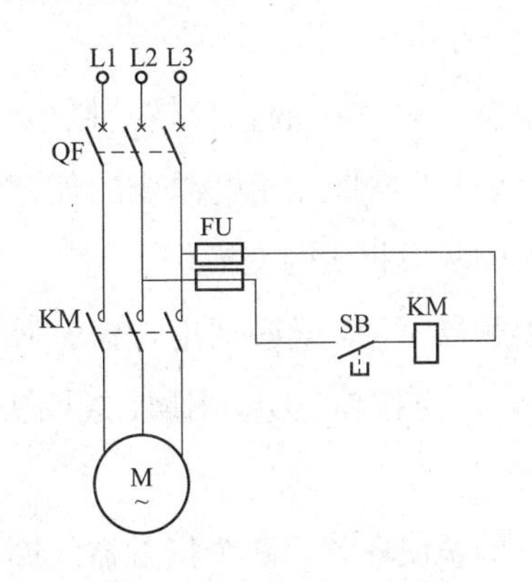

图 2-46　点动控制电路图

SB—点动按钮；KM—交流接触器；QF—电源开关；FU—熔断器；M—电动机相线 L

启动时，按下点动按钮 SB，交流接触器 KM 的线圈流过电流，电磁机构产生电磁力将铁芯吸合，使三对主触点闭合，电动机通电转动；松开按钮后，点动按钮在弹簧的作用下复位断开，接触器线圈失电，三对主触点断开，电动机失电停止转动。

按下按钮电动机转动，松开按钮电动机停止转动，这种控制方式叫作点动控制。

（2）电动机直接启动控制电路。如图 2-47 所示为电动机直接启动控制电路图。

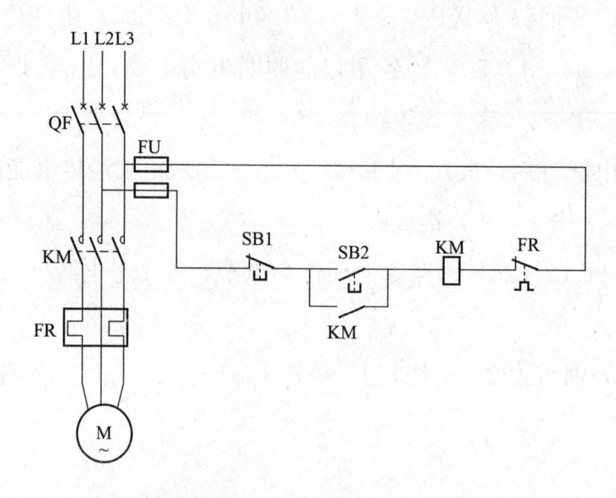

图 2-47　电动机直接启动控制电路图

SB—点动按钮；KM—交流接触器；QF—电源开关；FU—熔断器；FR—热过流继电器；

M—电动机；L—相线

工作时，按下启动按钮 SB2，接触器线圈 KM 通电，接触器主触点闭合，接通主电路，电动机启动运转。这时并联于启动按钮 SB2 两端的接触器辅助动合触点闭合，以保证 SB2 松开后，电流可通过 KM 的辅助触点继续给 KM 线圈供电，保持电动机运转。

这对并联在 SB2 两端的常开触点为自锁触点（或自保持触点），这个环节叫作自锁环节。

（3）电动机正反转控制电路。电动机的正反转控制电路如图 2-48 所示，电路中的 QF 为断路器。电动机的正反转是通过将三相电源线的任意两两相交换来完成的，在控制电路中是用两个接触器来完成两根相线的交换。

按下正转按钮 SB2，使接触器 KM1 线圈通电，铁芯吸合，主触点闭合（辅助动合触点闭合自锁），电动机正转；停止按钮 SB1，KM1 线圈失电触点复原后，使 KM2 线圈通电，电动机反转。

由于正反转电路中加了一个联锁环节，两个接触器线圈电路中分别串联了一个对方接触器的常开辅助触点，相互锁住了对方的电路，这种正反转电路为接触器联锁电路。电动机停转后，按下按钮 SB3，接触器 KM2 线圈通电，铁芯吸合，主触点闭合，使电动机的进线电源相序反相，电动机即反转。

接触器联锁的电路，从正转到反转一定要先按停止按钮，使联锁触点复位，才能启

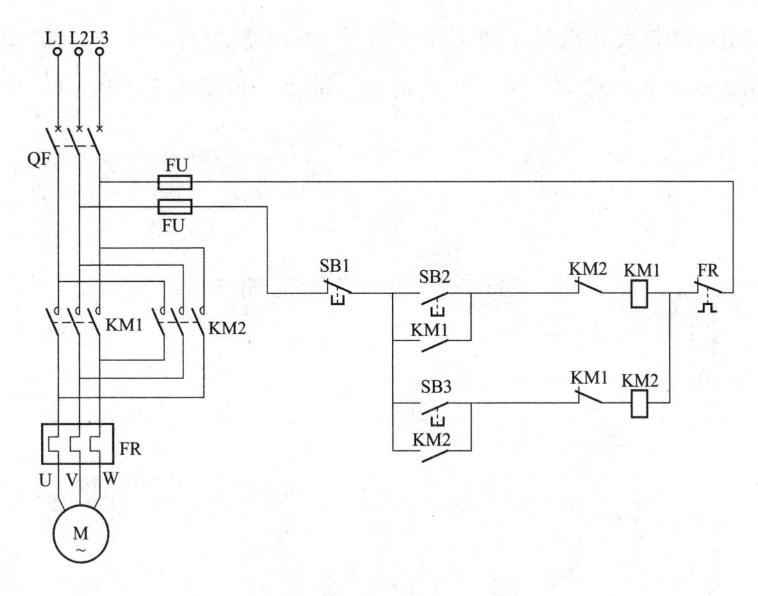

图 2-48　正反转控制电路图

SB—点动按钮；KM—交流接触器；QF—电源开关；FU—熔断器；FR—热过流继电器；

M—电动机；U、V、W—电动机 M 的端子；L—相线

动，这时可在控制电路中加上按钮联锁触点，即复合联锁，如图 2-49 所示。复合联锁可逆电路可直接按正反转启动按钮，提高了工作效率。

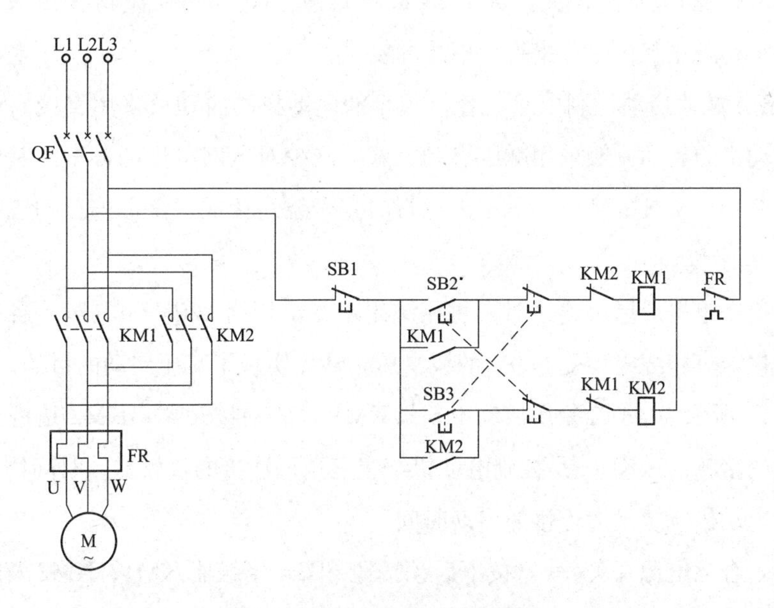

图 2-49　复合联锁可逆电路图

（4）自动往复控制电路。行程开关（限位开关）控制的机床自动往复控制电路如图 2-50 所示。自动往复信号是由行程开关给出的，当电动机正转时，挡铁撞到行程开关

ST1，ST1 发出电动机反转信号，使工作台后退（ST1 复位）；当工作台后退到挡铁压下时，ST2 发出电动机正转信号，使工作台前进，前进到再次压下 ST1 时，这样往复不断循环下去。

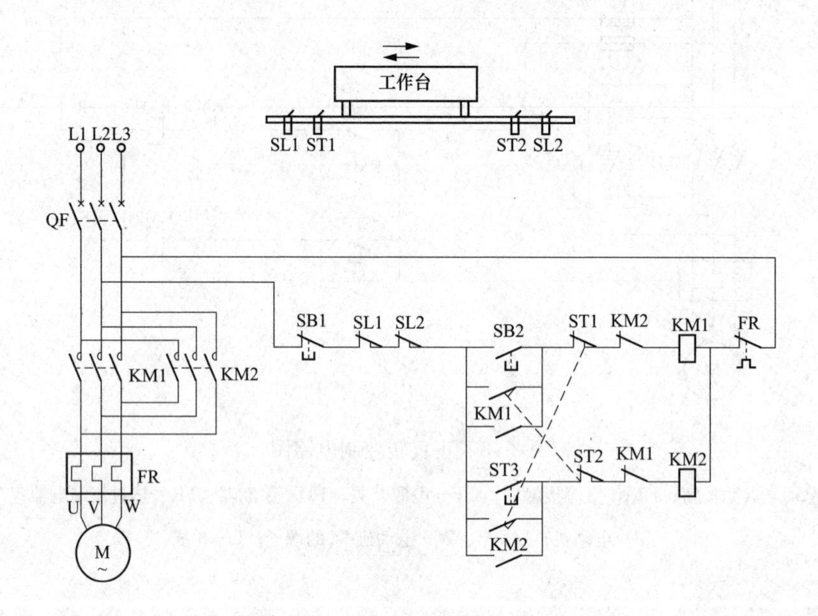

图 2-50　自动往复控制电路图

SL1、SL2 为行程极限开关，防止 ST1、ST2 失灵，当挡铁撞到 SL1 或 SL2，使电动机断电停车，防止工作台冲出行程事故的发生。

（5）Y－Δ 减压启动控制电路。容量较小的电动机的启动可采用直接启动方式，但容量较大电动机的启动一般采用减压启动方式，减少对电网电压的冲击。其中，最常用的方式之一为Y－Δ 减压启动，适用于运行时定子绕组接成三角形连接的三相笼型异步电动机。

当电动机绕组接成星形连接时，每相绕组承受电压为 220V 相电压。启动结束后改成三角形连接，每相绕组承受 380V 的线电压，从而实现了减压启动的目的。

如图 2-51 所示为Y－Δ 减压启动电路；KM1 是启动接触器；KM2 是控制电动机绕组星形连接的接触器；KM3 是控制电动机绕组三角形连接的接触器；时间继电器 KT 主要用来控制电动机绕组星形连接的启动时间。

启动时，合上电源开关 QF，按下启动按钮 SB2，接触器 KM1、KM2 及时间继电器 KT 同时通电，KM1、KM2 铁芯吸合，主触点闭合，电动机定子绕组Y连接启动；KM1 的常开触点闭合自锁，KM2 的常闭触点断开联锁。

电动机在Y连接下启动，延时一段时间后，时间继电器 KT 的常闭触点延时断开，

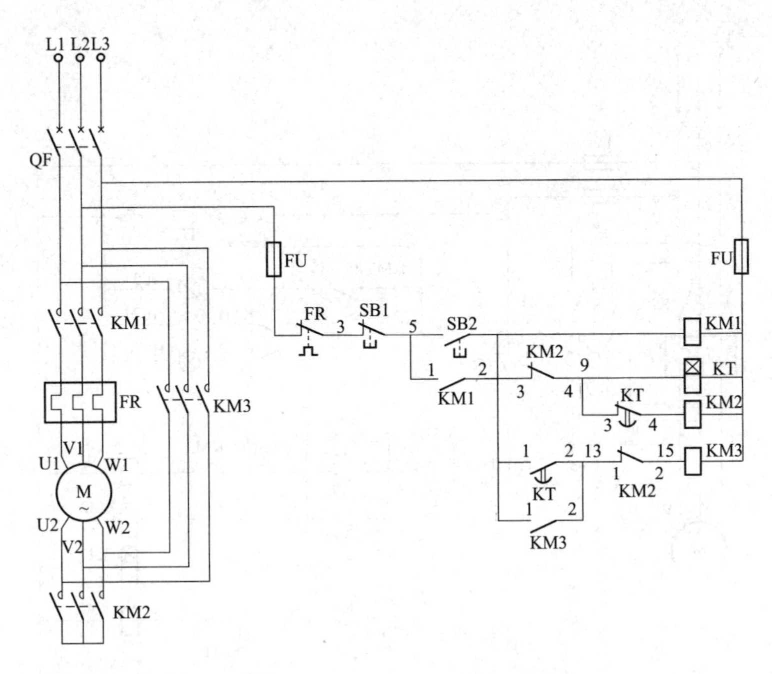

图 2-51　Y—Δ减压启动电路图

KM2 线圈失电，铁芯释放，触点还原；KT 的常开触点延时闭合，此时 KM3 线圈通电，铁芯吸合，主触点闭合，将电动机定子绕组接成三角形连接，电动机即在全压状态下运行。同时 KM3 常开触点闭合自锁，常闭触点断开联锁，使 KT 失电还原。

（6）自耦变压器减压启动电路。自耦变压器减压启动也是一种常用的减压启动方式。自耦变压器减压启动电路由自耦变压器、中间继电器、交流接触器、热继电器、时间继电器及按钮等组成，可用于 14～300kW 三相异步电动机减压启动，控制电路如图 2-52 所示。当三相交流电源接入，电源变压器 TD 有电，指示灯 HL1 亮，表示电源正常，电动机处于停止状态。

启动时，按下按钮 SB2，KM1 通电并自锁，HL1 指示灯灭，HL2 指示灯亮，电动机减压启动；同时 KM2 和 KT 通电，KT 常开延时闭合触点经延时后闭合，在未闭合前，电动机处于减压启动过程；当 KT 延时终了，中间继电器 KA 通电并自锁，KM1、KM2 断电，KM3 通电，HL2 指示灯断电，HL3 指示灯亮，电动机在全压下运转。

可知 HL1 为电源指示灯，HL2 为电动机减压启动指示灯，HL3 为电动机正常运行的指示灯。图 2-52 中虚线框中的按钮为两地控制。

（7）反接制动控制电路。如图 2-53 所示是用速度继电器 KS 来控制的电动机反接制动电路。速度继电器 KS 与电动机同轴，R 为反接制动时的限流电阻。

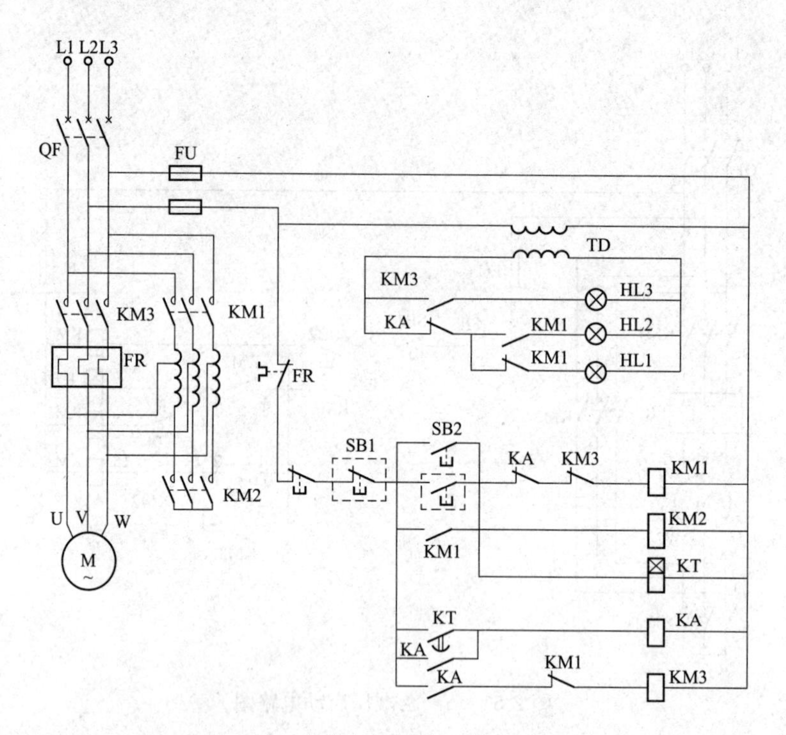

图 2-52　自耦变压器减压启动电路图

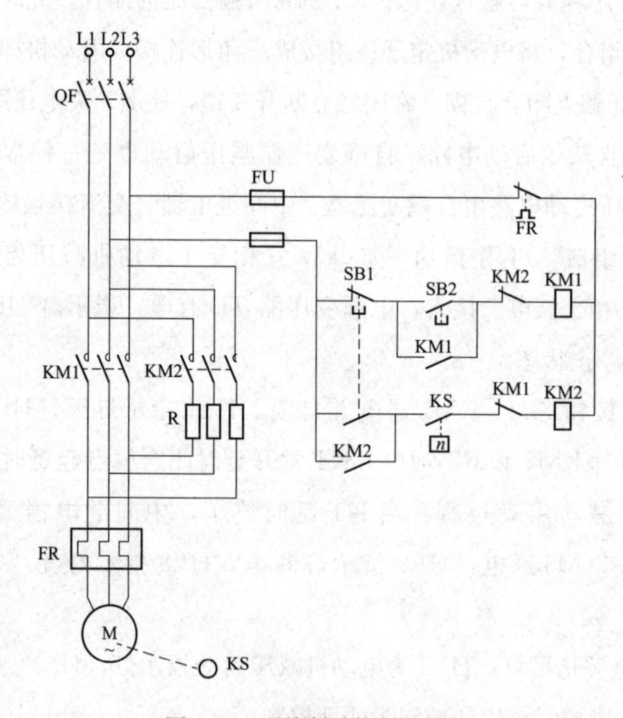

图 2-53　反接制动控制电路图

启动时，合上电源开关 QF，按下按钮 SB2，KM1 线圈通电，铁芯吸合，KM1 辅助常开触点闭合自锁，KM1 主触点闭合，电动机即启动运行，当转速大于 120r/min 时，速度继电器 KS 常开触点闭合。

电动机停止时，按下停止按钮 SB1，KM1 线圈失电，铁芯释放，所有触点还原，电动机失电作惯性转动；KM2 线圈通电，铁芯吸合，KM2 主触点闭合，电动机串入电阻反接制动；转速低于 100r/min 时，KS 触点断开，KM2 失电还原，制动过程结束。

（8）机械制动控制电路。机械制动是利用各种电磁制动器使电动机迅速停转。电磁制动器控制电路如图 2-54 所示，电磁制动器只有一个线圈符号（文字标注 YB），制动器线圈并联于电动机主电路中。电动机启动，制动器线圈即通电，闸瓦松开；电动机停止，制动器线圈即断电，闸瓦合紧把电动机刹住。

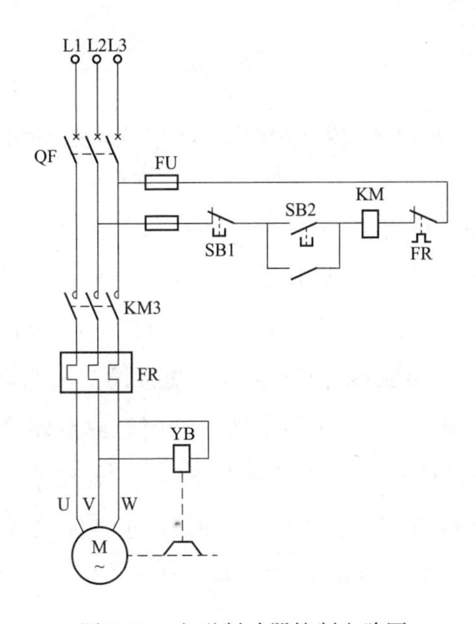

图 2-54　电磁制动器控制电路图

2. 三相绕线转子异步电动机控制电路图

（1）时间继电器控制三相绕线转子异步电动机启动电路。三相绕线转子异步电动机启动时，一般采用转子串接分段电阻来减少启动电流，启动过程中逐级切除，在电阻全部切除后，启动结束。

如图 2-55 所示是利用 3 个时间继电器依次自动切除转子电路中的三级电阻的启动控制电路。

电动机启动时，合上电源开关 QF，按下启动按钮 SB2→接触器 KM 通电并自锁，

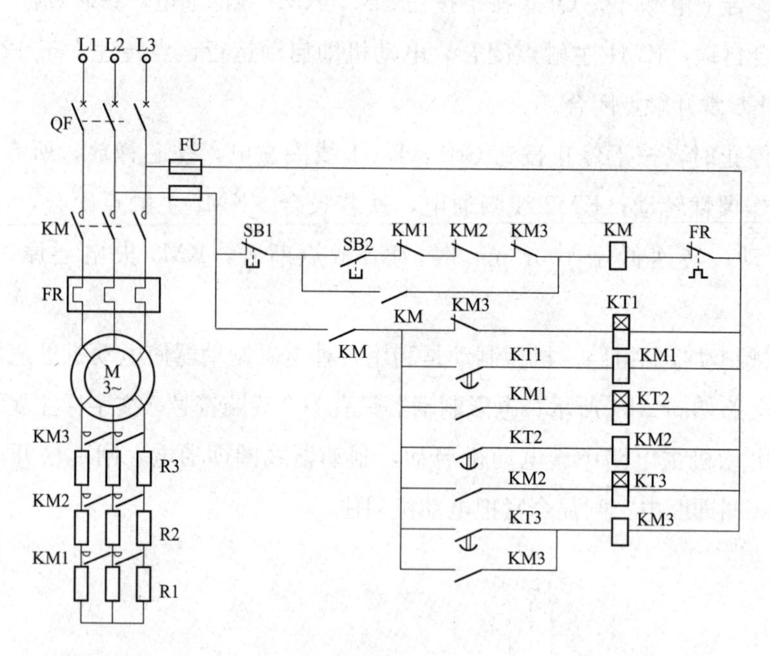

图 2-55　时间继电器控制绕线转子异步电动机启动电路图

同时，时间继电器 KT1 通电，在其常开延时闭合触点动作前，电动机转子绕组串入全部电阻启动→KT1 延时结束时，其常开延时闭合触点闭合，接触器 KMI 线圈通电动作，切除一段启动电阻 R1，并接通时间继电器 KT2 线圈→经过整定的延时后，KT2 的常开延时闭合触点闭合，接触器 KM2 通电，短接第二段启动电阻 R2，时间继电器 KT3 通电→经过整定的延时后，KT3 的常开延时闭合触点闭合，接触器 KM3 通电动作，切除第三段转子启动电阻 R3，同时一对 KM3 常开触点闭合自锁；另一对 KM3 常闭触点切断时间继电器 KT1 线圈电路，KT1 延时闭合常开触点瞬时还原，使 KM1、KT2、KM2 及 KT3 依次断电释放。唯独 KM3 保持工作状态，电动机的启动过程全部结束。

接触器 KM1、KM2 及 KM3 常闭触点串接在 KM 线圈电路中，主要目的是保证电动机在转子启动电阻全部接入情况下启动。若接触器 KM1、KM2、KM3 中任何一个触点由于焊住或机械故障而没有释放，这时启动电阻就没有全部接入，若这样启动，启动电流将超过整定值，但因在启动电路中设置了 KM1、KM2 及 KM3 的常闭触点，只要其中任意一个接触器的主触点闭合，电动机就不能启动。

（2）转子绕组串频敏变阻器启动电路。频敏变阻器启动控制电路如图 2-56 所示，此电路可手动控制，也可以自动控制。

采用自动控制时，把转换开关 SA 扳到自动位置 A，按下启动按钮 SB2，接触

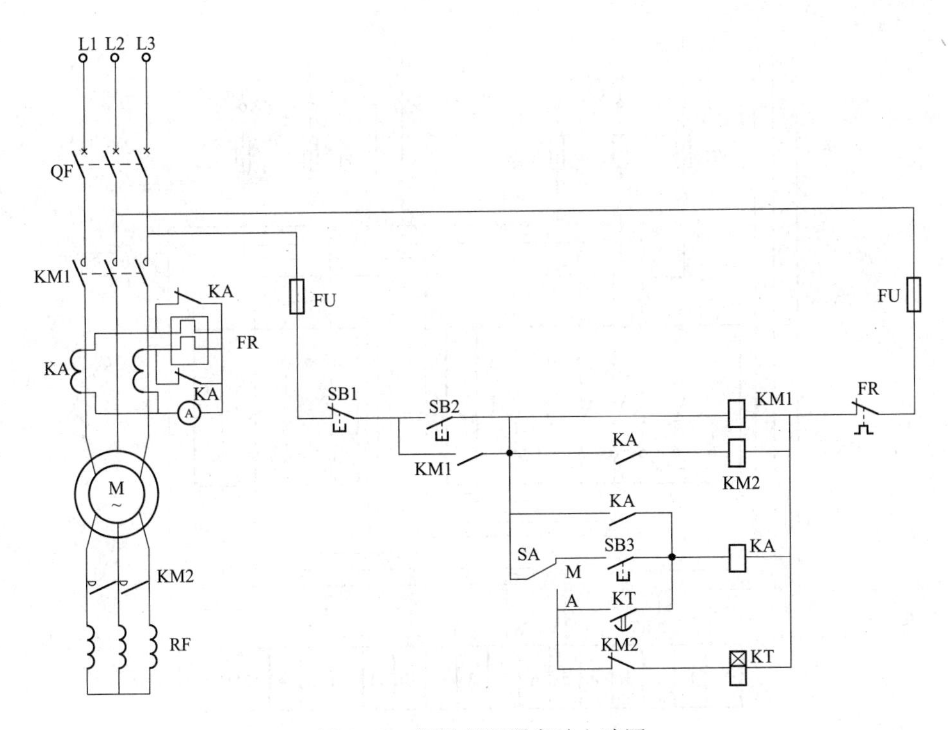

图 2-56　频敏变阻器启动电路图

器 KM1 通电并自锁，电动机接通电源，转子串入频敏变阻器启动。同时，时间继电器 KT 通电，经过整定的时间后，KT 常开延时闭合触点闭合，中间继电器 KA 线圈通电并自锁，使接触器 KM2 线圈有电，铁芯吸合，主触点闭合，将频敏变阻器短接，频敏变阻器 RF 短接，即启动完毕。在启动过程中，中间继电器 KA 的两对常闭触点将主电路中热继电器 FR 的发热元件短接，防止启动过长时热继电器误动作；在运行时，KA 常闭触点断开，热继电器的热元件才接入主电路，起过载保护的作用。

当采用手动控制时，将转换开关扳至手动位置 M，用按钮 SB3 控制中间继电器 KA 与接触器 KM2 的动作，这时 KT 不起作用。手动控制时的启动时间由按下 SB2 及按下 SB3 的时间间隔的长短来确定。

二、电气控制安装线路图

1. 导线连接表示方法

导线连接表示方法有多线图表示法、单线图表示法和相对编号法三种，如图 2-57～图 2-59 所示，其详细说明见表 2-3。

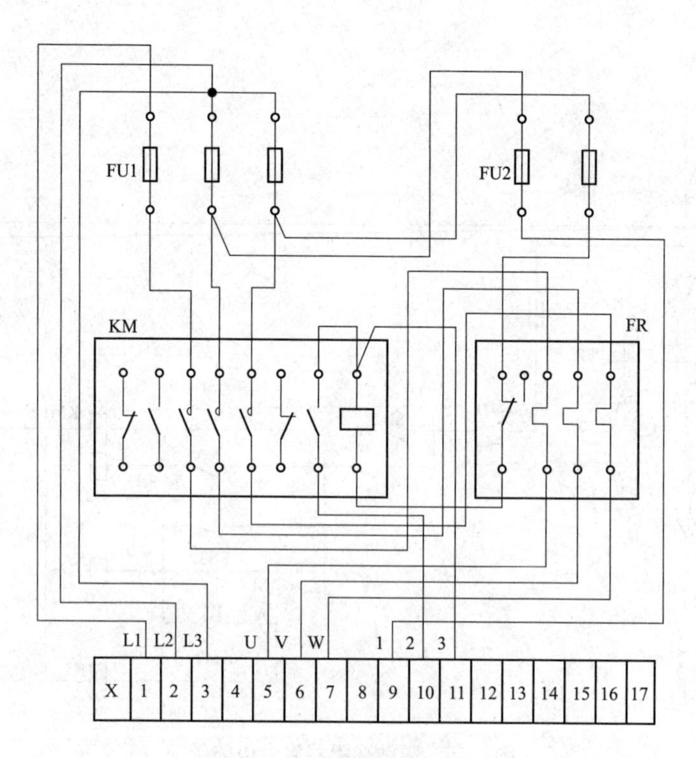

图 2-57　多线图表示法

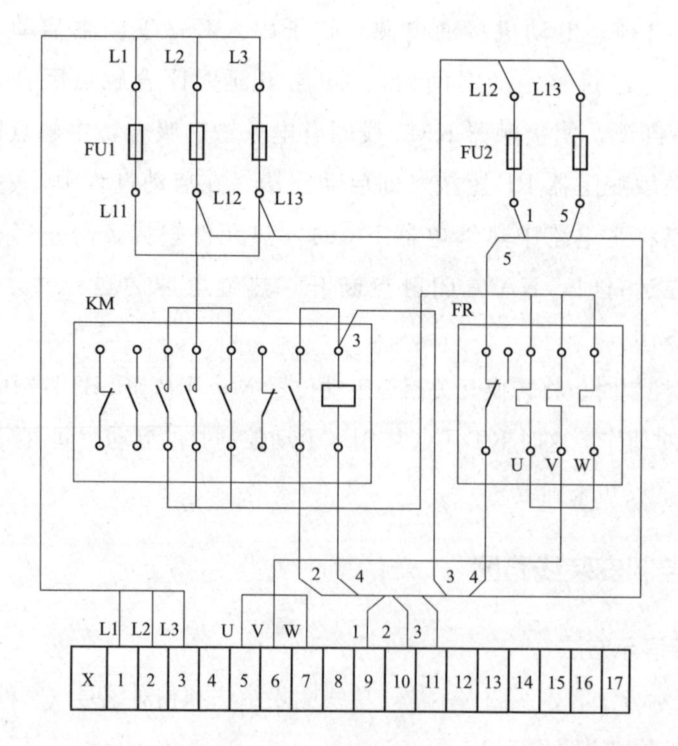

图 2-58　单线图表示法

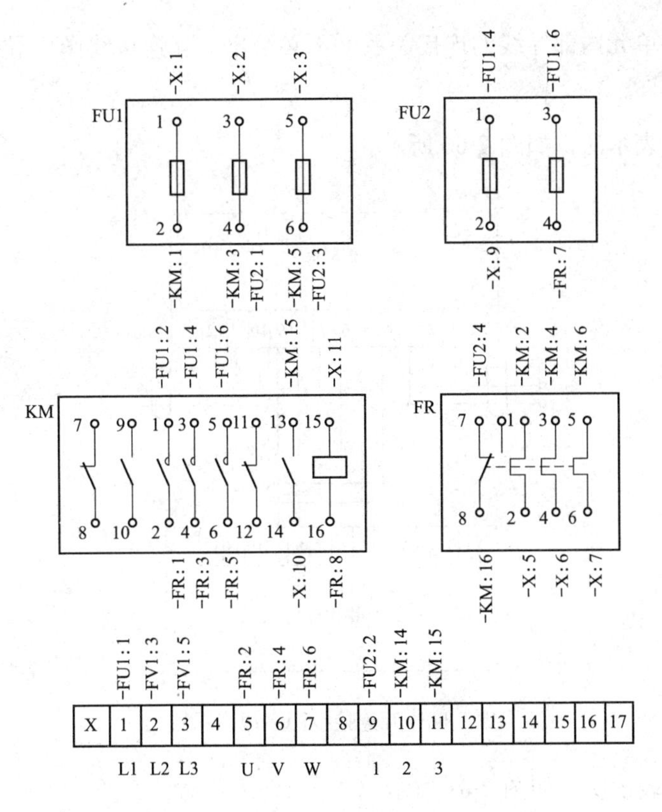

图 2-59　相对编号法

表 2-3　　**导线连接表示方法**

表示方法	概念	优点	缺点
多线图表示法	将电气单元内部各项目之间的连接线全部如实画出来	最接近实际，接线方便	元件太多时，线条多而乱，不容易分辨清楚
单线图表示法	各元件之间走向一致的导线可用一条线表示，某一段上相同，也可以合并成一根线，在走向变化时，再逐条分出去	图面清晰，给施工准备材料带来方便，阅读方便	施工技术人员水平不太高时，要对照原理图，才能接线
相对编号法	元件之间的连接不用线条表示，采用相对编号的方法表示出元件的连接关系	减少了绘图工作量，给接线、查线带来方便	增加了文字标注工作量，不直观，对线路的走向没有明确表示，对敷设导线带来困难

2. 互连接线图及端子接线图

一个电气装置或电气系统可由两、三个甚至更多的电气控制箱和电气设备组成。为了便于施工，工程中必须绘制各电气设备之间连接关系的互连接线图。

互连接线图中，各电气单元（控制设备）用点划线或实线围框表示，各单元之间的连接。线都必须通过接线端子，围框内要画出各单元的外接端子，并提供端子上所连导线的去向，而各单元内部导线的连接关系可不必绘出。互连接线图中导线连接的表示方法有三种：

（1）多线图表示法，如图 2-60 所示。

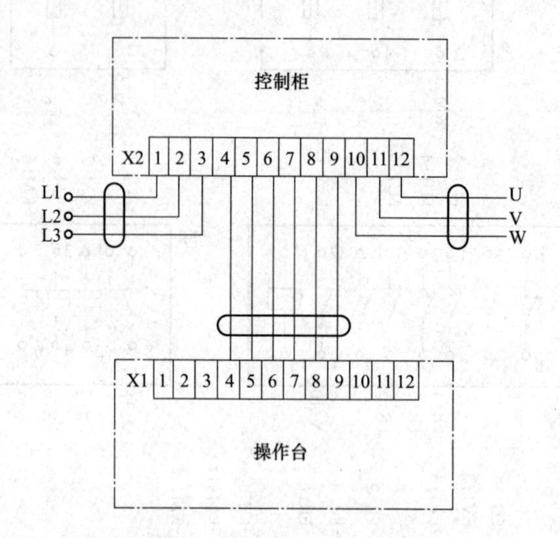

图 2-60　互连接线图多线表示法

（2）单线图表示法，如图 2-61 所示。

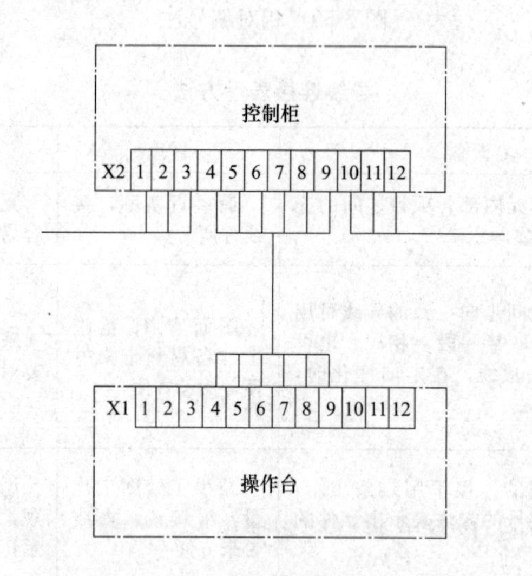

图 2-61　互连接线图单线表示法

（3）相对编号法，如图 2-62 所示。

在工程设计和施工中，为了减少绘图工作量，便于安装接线，一般都绘制端子接线图来代替互连接线图。端子接线图中端子的位置一般与实际位置相对应，并且各单元的端子排按纵向绘制，如图 2-63 所示，这样安排给施工、阅图带来方便。

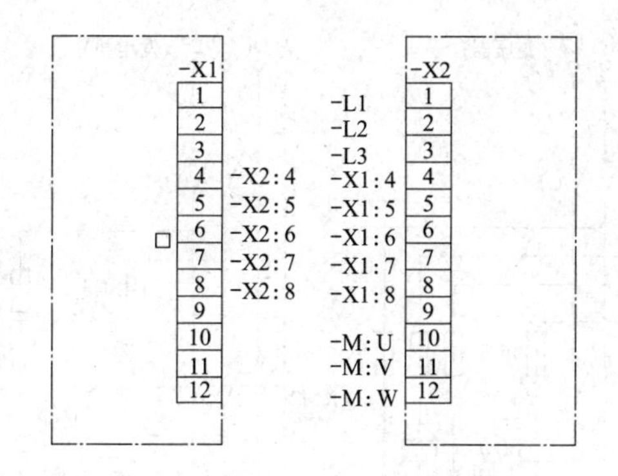

图 2-62　互连接线图相对编号法

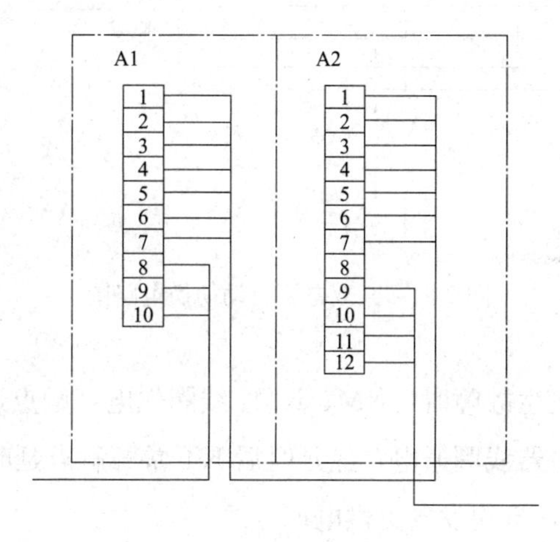

图 2-63　端子接线图

三、实例

1. 某双电源自动切换电路图

某双电源自动切换电路图，如图 2-64 所示。

图 2-64 说明：

（1）从图 2-64 中可知，该双电源自动切换电路一路电源来自变压器，通过 QF1 断路器、KM1 接触器。

（2）QF3 断路器向负载供电，当变压器供电发生故障时，通过自动切换控制电路使 KM1 主触点断开，KM2 主触点闭合，将备用的发电机接入，保持供电。

（3）供电时，合上 QF1、QF2，然后合上 S1、S2，因变压器供电回路接有 KM 继电器，保证了首先接通变压器供电回路；KM1 线圈通电，铁芯吸合，KM1 主触点闭合，KM、KM1 联锁触点断开，使 KM2、KT 不能通电。

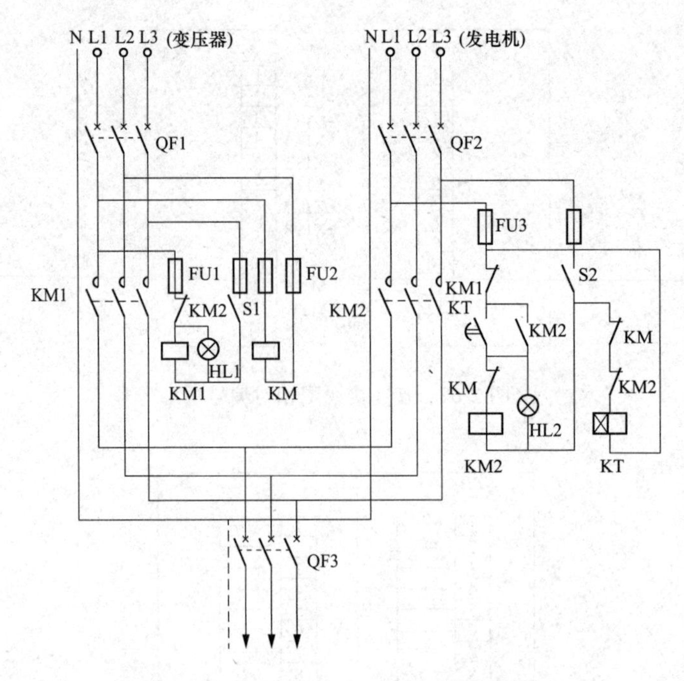

图 2-64　某双电源自动切换电路图

（4）当变压器供电发生故障时，KM、KM1 线圈失电，触点还原。

（5）使 KT 时间继电器线圈通电，经延时后 KT 常开触点延时闭合，KM2 线圈通电自锁，KM2 主触点闭合，备用发电机供电。

2. 某给水泵控制电路图

某给水泵控制电路图，如图 2-65 所示。

图 2-65 说明：

（1）从图 2-65 中可知，水泵准备运行时，电源开关 QF1、QF2、S 均合上，SA 为转换开关，其手柄旋转位置有三档，共 8 对触点。

（2）当手柄在中间位置时，（⑪—⑫）、（⑲—⑳）两对触点接通，水泵为手动控制，用启动按钮（SB2、SB4）和停止按钮（SB1、SB3）来控制两台水泵的运行和停止，两台水泵不受水位控制器控制。

（3）当 SA 手柄扳向左时，（⑮—⑯）、（⑦—⑧）、（⑨—⑩）三对触点闭合，1 号水泵为常用泵，2 号水泵为备用泵，电路受水位控制器控制。

（4）当水位下降到低水位时，浮标磁环降到 SL1 处，使 SL1 常开触点闭合，使 KA1 通电自锁，KA1 常开触点闭合，KM1 通电，铁芯吸合，主触点闭合，1 号水泵启动，运行送水；当水箱水位上升到高水位时，浮标磁环上浮到 SL2 干簧管处，使 SL2 常闭断开，KA1 失电复原，KM1 断电还原，1 号水泵停止运行。

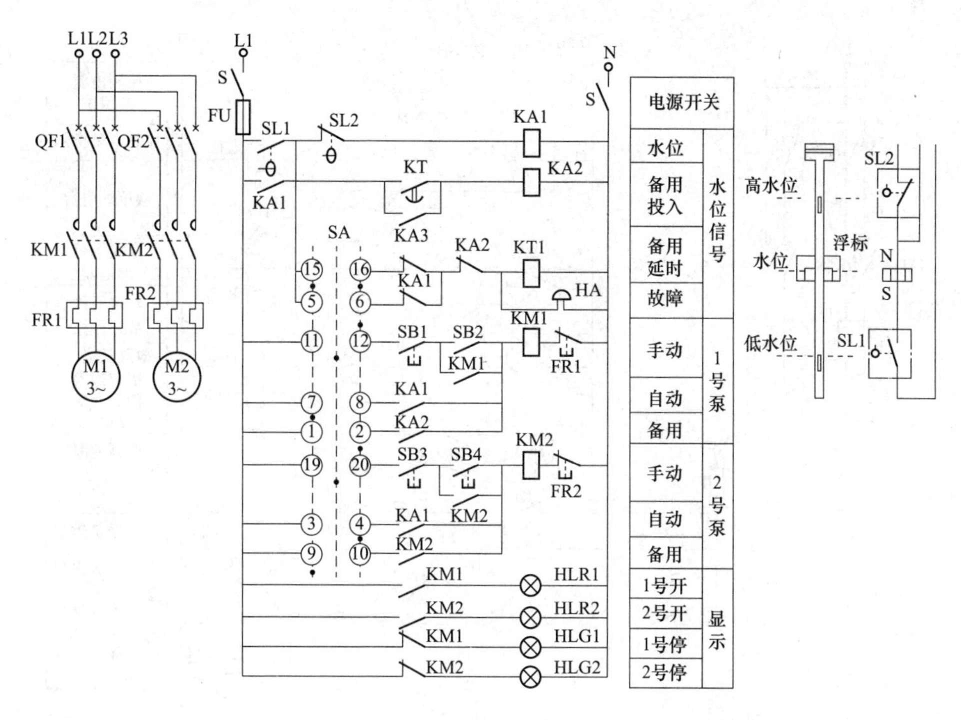

图 2-65 某给水泵控制电路图

（5）如果 1 号水泵在投入运行时，电动机堵转过载，使 FR1 动作断开，KM1 失电还原，时间继电器 KT 通电，警铃 HA 通电发出故障信号，延时一段时间后，KT 常开延时闭合，KA2 通电吸合，使 KM2 通电闭合，启动 2 号水泵，同时 KT1 和 HA 失电。

（6）当 SA 手柄扳向右时，其（⑤－⑥）、（①－②）、（③－④）触点闭合，此时为 2 号水泵常用，1 号水泵为备用，控制原理同上。

3. 某排水泵控制电路

某排水泵控制电路，如图 2-66 所示。

图 2-66 说明：

（1）从图 2-66 中可知，图 2-66 中两台排水泵为一用一备。

（2）自动时：将 SA 置于“自动”位置，当集水池水位达到整定高水位时，SL2 闭合→KI3 通电吸合→KI5 常闭接点仍为常闭状态→KM1 通电吸合→1 号泵启动运转。1 号泵启动后，待 KI5 吸合并自保持，下次再需排水时，就是 2 号泵启动运转。这种两台泵互为备用，自动轮换工作的控制方式，使两台泵磨损均匀，水泵运行寿命长。

（3）手动时：手动时不受液位控制器控制，1 号、2 号泵可以单独启停。

排水泵控制线路报警回路设计为一台泵故障时，为短时报警，一旦备用水泵自投成功后，就停止报警；两台泵同时故障时，长时间报警，直到人为解除音响。

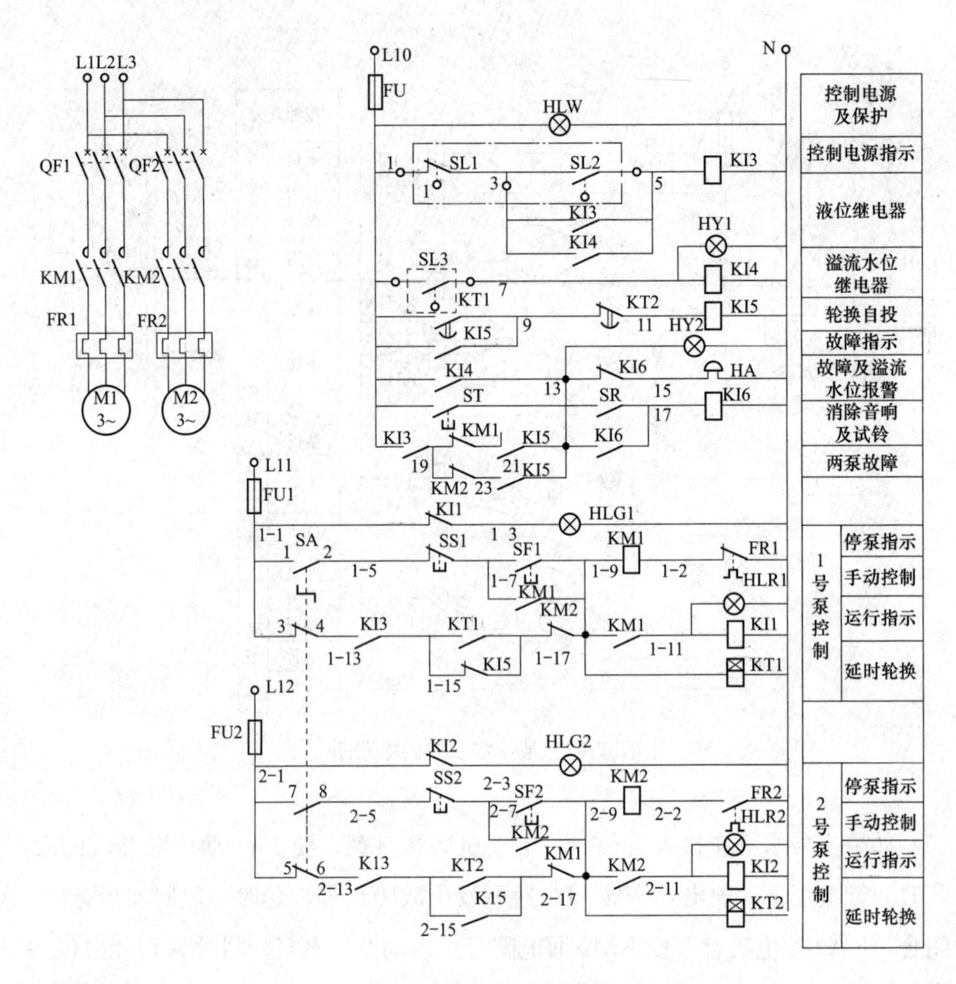

图 2-66 某排水泵控制电路

第六节 建筑防雷接地工程图

一、一般场所建筑防雷和接地工程图

1. 建筑物防雷电气工程图

建筑物防雷电气工程图主要包括建筑物屋面避雷针、接闪器、避雷引下线及屋面突出设备的防雷措施等内容。

如图 2-67 所示为某办公楼屋面防雷平面图。防雷接闪器采用避雷带，避雷带的材料为直径 12mm 的镀锌圆钢；当屋面有女儿墙时，避雷带沿女儿墙进行敷设，每隔 1m 设一支柱；当屋面为平屋面时，避雷带沿混凝土支座进行敷设，支座的距离为 1m；屋面避雷网格在屋面顶板内 50mm 处进行敷设。

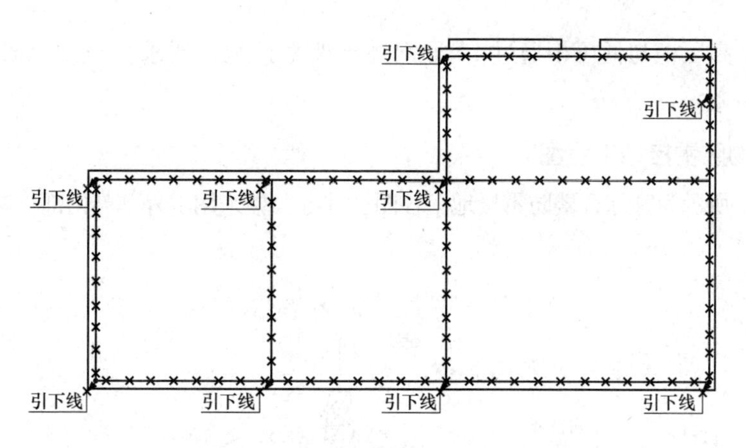

图 2-67　某办公楼屋面防雷平面图

2. 建筑物接地电气工程图

建筑物接地电气工程图主要是阐述建筑物接地系统的组成及与防雷引下线的连接关系。一般包括避雷引下线与接地体的连接、供电系统重复接地的连接要求、测量卡子的安装位置、自然接地体的组成及人工接地体的设计要求等。

如图 2-68 所示为两台 10kV 变压器的变电站接地电气工程图。从图 2-68 中可以看出，沿墙的四周用 25mm×4mm 的镀锌扁钢作为接地支线，40mm×4mm 的镀锌扁钢作为接地干线，人工接地体为两组，每组有三根 G50 的镀锌钢管，长 2.5m；变压器利

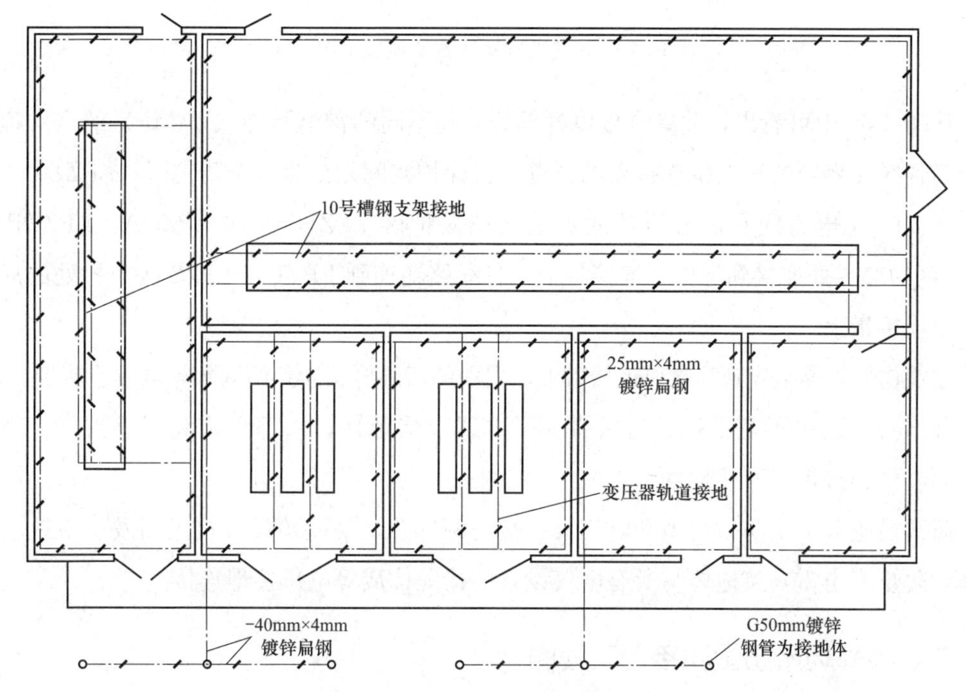

图 2-68　两台 10kV 变压器的变电站接地电气工程图

用轨道接地，高压柜与低压柜通过 10 号钢槽支架来接地；要求变电站电气接地的接地电阻不得大于 4Ω。

3. 建筑物防雷接地工程图

如图 2-69 所示为某综合楼防雷接地工程图。此办公楼采用了外部与内部均防雷的方式。

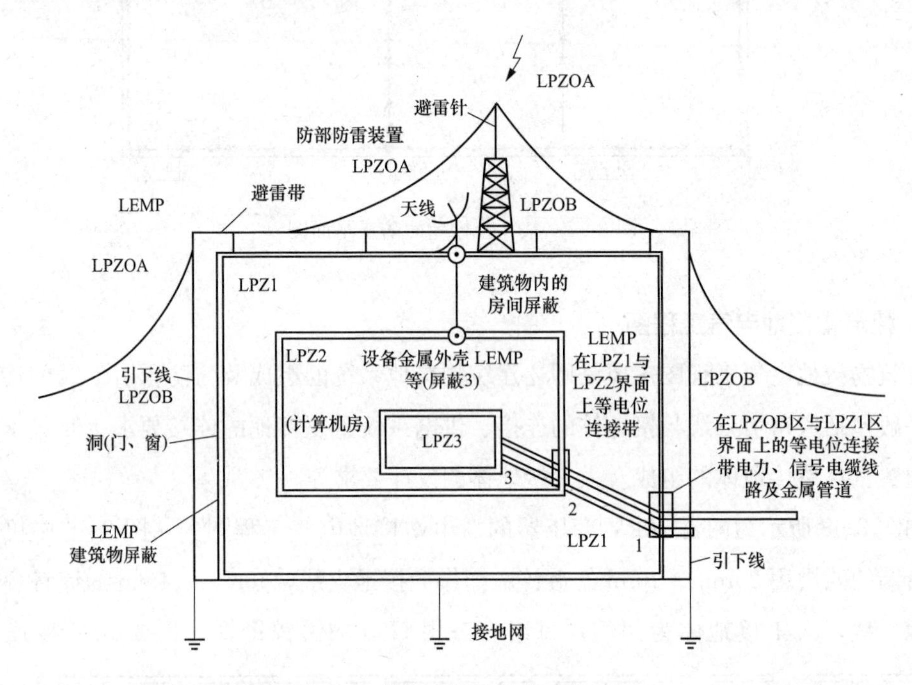

图 2-69　某综合楼防雷接地施工图

从图 2-69 中可看出，此综合楼以各部分空间不同的雷电脉冲（LEMP）的严重程度来明确各区交界处的等电位连接点的位置，将保护空间划分为多个防雷区（LPZ）。

图 2-69 上电力线和信号线从两点进入被保护区 LPZ1，并在 LPZOA、LPZOB 与 LPZ1 区的交界处连接到等电位连接带上，各线路还连到 LPZ1 与 LPZ2 区交界处的局部带电位连接带上。

建筑物的外屏蔽连到等电位连接带上，里面的房间屏蔽连到两局部等电位连接带上。

外部防雷采用了避雷针、避雷带、引下线及接地体；内部防雷利用避雷器、屏蔽物、等电位连接带以及接地网。

防雷措施采取了防雷接地和电气设备接地两部分，从屋顶设置接闪器及引下线至接地体，防止直击雷，接地体与所有电气设备的接地构成等电位接地连接。

二、特殊场所防雷和接地工程图

对无法做总等电位连接的场所，狭窄而具有众多带地电位金属导体的作业场所，发生电气事故的危险性较大、特别潮湿或浸水的场所，均称作特殊场所。

1. 游泳池接地

游泳池内既积水又溅水，属于特别潮湿的场所，人体阻抗因皮肤浸湿而显著降低，而人体又可能同时接触带不同电位的金属管道和构件，电击危险甚大。

（1）游泳池的区域划分。按电击危险程度游泳池可划分为 3 个区，如图 2-70 和图 2-71 所示。

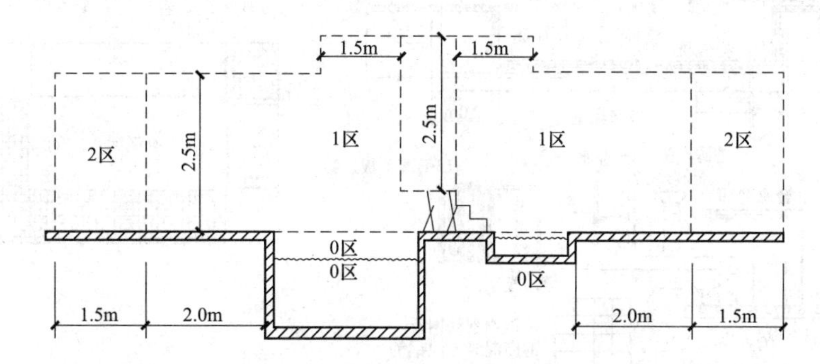

图 2-70　游泳池和涉水池的区域尺寸（所著尺寸已计入墙壁及固定隔墙的厚度）

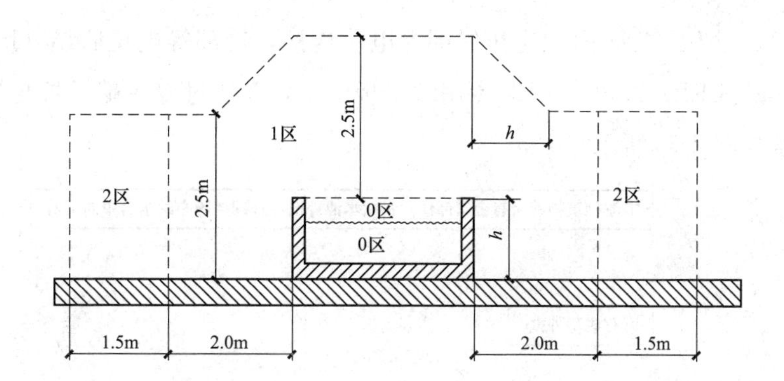

图 2-71　地上水池的区域尺寸（所著尺寸已计入墙壁及固定隔墙的厚度）

图 2-70 和图 2-71 中：

0 区—水池内部。

1 区—离水池边缘 2.00m 的垂直面内，其高度止于距地面或人能达到的水平面的 2.50m 处。在游泳池设有跳台、跳板、起跳台或滑槽的地方，1 区包括由位于跳板、跳台及其周围 1.50m 的垂直平面和预计有人占用的最高表面之上 2.50m 的水平面所限制的区域。

2 区—1 区外界的垂直平面及距离该垂直平面 1.50m 的平行平面、地面，预计有人占用的表面、地面及表面以上 2.50m 的水平面。

（2）游泳池的接地。如图 2-72 所示为游泳池局部等电位连接示例图。

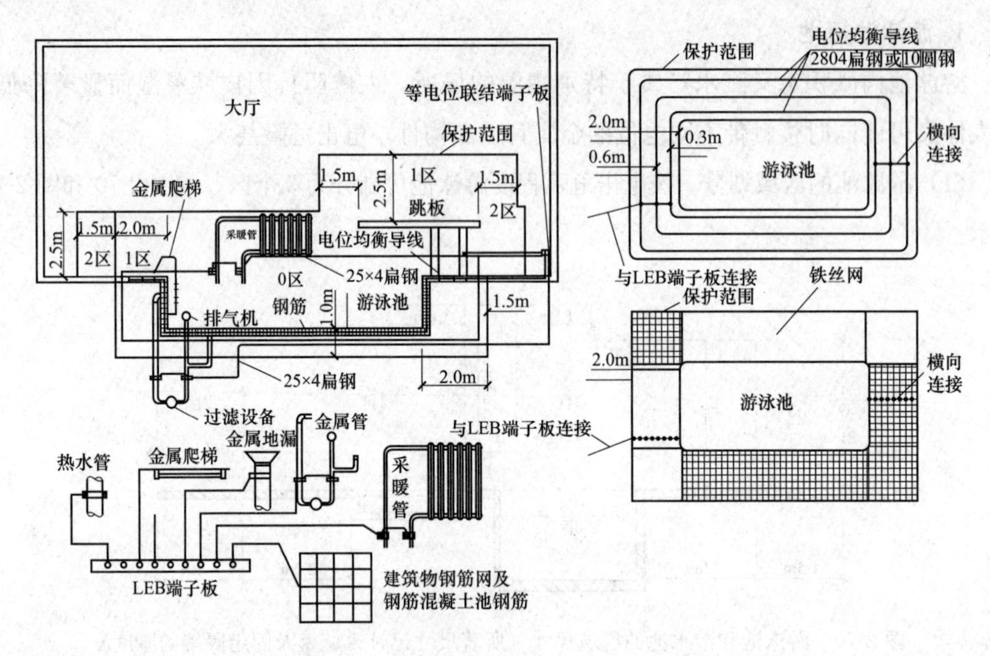

图 2-72　游泳池局部等电位连接示例图

1）在 0 区、1 区、2 区内均应作局部等电位连接，局部等电位联结（local equipotential bonding，LEB）线可由 LEB 专用端子板引出，并通过专用端子板与接地装置相连。具体内容如图 2-73 所示。

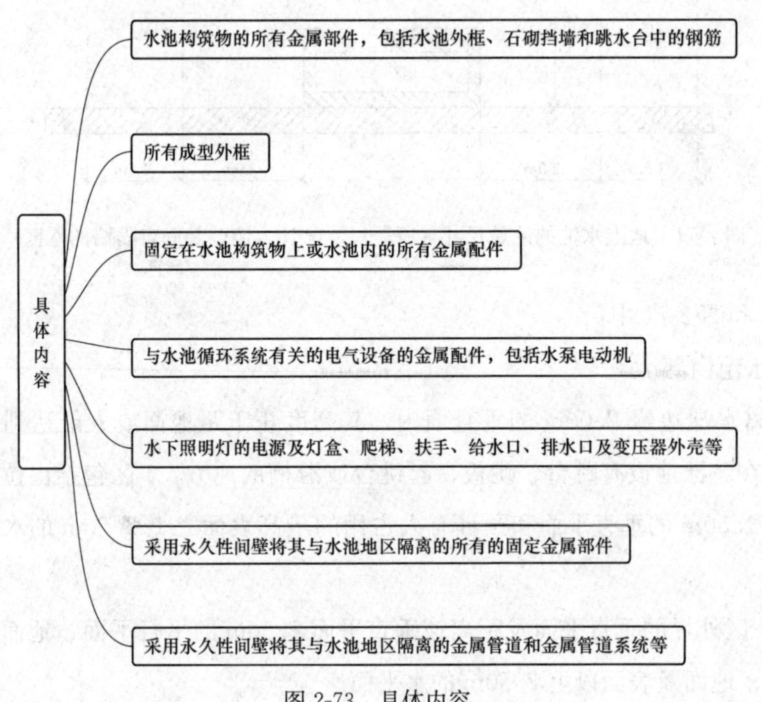

图 2-73　具体内容

2）如室内原无地线（protective earthing conductor，PE），则不应引入 PE 线，可将装置外可导电部分相互连接。

3）在游泳池地面下无钢筋时，应敷设电位均衡的导线，间距约为 0.6m，最少在两处做横向连接，且与等电位连接端子板连接。如地面下敷设采暖管线，电位均衡导线应位于采暖管线上方。

4）电位均衡导线也可敷设网格为 150mm×150mm、$\phi3$ 的铁丝网，相邻铁丝网之间应互相焊接。

2. 大中型电子计算机接地

（1）大中型电子计算机有几种接地，如图 2-74 所示。

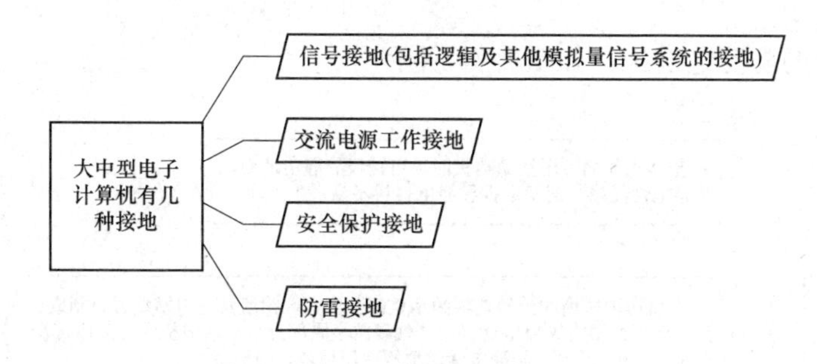

图 2-74　大中型电子计算机的几种接地

以上四种接地应采用联合接地方式，其接地电阻应小于 1Ω，并进行总等电位连接。

（2）电子计算机各机柜中的信号接地接至机房内活动地板下已接大地的铜排网，安全保护接地则与 PE 母排相连，如图 2-75 所示。

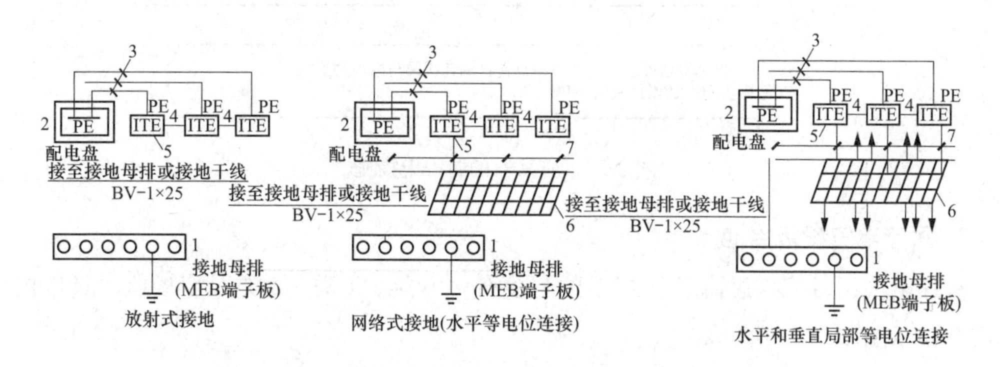

图 2-75　信息技术（IT）设备的接地和等电位连接方式

（3）多个电子计算机系统宜分别用接地线与接地极系统连接。

（4）为防止干扰，使计算机系统稳定可靠的工作，接地线的处理应遵循的条件，如图 2-76 所示。

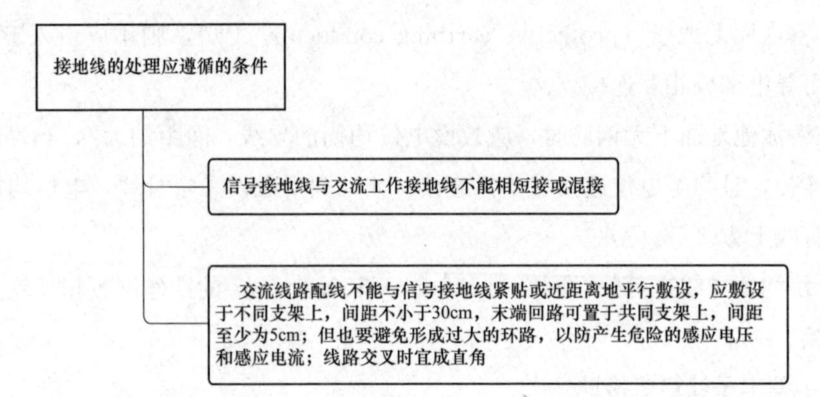

图 2-76　接地线的处理应遵循的条件

（5）应采取的防静电措施，如图 2-77 所示。

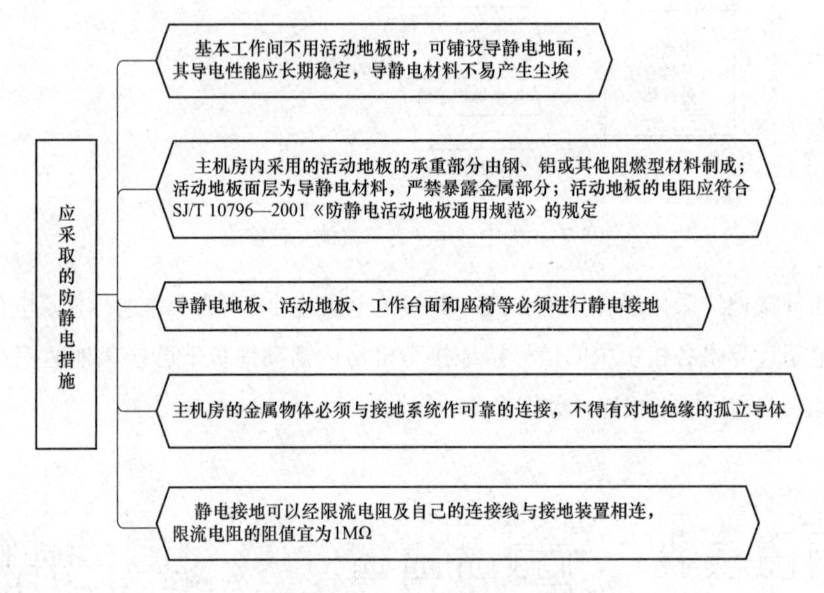

图 2-77　应采取的防静电措施

3. 医疗电气设备接地

医疗电气设备按与患者身体接触的程度分为 0 类、1 类、2 类医疗场所，具体内容如图 2-78 所示。

医院除应设总等电位连接外，在手术室、心血管造影机（DSA）、重症监护病房（ICU）等医用 1 类、2 类医疗场所的患者环境（离手术台周边距离 1.5m、高度 2.5m 范围）均应设局部等电位连接。

凡需要设置保护接地的医疗设备，如低压系统已是 TN 形式，则应采用 TN-S 系统供电，并在医疗电气设备的配电线路中装设漏电电流动作保护装置。

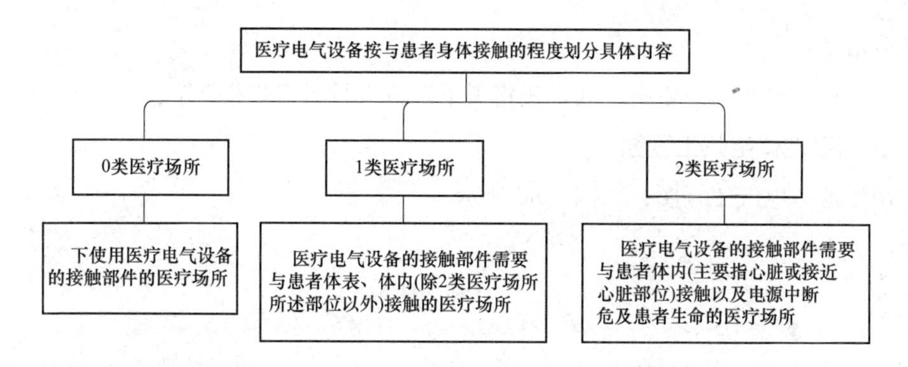

图 2-78　医疗电气设备按与患者身体接触的程度划分具体内容

医疗电气设备功能性接地电阻值应按设备技术要求决定。一般情况下，宜采用共用接地方式。手术室及抢救室应根据需要采取防静电措施。

在电源突然中断后，有导致重大医疗危险的场所，应采用电力系统不接地（IT 系统）的供电方式。在 2 类医疗场所，供生命支持系统设备及位于患者环境的医疗电气设备，如呼吸器、心肺机、病人监护设备等，为保证供电的连续性及人身安全，应设局部 IT 系统。

三、实例

1. 某住宅楼屋面防雷平面图

某住宅楼屋面防雷平面图，如图 2-79 所示。

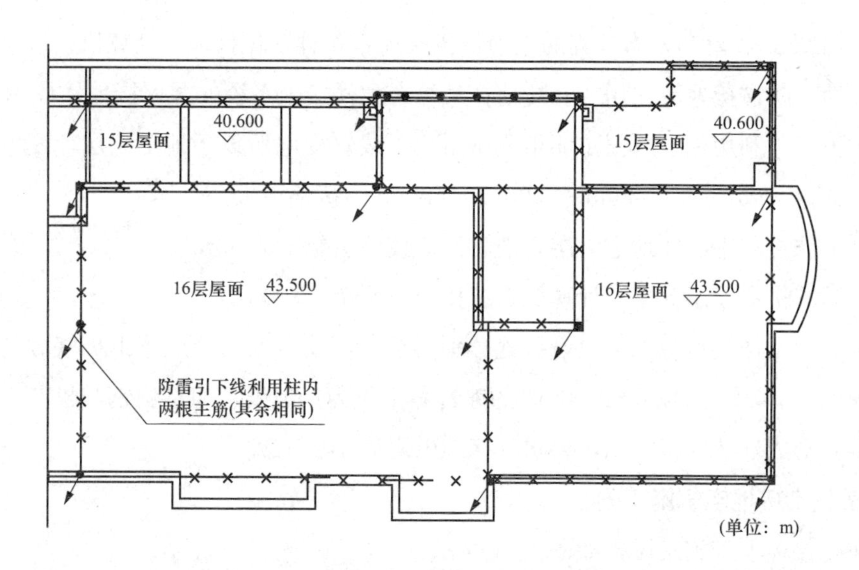

图 2-79　某住宅楼屋面防雷平面图

图 2-79 说明：

（1）如图 2-79 中所示，在不同标高的女儿墙及电梯机房的屋檐等易受雷击部位，均设置了避雷带。

(2) 两根主筋作为避雷引下线，避雷引下线应进行可靠焊接。

2. 共用接地体电气工程图

共用接地体电气工程图，如图 2-80 所示。

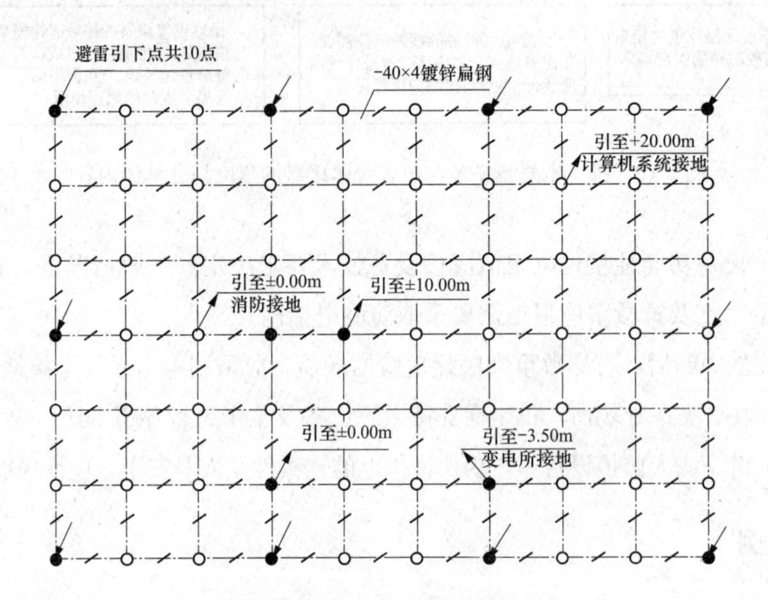

图 2-80　某综合大楼接地系统的共用接地体

图 2-80 说明：

(1) 由图 2-80 可知，本工程的电力设备接地、各种工作接地、计算机系统接地、消防系统接地、防雷接地等共用一套接地；某综合大楼接地系统的共用接地体周围共有 10 个避雷引下点，利用柱中两根主筋组成避雷引下线；变电所设于地下一层，变电所接地引至－3.5m；需要放置 100mm×100mm×10mm 的接地钢板。

(2) 消防控制中心在地上一层，消防系统接地引至±0.00m。

(3) 计算机房设于 5 层，计算机系统接地引至＋20.00m。

(4) 其他工作接地与电力设备接地分别引至所需要点。该接地体由桩基础与基础结构中的钢筋组成，采用 40mm×4mm 的镀锌扁钢作为接地线，通过扁钢与桩基础中的钢筋来焊接，形成环状的接地网，要求其接地电阻应小于 1Ω。

3. 某住宅接地电气施工图

某住宅接地电气施工图，如图 2-81 所示。

图 2-81 说明：

(1) 从图 2-81 中可知，防雷引下线同建筑物防雷部分的引下线相对应。

(2) 在建筑物转角的 1.8m 处设置断接卡子，以便接地电阻测量用；在建筑物两端

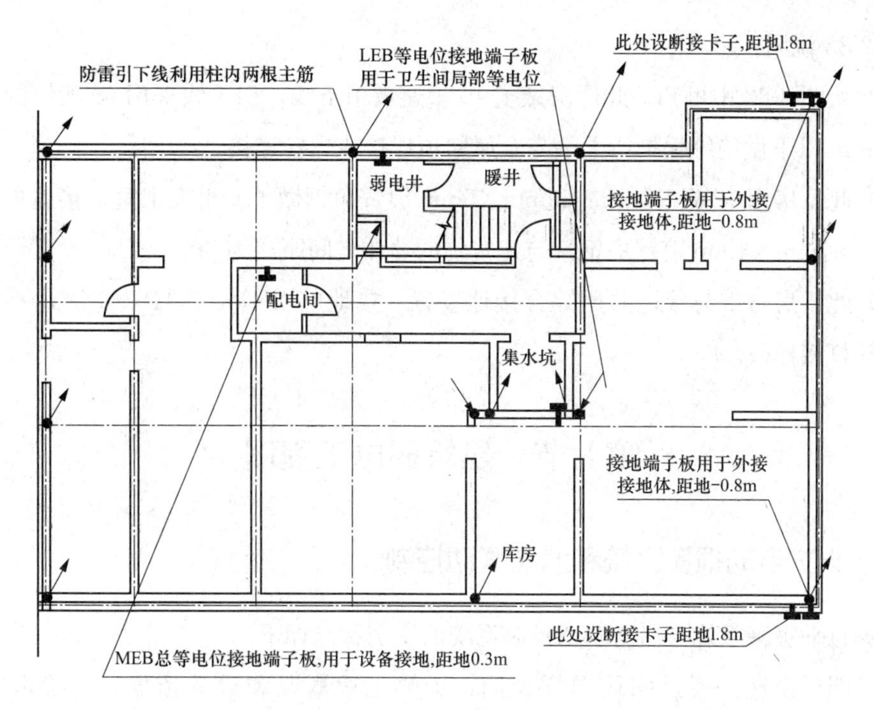

图 2-81　某住宅接地电气施工图

－0.8m 处设有接地端子板，用于外接人工接地体。

(3) 在住宅卫生间的位置，安装有 LEB 等电位接地端子板，用于对各卫生间的局部等电位的可靠接地；在配电间距地 0.3m 处，设有 MEB 总等电位接地端子板，用于设备接地。

4. 某厂房防雷接地平面图

某厂房防雷接地平面图，如图 2-82 所示。

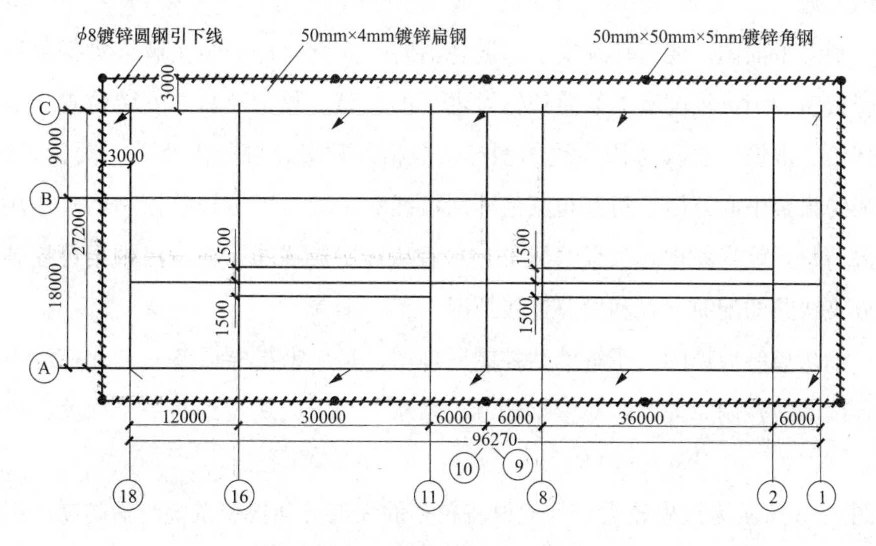

图 2-82　某厂房防雷接地平面图

图 2-82 说明：

（1）从图 2-82 中可知，此厂房做了 10 根避雷引下线，引下线采用 $\phi8$ 镀锌圆钢，在距地 1.8 m 以下做绝缘保护，上端与金属屋顶焊接或螺栓连接。

（2）此厂房用 12 根 50mm×50mm×5mm 镀锌角钢做了 6 组人工垂直接地极，水平连接用了 50mm×4mm 镀锌扁钢，与建筑物的墙体之间距离为 3m。

（3）此厂房防雷与接地共用综合接地装置，接地电阻不大于 4Ω，实测达不到要求时，应补打接地极。

第七节　建筑弱电工程图

一、火灾自动报警系统和消防联动控制

火灾自动报警系统与消防联动控制系统的识图要点如下。

（1）图样说明。通过阅读图样说明，了解工程概况和设计依据，明确消防保护等级。

（2）消防系统图。通过阅读消防系统图明确该工程的基本消防体系；了解火灾自动报警及联动控制系统的报警设备（火灾探测器、火灾报警控制器、火灾报警装置等）、联动控制系统、消防通信系统、应急供电及照明控制设备等的规格、型号、参数、总体数量及连接关系；了解导线的功能、数量、规格及敷设方式；了解火灾报警控制器的线制和火灾报警设备的布线方式；掌握该工程的火灾自动报警及联动控制系统的总体配线情况和组成概况。

（3）消防平面图。通过仔细反复阅读各消防平面图，进一步了解火灾探测器、火灾手动报警按钮和消火栓配套的紧急按钮及电话的类型、数量及具体安装位置，消防线路的敷设部位、敷设方法及选用导线的型号、规格、数量、管径大小等。阅读平面图时，首先从消防报警中心开始，将其与其他楼层接线端子箱（区域报警控制器）连接导线走向关系搞清楚，就容易理解工程情况了。尔后从楼层接线端子箱（区域报警控制器）延续到各分支线路的配线方式和设备连接情况。

（4）消防控制原理图。了解消防控制原理图，是用来指导设备安装和控制系统调试工作的，读消防控制原理图时应依据功能关系从上到下或从左到右一个回路、一个回路的阅读。

如图 2-83 所示为规模较大、外控设备较多的火灾自动报警系统与消防联动系统图。

消防中心一般设有火灾报警控制器和联动控制器、CRT 显示器、消防广播及消防电

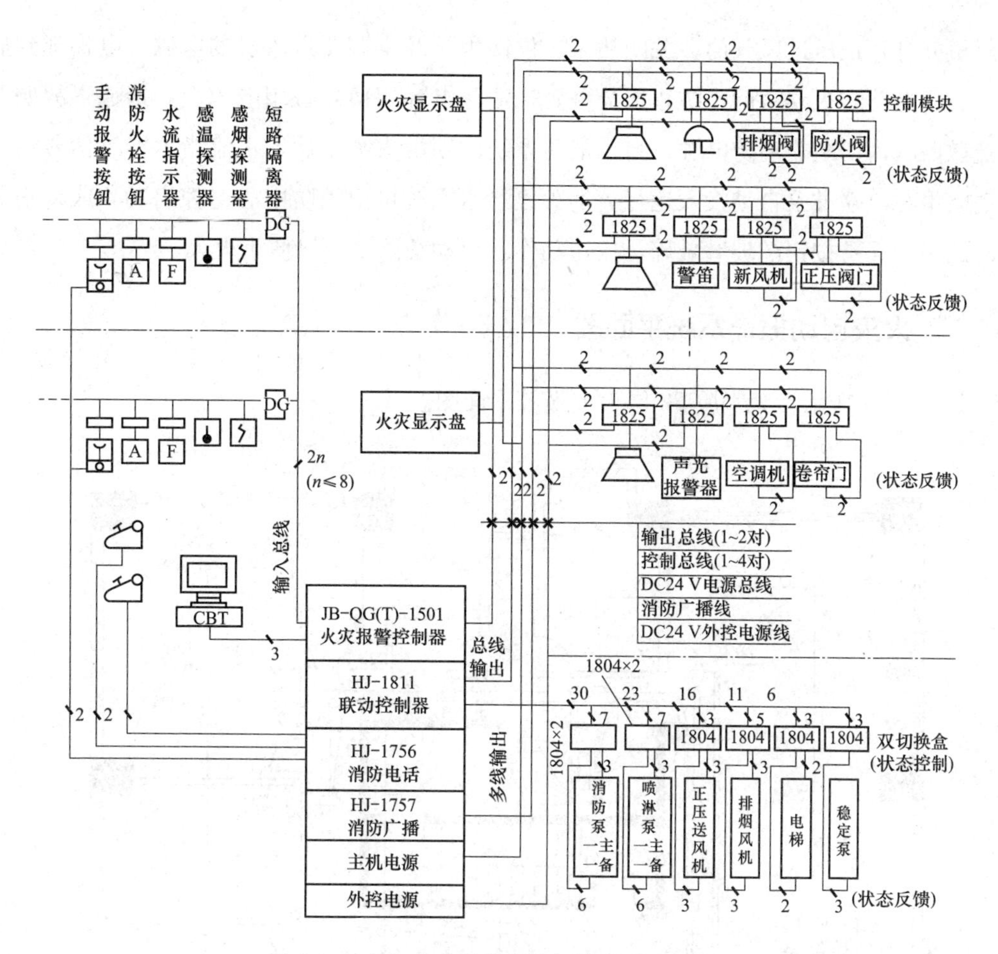

图 2-83　火灾自动报警系统与消防联动系统图

话，并配有主机电源与备用电源。每一层楼都分别装设层楼火灾显示器，火灾自动报警采用二总线输入，每一回路都装设感烟探测器、水流指示器、感温探测器、消火栓按钮及手动报警按钮等，并装有短路隔离器。

报警装置主要有声光报警器、消防广播等。

联动控制为总线制、多线制输出，通过控制模块或双切换盒与设备相连接，有消防泵、喷淋泵、排烟风机、正压送风机、电梯、稳压奔流、新风机、空调机、防火阀、防火卷帘门、排烟阀以及正压送风警笛等。

当某楼面发生火灾被火灾探测器检测到之后，将立即传输给火灾自动报警器，经消防中心确认后，CRT 显示出火灾的楼层及对应部位，并打印火灾发生的时间与地点，开启消防广播，指挥灭火，并动员疏散，火灾重复显示器显示出着火层楼与部位，指示人们朝安全的地方避难。

联动装置开启着火区域上、下层的排烟阀门与排烟风机，启动避难层（室）的正压送风机并打开正压送风阀门；关闭热泵、供回水泵及空调器送风机的电源，电梯降到底层，关闭电动防火卷帘门，防止火势蔓延，消防电梯切换到备用电源上，接通事故照明与疏散照明，切断非消防电源；自动消防系统的喷淋头喷水后，水流指示器有信号传送至消防中心，喷淋泵自动投入运行；消火栓给水系统可由消防中心遥控启动，或将消火栓内的手动报警按钮的玻璃敲碎，按钮动作，启动消防泵，以便于灭火。

二、火灾自动报警系统平面图

如图 2-84 所示为某大厦 22 层火灾报警平面图。

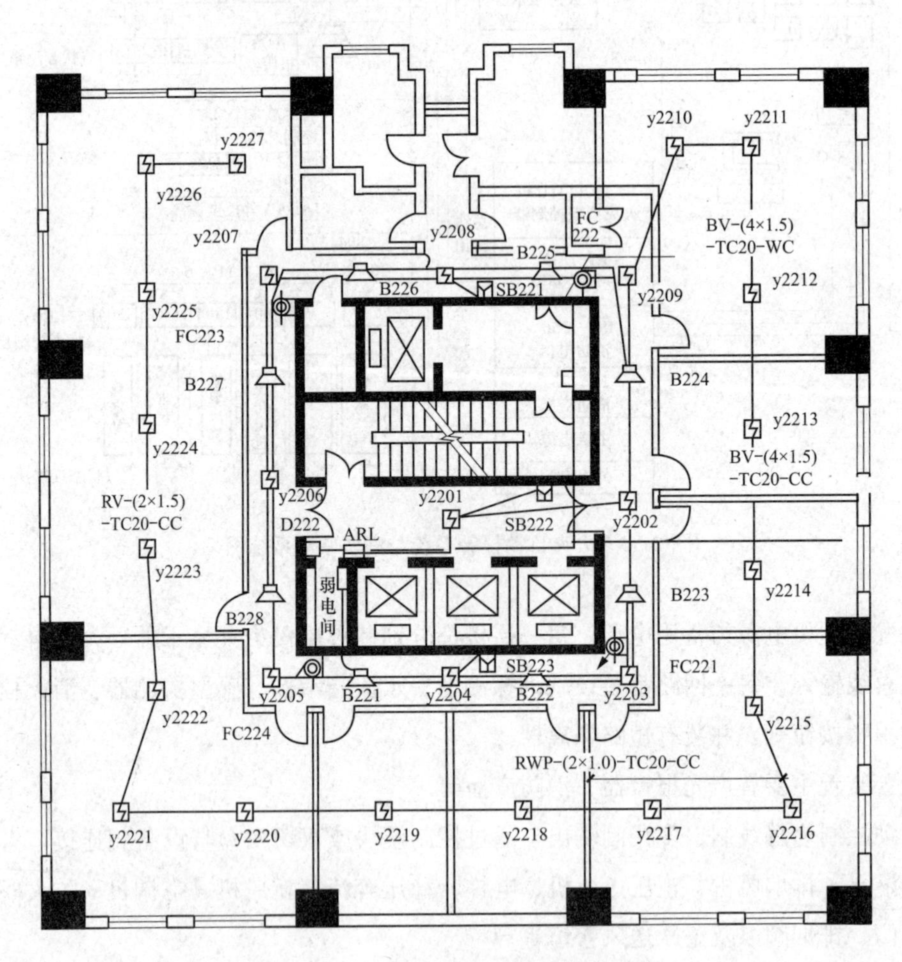

图 2-84　某大厦 22 层火灾报警平面图

在消防电梯前室内装有区域火灾报警器（或层楼显示器），主要用于报警及显示着火区域，输入总线接到弱电竖井中的接线箱，再通过垂直桥架中的防火电缆接至消防中心。

整个楼面装有 27 只地址编码底的感烟探测器，采用二总线制，用塑料护套屏蔽电缆 RWP-（2×1.0）穿电线管（TC20）敷设，接线时应注意正负极性。

走廊平顶设置了 8 个消防广播喇叭箱，主要用于通知、背景音乐及紧急时广播，用 $2\times1.5\text{mm}^2$ 的塑料软线穿 $\phi20$ 的电线管于平顶中敷设。

走廊内共设置了 4 个消火栓箱，箱内装有带指示灯的报警按钮，当发生火灾时，只需敲碎按钮箱玻璃便可报警；消火栓按钮线采用 $4\times2.5\text{mm}^2$ 的塑料铜芯线穿 $\phi25$ 电线管，沿筒体垂直敷设至消防中心或消防泵控制器。

D 为控制模块，D221 为前室正压送风阀控制模块，D222 为电梯厅排烟阀控制模块，从弱电竖井接线箱敷设 $\phi20$ 电线管至控制模块，穿 BV-（4×1.5）导线。FC 为消防联动控制线；B 为消防扬声器；SB 为指示灯的报警按钮，含有输入模块；y 为感烟探测器；ARL 为楼层显示器（或区域报警器）。

三、综合布线系统图

通过阅读综合布线系统图，首先了解该工程的总体方案，主要包括：通信网络总体结构、各个布线子系统的组成、系统工作的主要技术指标、通信设备器材和布线部件的选型和配置等。而后，了解系统的传输介质（双绞线、同轴电缆、光纤）规格、型号、数量及敷设方式；介质的连接设备，如信息插座、适配器等的规格、型号、参数、总体数量及连接关系；了解各种交接部件的功能、型号、数量、规格等；了解系统的传输电子设备和电气保护设备的规格、型号、数量及敷设位置。掌握该工程的综合布线系统的总体配线情况和组成概况。

1. 综合布线系统工程图第一种标注方式

综合布线系统工程图第一种标注方式，如图 2-85 所示。

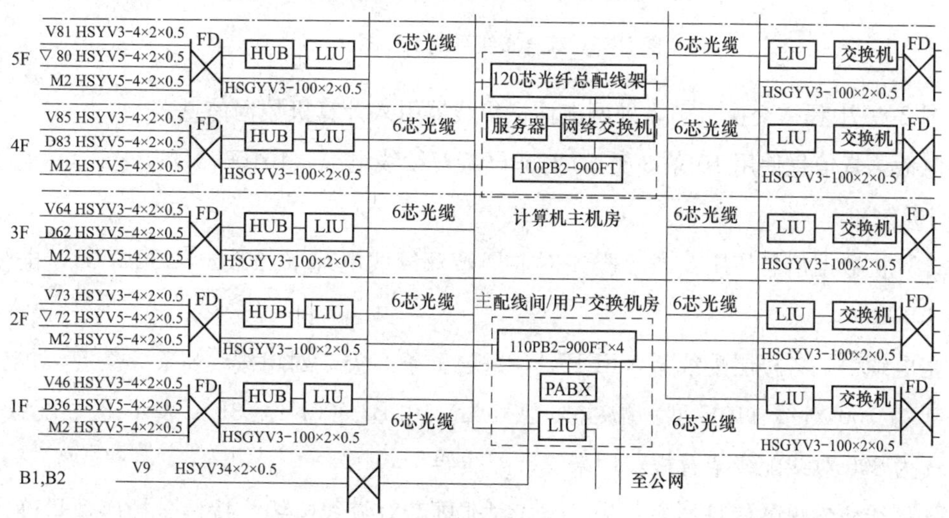

图 2-85　综合布线系统工程图（一）

图 2-85 中所示的电话线由户外公网引入，接到主配线间或用户交换机房，机房内有 4 台 110PB2-900FT 型 900 线配线架及 1 台用户交换机（PABX）。图 2-85 中所示的其他信息由主机房中的计算机处理，主机房中有服务器、网络交换机、1 台 900 线配线架及 1 台 120 芯光纤总配线架。

电话与信息输出线，每个楼层各使用一根 100 对干线 3 类大对数电缆（HS-GYV3-100×2×0.5），另外，每个楼层还使用一根 6 芯光缆。

每个楼层都设有楼层配线架（FD），大对数电缆应接入配线架，用户使用 3 类、5 类 8 芯电缆［HSYV3（5）-4×2×0.5］。

光缆先接入光纤配线架（LIU），转换成电信号后，再经集线器（HUB）或交换机分路后，接入楼层配线架（FD）。

在图 2-85 中左侧 1F 的右边，V46 表示本层有 46 个语音出线口，D36 表示本层有 36 个数据出线口，M2 则表示本层有 2 个视像监控口。

2. 综合布线工程系统图的另一种标注方式

综合布线工程系统图的另一种标注方式，如图 2-86 所示。

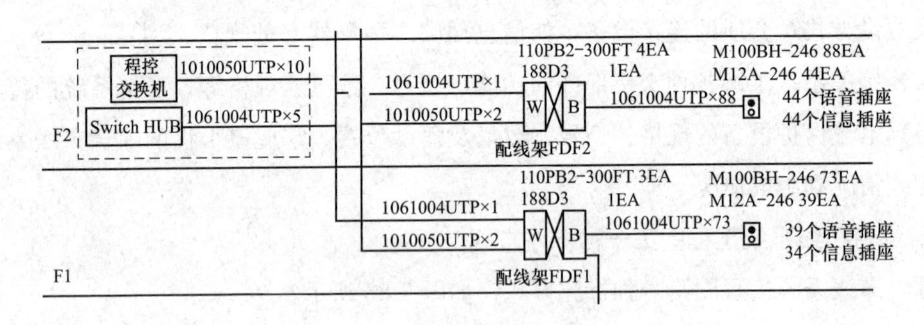

图 2-86　综合布线系统工程图（二）

图 2-86 中程控交换机引入外网电话，集线器引入计算机数据信息。

电话语音信息使用 10 条 3 类 50 对非屏蔽双绞线电缆（1010050UTP×10），电缆型号为 1010。

计算机数据信息使用 5 条 5 类 4 对非屏蔽双绞线电缆（1061004UTP×5），电缆型号为 1061。

主电缆引入各楼层配线架（FDFX），每层 1 条 5 类 4 对电缆、2 条 3 类 50 对电缆；配线架为 300 对线 110P 型，配线架型号为 110PB2-300FT，3EA 表示 3 个配线架；188D3 为 300 对线配线架背板，用来安装配线架。

从配线架输出各信息插座，为 5 类 4 对非屏蔽双绞线电缆，按信息插座数量确定电缆条数，1 层（F1）有 73 个信息插座，因此有 73 条电缆；模块信息插座型号为

M100BH-246，模块信息插座面板型号为 M12A-246，面板为双插座型。

四、综合布线平面图

通过仔细反复阅读各综合布线平面图，进一步明确综合布线各子系统中各种缆线和设备的规格、容量、结构、路由、具体安装位置和长度以及连接方式等（如互连接的工作站间的关系；布线系统的各种设备间要拥有的空间及具体布置方案；计算机终端以及电话线的插座数量和型号），此外，还有缆线的敷设方法和保护措施以及其他要求。

某住宅楼综合布线工程平面图，如图 2-87 所示。

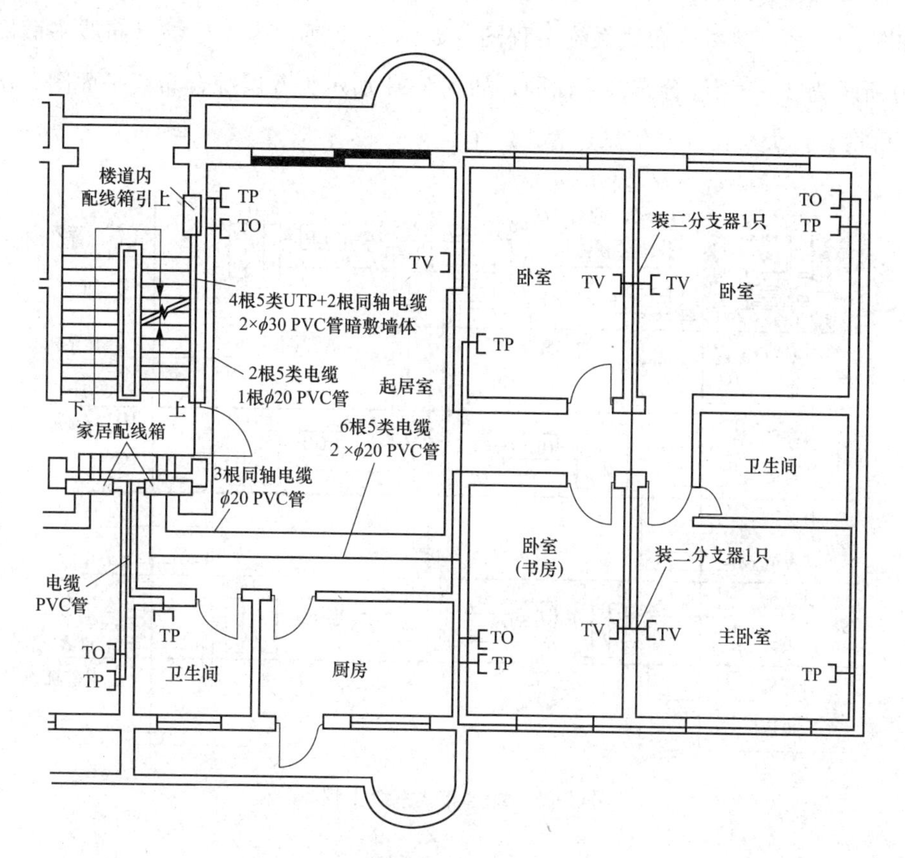

图 2-87 某住宅楼综合布线工程平面图

从图 2-87 中可知，信息线由楼道内配电箱引入室内，有 4 根 5 类 4 对非屏蔽双绞线电缆（UTP）和 2 根同轴电缆，穿 ϕ30 PVC 管在墙体内暗敷设，每户室内装有一只家居配线箱，配线箱内有双绞线电缆分接端子与电视分配器，本户为 3 分配器。

户内每个房间均有电话插座（TP），起居室与书房有数据信息插座（TO），每个插座用 1 根 5 类 UTP 电缆与家居配线箱连接。

户内各居室均有电视插座（TV），用 3 根同轴电缆与家居配线箱内分配器相连接，墙两侧安装的电视插座用二分支器分配电视信号。

户内电缆穿 ϕ20 PVC 管于墙体内暗敷。

五、实例

某商场（购物中心）建筑总面积约为 1.3 万m^2，大楼层高 6 层，楼面最大长度 82m、宽度 26m，建筑物在楼梯两端分别设有电气竖井；1～5 层为商业用房，6 层为管理人员办公室与商品库房。

1. 工程图基本情况

如图 2-88 所示为综合布线系统工程图，如图 2-89 所示为 1 层综合布线平面图，如图 2-90 所示为 2～5 层综合布线平面图，如图 2-91 所示为 6 层综合布线平面图。从系统图分析可得，该大楼设计的信息点为 124 个。

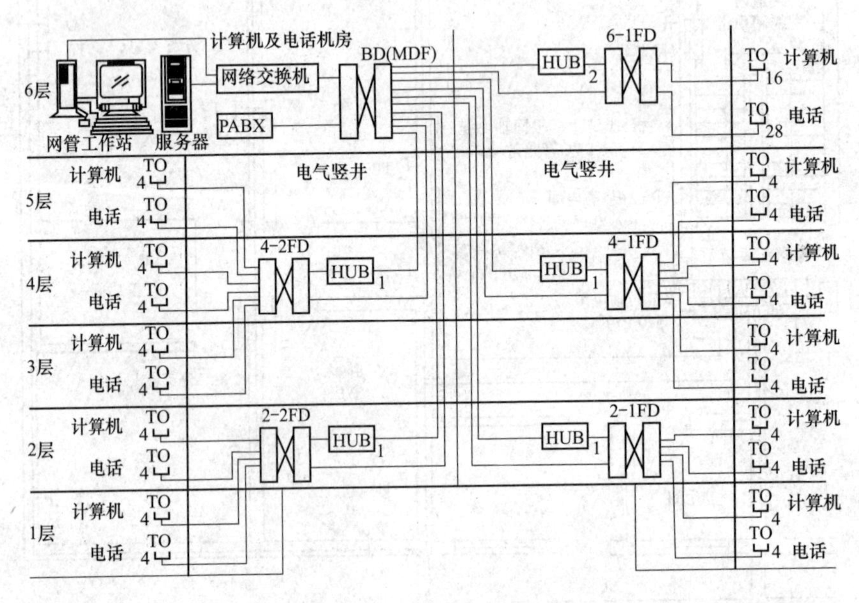

图 2-88　综合布线系统工程图

2. 工程图分析

(1) 设备间子系统。从图 2-88 所示工程图中可以看出，设备间位于第 6 层的计算机及电话机房内，主要设备有计算机网络系统的服务器、网络交换机、用户交换机(PABX) 以及计算机管理服务器等组成的网管工作站。

设备间的总配线架 BD（MDF）采用了一台 900 线的配线架（500 对）和一台 120 芯光纤总配线架，分别用来支持语音与数据的配线交换。网络交换机的总端口数为750 个。

设备间的地板采用防静电高架地板；设置感烟、感温自动报警装置，使用气体灭火系统，安装应急照明设备及不间断电源，使用防火防盗门；单独安装接地系统，以确保布线系统与计算机网络系统接地电阻小于1Ω，接地电压小于1V。

（2）干线（垂直）子系统。因主干线（设在电气竖井）中的距离共6层楼高，系统布线从两个电气井中上下，用户终端信息接口数量不多（124个），所以在工程设计施工中应选用大对数双绞电缆作为主干线的连接方式。

从图2-88所示的系统图可以看出，从机房设备间的BD（MDF）引出1根25对的大对数电缆到电气竖井里，接到2层的2—1FD、2—2FD配线箱内，作为语音（电话）的连接线缆；从BD（MDF）一共引2根，每根4对双绞电缆接入1－2FD、2－2FD前端的集线器（HUB）中，该集线器经过信号转换后，可支持24个计算机通信接口；而设在6层内电气竖井内的6－1FD，从机房BD（MDF）引出1根4对双绞电缆接入集线器（HUB）中，可输出24个计算机接口；引出2根25对大对数双绞电缆、支持语音信号。

（3）管理区子系统。本工程共有分别设于2、4层及6层的电气竖井的配线间之内的五个管理区子系统，通过管理区子系统实现对配线子系统和干线子系统中的语音线和数据线的终接收容与管理。配线架FD管理采用表格对应的方式，根据大楼各信息点的楼层单元，记录下连接线路、线缆线路的位置，并做好相应的标记，以方便维护人员的管理、识别。

管理区子系统的配线间由UPS来供电，每个管理区为一组电源线加装断路器。

（4）配线（水平）子系统。如图2-89和图2-90所示，配线子系统由2层或4层的配线间至信息插座的数据配线电缆和工作区用的信息插座等组成。按照收款台能实现100Mbit/s的要求，配线子系统中采用5类UTP，线缆长度要满足设计规范的相关要求，长度小于90m范围内。

从图2-90中可以得出，在Ⓕ轴和⑴⁄₃轴电气竖井中装有配线箱，此配线箱采用星形网络拓扑结构（放射式配线方式），引出四条回路，每条回路采用两根4对双绞电缆穿SC20钢管暗敷于墙内或楼板内；统一为每个收款台提供一个电话插座和一个计算机插座；在Ⓕ轴与㉑轴处的配线箱向左引出四条回路，每条回路为两根4对双绞电缆穿SC20钢管暗敷。如图2-89所示，1层电气竖井内未设置线箱，是从设在2层配线箱（FD）引下来的，采用放射式配线，每条回路为两根4对双绞电缆穿SC20钢管于楼板内或墙内进行暗敷。

如图2-91所示的办公区，以财务室为例：左面墙上设计了两组信息插座，用了4对双绞电缆，每组插座用2对双绞电缆，1对为电话，1对为计算机插座接口；右墙设计了一组信息插座，用了2对双绞电缆。

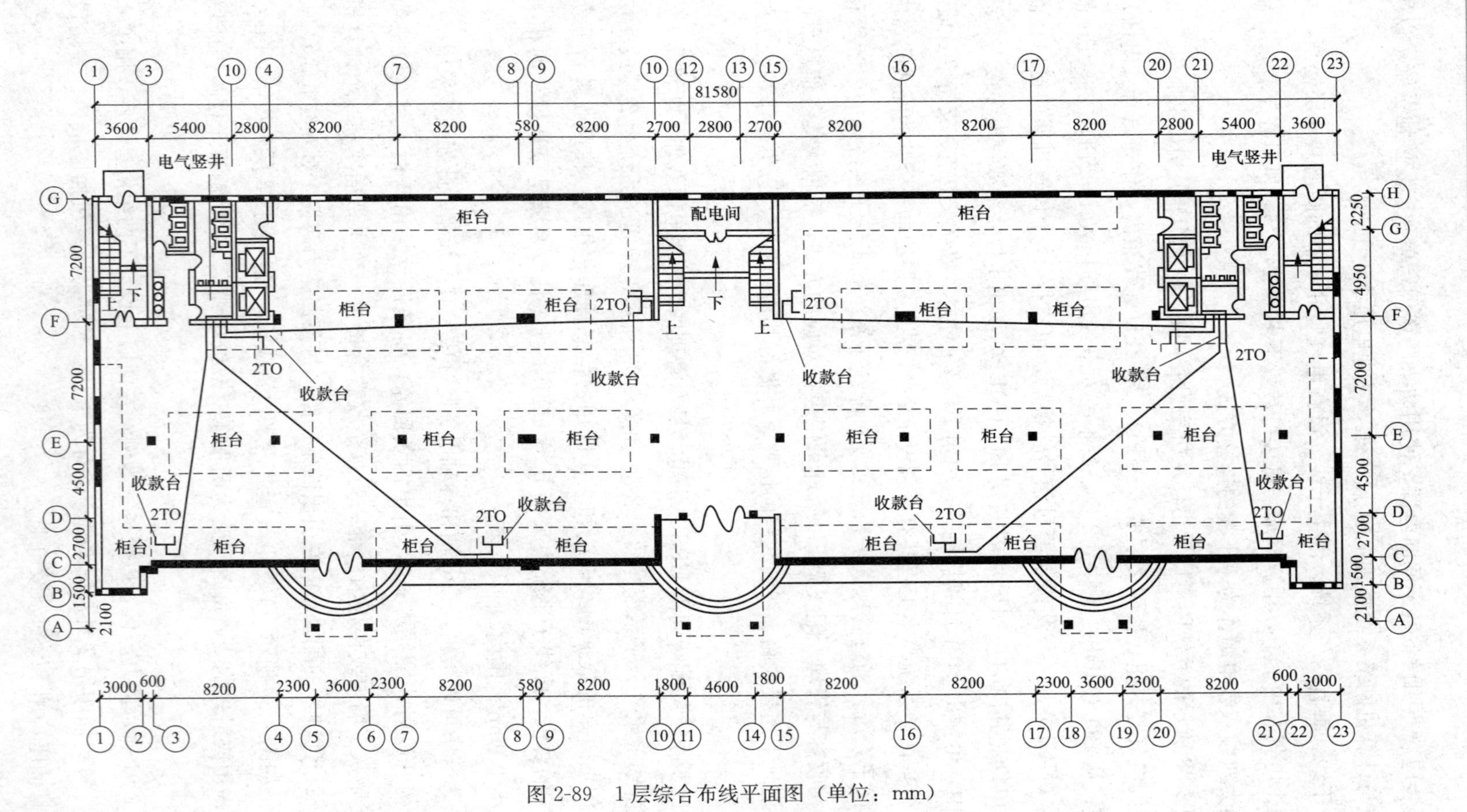

图 2-89　1层综合布线平面图（单位：mm）

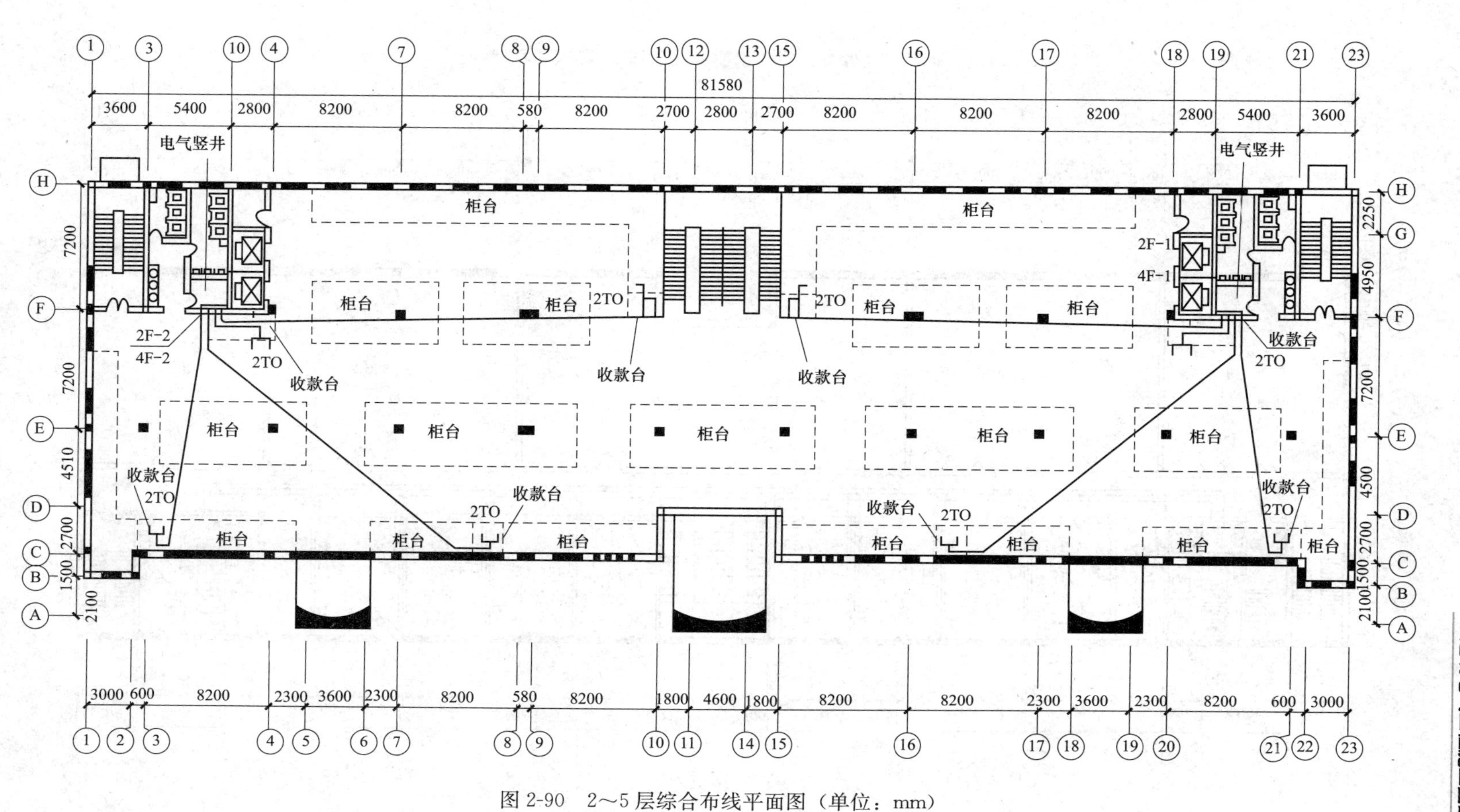

图 2-90　2～5 层综合布线平面图（单位：mm）

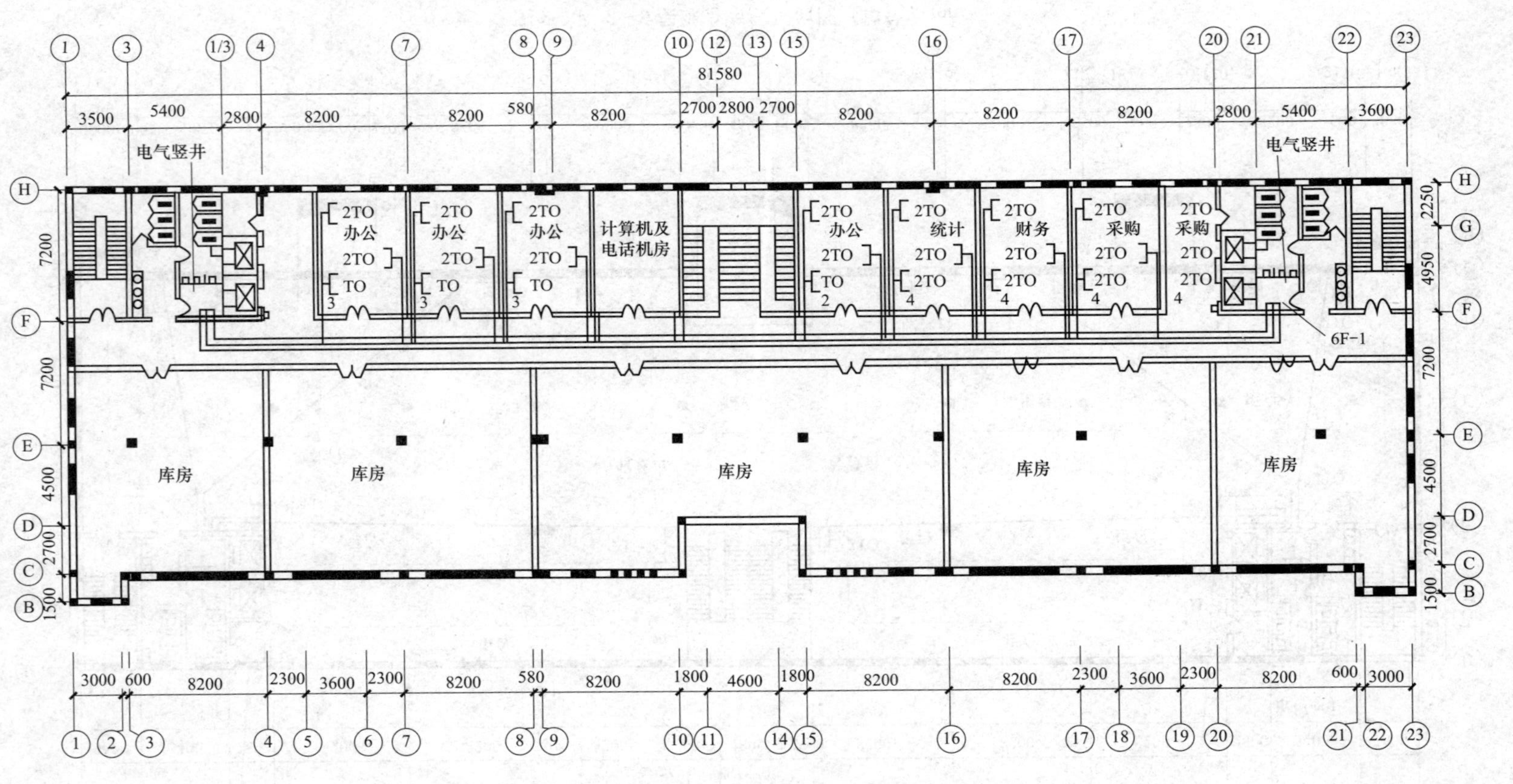

图 2-91　6 层综合布线平面图（单位：mm）

办公室的左面墙上虽然也有两组插座，但因为少了一个接口，所以只用了 3 对双绞电缆。房间内的电话与计算机接口可自由的组合，但其总数不能超过 5 个。所有线路都为放射式配线，所以线缆应穿钢管沿墙、沿吊顶内暗敷。

(5) 工作区子系统。工作区子系统主要由终端设备（计算机、电话机）连接到信息插座的连线所组成。

如图 2-90 所示，其布线方案中一个工作区按 180m 左右划分，即设置收款台一个及两个配置信息插座。每个信息插座通过适配器连接可支持电话机、数据终端及计算机设备等。所有信息插座均使用统一的插座与插头，所有工作区内信息插座应嵌入或表面安装于墙或地上，此处模块选用带防尘及防潮弹簧门的模块，如图 2-92 所示。

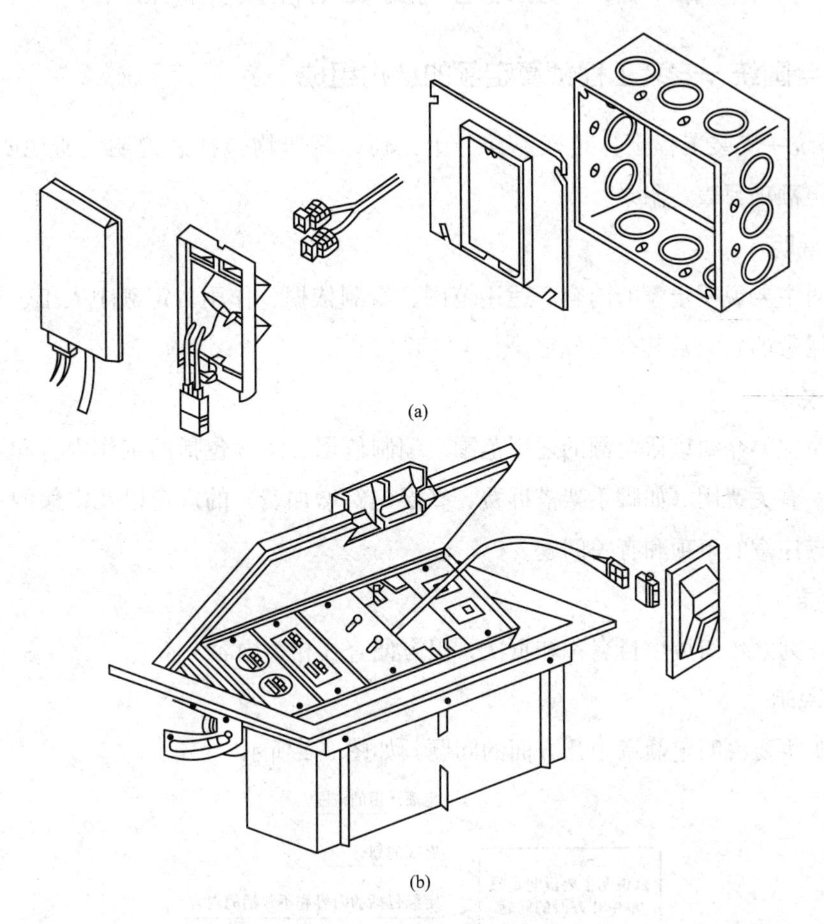

图 2-92 信息插座在墙体、地面上安装示意

(a) 信息插座在墙体上安装；(b) 信息插座在地面上安装

建筑电气工程识图与预算

从新手到高手

第三章

建筑电气工程定额

第一节　建筑电气安装工程预算定额

一、全国统一安装工程预算定额的结构组成

《全国统一安装工程预算定额》共分十二册，每册均包括总说明、册说明、目录、章说明、定额项目表、附录。

1. 总说明

总说明主要说明定额的内容、适用范围、编制依据、作用，定额中人工、材料、机械台班消耗量的确定及其有关规定。

2. 册说明

册说明主要介绍该册定额的适用范围、编制依据、定额包括的工作内容和不包括的工作内容、有关费用（如脚手架搭拆费、高层建筑增加费）的规定以及定额的使用方法和使用中应注意的事项和有关问题。

3. 目录

目录开列定额组成项目名称和页次，以方便查找相关内容。

4. 章说明

章说明主要说明定额章中几方面的问题，如图 3-1 所示。

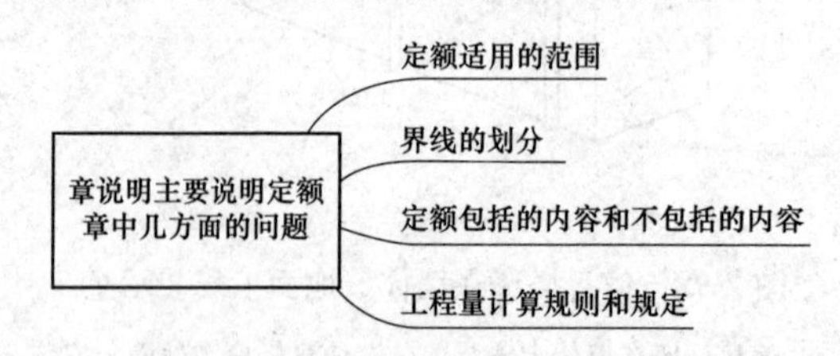

图 3-1　定额章中几方面的问题

5. 定额项目表

定额项目表是预算定额的主要内容，主要包括的内容，如图 3-2 所示。

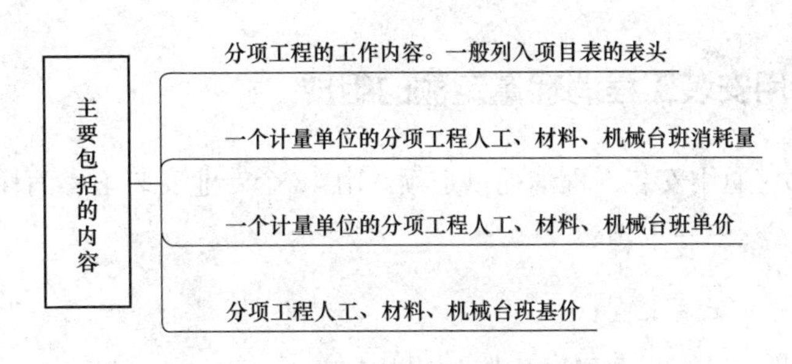

图 3-2　定额项目表主要包括的内容

6. 附录

附录放在每册定额表之后，为使用定额提供参考数据。主要包括内容，如图 3-3 所示。

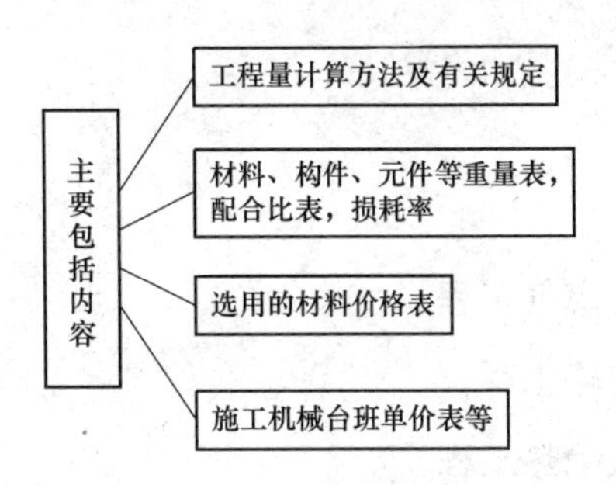

图 3-3　附录主要包括内容

二、全国统一安装工程预算定额的编制依据

GYD-201—2000～GYD-211—2000《全国统一安装工程预算定额》适用于各类工业建筑、民用建筑、扩建项目的安装工程，其编制依据，如图 3-4 所示。

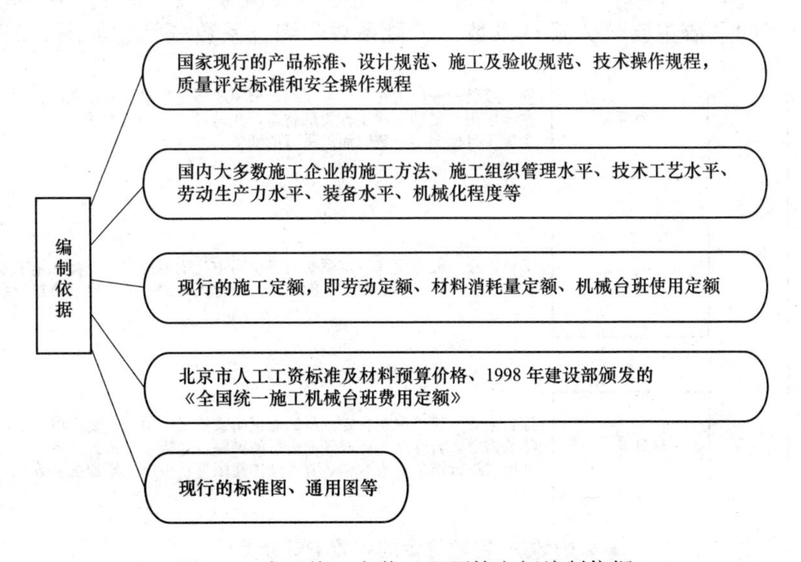

图 3-4　全国统一安装工程预算定额编制依据

三、全国通用安装工程消耗量定额的组成

TY02-31-2015《通用安装工程消耗量定额》由12个专业安装工程消耗量定额组成：

第一册 机械设备安装工程；

第二册 热力设备安装工程；

第三册 静置设备与工艺金属结构制作安装工程；

第四册 电气设备安装工程；

第五册 建筑智能化工程；

第六册 自动化控制仪表安装工程；

第七册 通风空调工程；

第八册 工业管道工程；

第九册 消防工程；

第十册 给排水、采暖、燃气工程；

第十一册 通信设备及线路工程；

第十二册 刷油、防腐、绝热工程。

四、通用安装工程消耗量定额系数

为了更进一步综合和扩大预算定额的应用，简化计算程序，定额对预算中的某些费用采取了按系数取定的方法。各种不同的定额系数名称、系数值的大小以及使用方法在各定额册中有具体说明。

定额规定的系数主要分为换算系数、子目系数和综合系数三类，如图3-5所示。

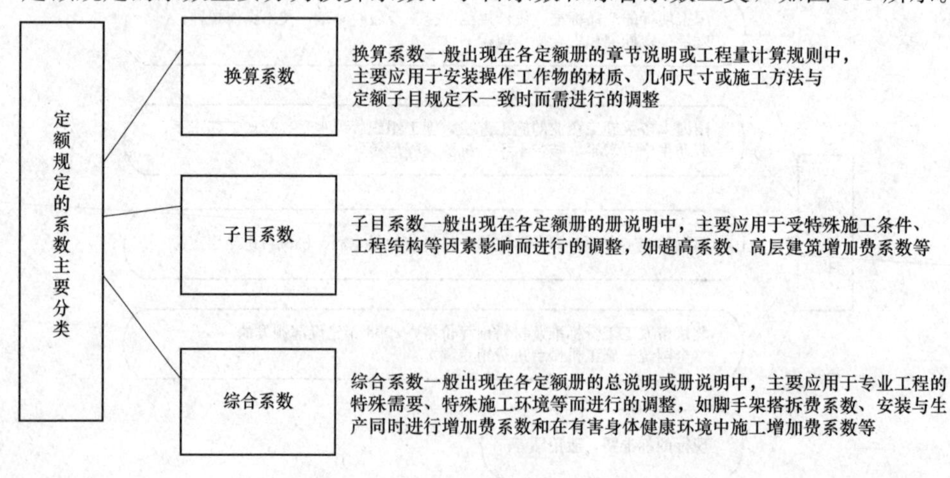

图3-5 定额规定的系数主要分类

在使用各种系数进行计算时，一般先计算换算系数，然后计算子目系数，最后计算综合系数，并且应用前项系数的计算结果作为后项系数的计算基数。

第二节 建筑电气安装工程预算定额的编制

一、建筑安装工程费用项目组成

按照住房城乡建设部、财政部《关于印发〈建筑安装工程费用项目组成〉的通知》（建标〔2013〕44号）规定，建筑安装工程费用项目组成有两种划分方式。

1. 建筑安装工程费用项目组成（按费用构成要素划分）

建筑安装工程费用项目组成如图3-6所示。

2. 建筑安装工程费用项目组成（按造价形成划分）

建筑安装工程费按照工程造价形成由分部分项工程费、措施项目费、其他项目费、规费、增值税组成，分部分项工程费、措施项目费、其他项目费包含人工费、材料费、施工机具使用费、企业管理费和利润。

(1) 分部分项工程费：分部分项工程费是指各专业工程的分部分项工程应予列支的各项费用。

1）专业工程：指按现行国家计量规范划分的房屋建筑与装饰工程、仿古建筑工程、通用安装工程、市政工程、园林绿化工程、矿山工程、构筑物工程、城市轨道交通工程、爆破工程等各类工程。

2）分部分项工程：指按现行国家计量规范对各专业工程划分的项目。如房屋建筑与装饰工程划分的土石方工程、地基处理与桩基工程、砌筑工程、钢筋及钢筋混凝土工程等。

各类专业工程的分部分项工程划分见现行国家或行业计量规范。

(2) 措施项目费：指为完成建设工程施工，发生于该工程施工前和施工过程中的技术、生活、安全、环境保护等方面的费用。措施项目费包括内容如图3-7所示。

措施项目及其包含的内容详见各类专业工程的现行国家或行业计量规范。

(3) 其他项目费。

1）暂列金额：指建设单位在工程量清单中暂定并包括在工程合同价款中的一笔款项。暂列金额用于施工合同签订时尚未确定或者不可预见的所需材料、工程设备、服务的采购，施工中可能发生的工程变更、合同约定调整因素出现时的工程价款调整以及发生的索赔、现场签证确认等的费用。

2）计日工：指在施工过程中，施工企业完成建设单位提出的施工图纸以外的零星项目或工作所需的费用。

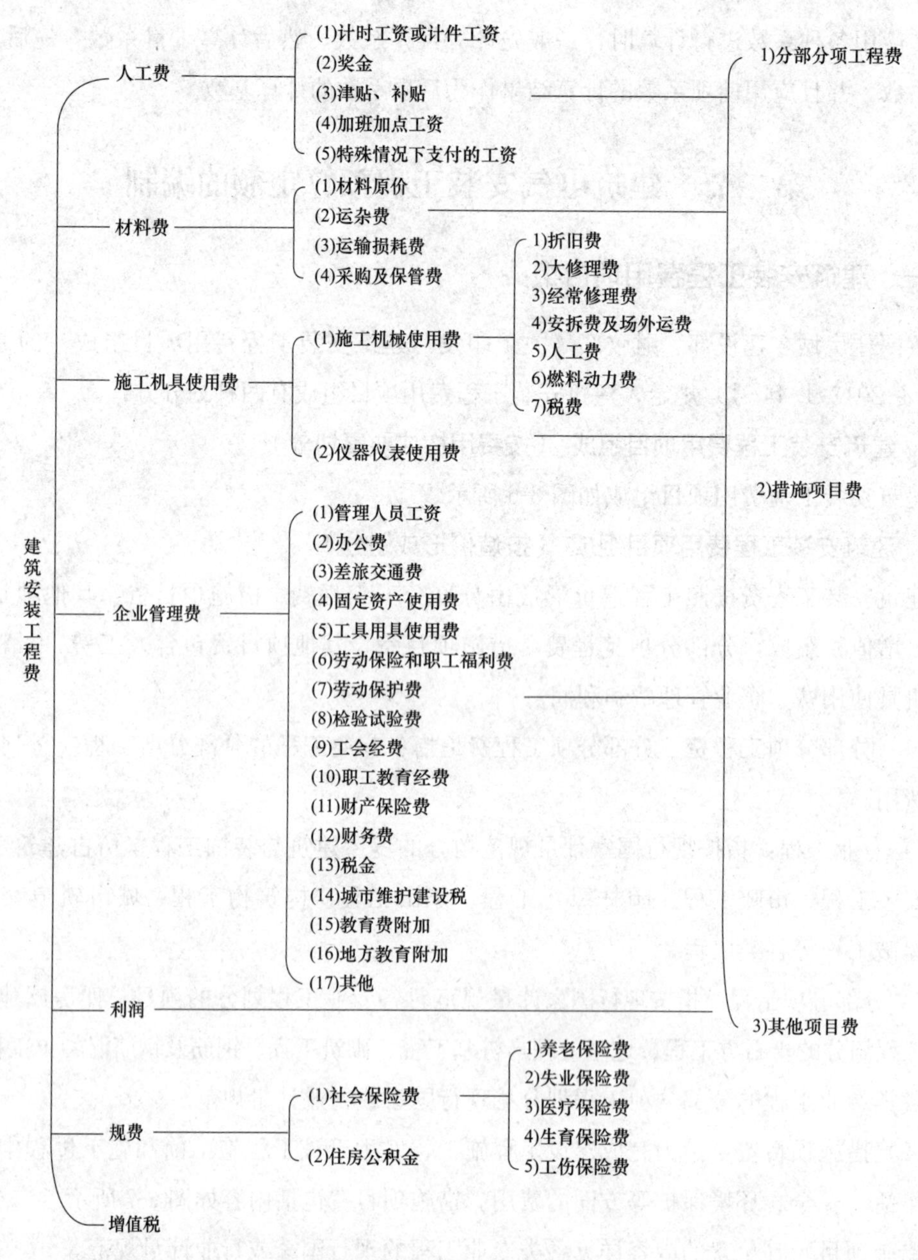

图 3-6 建筑安装工程费用项目组成

3）总承包服务费：指总承包人为配合、协调建设单位进行的专业工程发包，对建设单位自行采购的材料、工程设备等进行保管以及施工现场管理、竣工资料汇总整理等服务所需的费用。

二、电气安装工程预算定额工程量计算规则

1. 变压器

(1) 变压器安装，按不同容量以“台”为计量单位。

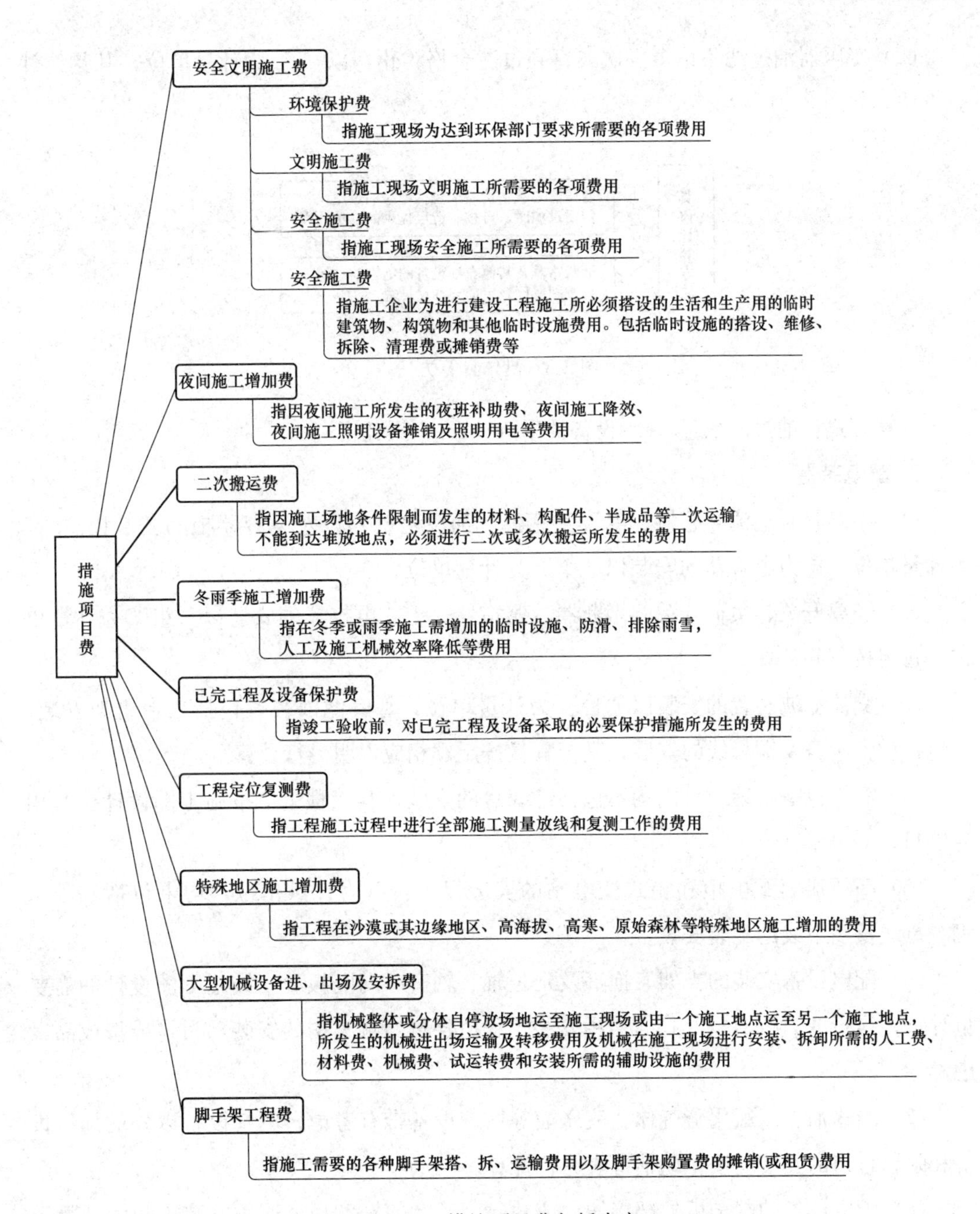

图 3-7　措施项目费包括内容

（2）干式变压器如果带有保护罩时，其定额人工和机械乘以系数 1.2。

（3）变压器通过试验，判定绝缘受潮时才需要进行干燥，所以只有需要干燥的变压器才能计取此项费用（编制施工图预算时可列此项，工程结算时根据实际情况再做处理），以“台”为计量单位。

（4）消弧线圈的干燥按同容量电力变压器干燥项目执行，以“台”为计量单位。

(5) 变压器油过滤不论多少次，直到过滤合格为止，以“t”为计量单位，其具体计算方法，如图 3-8 所示。

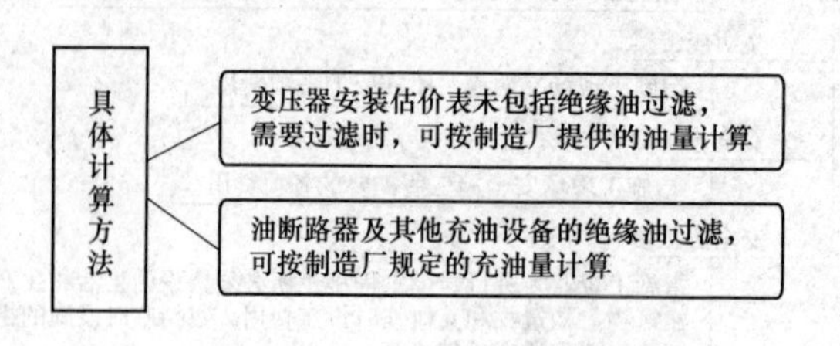

图 3-8　具体计算方法

计算公式：油过滤数量(t)＝设备油重(t)×(1＋损耗率)。

2. 配电装置

(1) 断路器、电流互感器、电压互感器、油浸电抗器以及电容器柜的安装以“台”为计量单位；电力电容器的安装以“个”为计量单位。

(2) 隔离开关、负荷开关、熔断器、避雷器、干式电抗器的安装以“组”为计量单位，每组按三相计算。

(3) 交流滤波装置的安装以“台”为计量单位，每套滤波装置包括三台组架安装，不包括设备本身及铜母线的安装，其工程量按定额相应说明另行计算。

(4) 高压设备安装项目内均不包括绝缘台的安装，其工程量应按施工图设计执行相应项目。

(5) 高压成套配电柜和箱式变电站的安装以“台”为计量单位，均未包括基础槽钢、母线及引下线的配装安装。

(6) 配电设备安装的支架、抱箍及延长轴、轴套、间隔板等，按施工图设计的需要量计算；执行 TY02-31—2015《通用安装工程消耗量定额》中的安装项目，或按成品考虑。

(7) 绝缘油、六氟化硫气体、液压油等均按设备带有考虑；电气设备以外的加压设备和附属管道的安装应按相应估价表另行计算。

(8) 配电设备的端子板外部接线，应执行 TY02-31—2015《通用安装工程消耗量定额》中相应项目。

(9) 设备安装所需的地脚螺栓按土建预埋考虑；设备安装需要二次灌浆时，执行 TY02-31—2015《通用安装工程消耗量定额》中的第一册《机械设备安装工程》相关子目。

3. 母线及绝缘子

(1) 悬垂绝缘子串安装，指垂直或 V 形安装的提挂导线、跳线、引下线、设备连接线或设备等所有用的绝缘子串安装，按单、双串分别以“串”为计量单位，耐张绝缘子串的安装，已包括在软母线安装项目内。

（2）支持绝缘子安装以“个”为计量单位，按安装在户内、户外，以及单孔、双孔、四孔固定分别计算。

（3）穿墙套管安装不分水平、垂直安装，均以“个”为计量单位。

（4）软母线安装，指直接由耐张绝缘子串悬挂部分，按软母线截面大小分别以“跨/三相”为计量单位。设计跨距不同时，不得调整。导线、绝缘子、线夹等均按施工图设计用量加估价表规定的损耗率计算。

（5）软母线引下线，指由T形线夹或并沟线夹从软母线引向设备的连接线，以“组”为计量单位，每三相为一组；软母线经终端耐张线夹引下（不经T形线夹或并沟线夹引下）与设备连接的部分执行引下线项目，不得换算。

（6）两跨软母线间的跳引线安装，以“组”为计量单位，每三相为一组。不论两端的耐张线夹是螺栓式或压接式，均执行软母线跳线项目，不得换算。

（7）设备连接线安装，指两设备间的连接部分，不论引下线、跳线、设备连接线，均应分别按导线截面积、三相为一组计算工程量。

（8）组合软母线安装，按三相为一组计算、跨距（包括水平悬挂部分和两端引下部分之和）系按45m内考虑，跨度的长与短不得调整。软导线、绝缘子、线夹按施工图设计用量加上规定的损耗率计算。

（9）软母线安装预留长度按表3-1计算。

表3-1　软母线安装预留长度　单位：m/根

项目	耐张	跳线	引下线、设备连接线
预算长度	2.5	0.8	0.6

（10）带形母线安装及带形母线引下线安装包括铜排、铝排，分别以不同截面积和片数以“10m/单相”为计量单位。

（11）钢带形母线安装，按同规格的铜母线项目执行，不得换算。

（12）母线伸缩接头及铜过渡板安装均以“个”为计量单位。

（13）槽形母线安装以“米/单相”为计量单位，槽形母线与设备连接分别以连接不同的设备以“台”或“组”为计量单位，槽形母线按设计用量加损耗率计算。

（14）共箱母线安装以“m”为计量单位，长度按设计共箱母线的轴线长度计算。

（15）低压（指380V以下）封闭式插接母线槽安装分别按导体的额定电流大小以“m”为计量单位，长度按设计母线的轴线长度计算；分线箱以“台”为计量单位，分别以电流大小按设计数量计算。

（16）重型母线安装包括铜母线、铝母线，分别按截面积大小以母线的成品质量以“t”为计量单位。

（17）重型铝母线接触面加工指铸造件需加工接触面时，可以按其接触面大小，分别以“片/单相”为计量单位。

（18）硬母线配置安装预留长度按表3-2中的规定计算。

表3-2　硬母线配置安装预留长度　单位：m/根

序号	项目	预算长度	说明
1	带形、槽形母线终端	0.3	从最后一个支持点算起
2	带形、槽形母线与分支线连接	0.5	分支线预留
3	带形母线与设备连接	0.5	从设备端子接口算起
4	多片重型母线与设备连接	1.0	从设备端子接口算起
5	槽形母线与设备连接	0.5	从设备端子接口算起

（19）带形母线、槽形母线安装均不包括支持瓷瓶安装和钢构件配置安装，其工程量应分别按设计成品数量执行TY02-31—2015《通用安装工程消耗量定额》中的第四册《电气设备安装工程》相应项目。

4. 控制设备及低压电器

（1）控制设备及低压电器安装以“台”或“个”为计量单位，其设备安装均未包括基础槽钢、角钢的制作安装，其工程量应按估价表相应子目另行计算。

（2）铁构件制作安装均按施工图设计尺寸，以成品质量以“kg”为计量单位。

（3）网门、保护网的制作安装，按网门或保护网设计图示的框外围尺寸，以“m^2”为计量单位。

（4）盘柜配线分不同规格，以“m”为计量单位。

（5）盘、箱、柜的外部进出线预留长度按表3-3计算。

表3-3　盘、箱、柜的外部进出线预留长度　单位：m/根

序号	项目	预算长度	说明
1	各种箱、柜、盘、板、盒	长+宽	盘面尺寸
2	单独安装的铁壳开关、自动开关、刀开关、启动器、箱式电阻器、变阻器	0.5	从安装对象中心算起
3	继电器、控制开关、信号灯、按钮、熔断器等小电器	0.3	从安装对象中心算起
4	分支接头	0.2	分支线预留

（6）配电板制作安装及包铁皮，按配电板图示外形尺寸，以“m^2”为计量单位。

（7）焊（压）接线端子项目只适用于导线，电缆终端头制作安装项目中已包括焊（压）接线端子，不得重复计算。

（8）端子板外部连接线按设备盘、箱、柜、台的外部接线图计算，以“10个头”为计量单位。

（9）盘柜配线估价表只适用于盘上小设备元件的少量现场配线，不适用于工厂的设备修、配、改工程。

5. 蓄电池

（1）铅酸蓄电池和碱性蓄电池安装，分别按容量大小以单体蓄电池以“个”为计量单位，按施工图设计的数量计算工程量，估价表内已包括了电解液的材料消耗，执行时不得调整。

（2）免维护蓄电池安装以“组件”为计量单位，其具体计算如下例：

某项工程设计一组蓄电池为220V/500A·h，由12V的组件18个组成，那么就应该套用12V/500A·h的子目18组件。

（3）蓄电池充放电按不同容量以“组”为计量单位。

6. 电机

（1）发电机、调相机、电动机的电气检查接线，均以“台”为计量单位。直流发电机组和多台一串的机组，按单台电机分别执行估价表相应项目；小型电机按电机类别和功率大小执行估价表相应项目；大、中型电机不分类别一律按电机质量执行估价表相应项目。

（2）电机检查接线项目，除发电机和调相机外，均不包括电机干燥，发生时其工程量应按电机干燥项目另行计算。电机干燥项目是按一次干燥所需的工、料、机消耗量考虑的，在特别潮湿的地方，电机需要进行多次干燥，应按实际干燥次数计算；在气候干燥、电机绝缘性能良好、符合技术标准而不需要干燥时，则不计算干燥费用。实行包干的工程，可参照如图3-9所示比例，由有关各方协商而定。

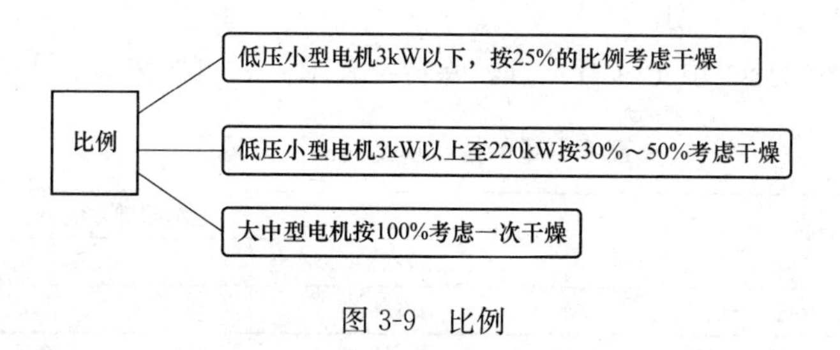

图3-9　比例

（3）电机解体检查项目，应根据需要选用，如不需要解体时，可只执行电机检查接线项目。

(4) 电机项目的界线划分：单台电机质量在3t以下的为小型电机；单台电机质量在3t以上至30t以下的中型电机；单台电机质量在30t以上的为大型电机。

(5) 电机的安装执行TY02-31—2015《通用安装工程消耗量定额》中的第一册《机械设备安装》中电机安装项目，电机检查接线执行TY02-31—2015《通用安装工程消耗量定额》中的第四册《电气设备安装工程》相应项目。

(6) 电机的质量和容量可按表3-4换算。

表3-4　电机的质量和容量

<table>
<tr><td colspan="2">定额分类</td><td colspan="5">小型电机</td><td colspan="6">中型电机</td></tr>
<tr><td colspan="2">电机质量（吨/台）≤</td><td>0.1</td><td>0.2</td><td>0.5</td><td>0.8</td><td>1.2</td><td>2</td><td>3</td><td>4</td><td>10</td><td>20</td><td>30</td></tr>
<tr><td rowspan="2">功率（kW）</td><td>直流电机</td><td>2.2</td><td>11</td><td>22</td><td>55</td><td>75</td><td>100</td><td>200</td><td>300</td><td>500</td><td>700</td><td>1200</td></tr>
<tr><td>交流电机</td><td>3.0</td><td>13</td><td>30</td><td>75</td><td>100</td><td>160</td><td>220</td><td>500</td><td>800</td><td>1000</td><td>2500</td></tr>
</table>

注　实际中，电机的功率与质量的关系和上表不符时，小型电机以功率为准，大中型电机以质量为准。

7. 滑触线装置

(1) 起重机上的电气设备、照明装置和电缆管线等安装均执行《通用安装工程消耗量定额》（TY02-31－2015）中的第四册《电气设备安装工程》相应项目。

(2) 滑触线安装以“m/单相”为计量单位，其附加和预留长度按表3-5中的规定计算：

表3-5　滑触线安装附加和预留长度　　单位：m/根

序号	项目	预算长度	说明
1	圆钢、铜母线与设备连接	0.2	从设备接线端子接口起算
2	圆钢、铜滑触线终端	0.5	从最后一个固定点起算
3	角钢滑触线终端	1.0	从最后一个支持点起算
4	扁钢滑触线终端	1.3	从最后一个固定点起算
5	扁钢母线分支	0.5	分支线预留
6	扁钢母线与设备连接	0.5	从设备接线端子接口起算
7	轻轨滑触线终端	0.8	从最后一个支持点起算
8	安全节能及其他滑触线终端	0.5	从最后一个固定点起算

8. 电缆

(1) 直埋电缆的挖、填土（石）方，除特殊要求外，可按表3-6计算土方量。

表3-6　直埋电缆的挖、填土（石）方量

项目	电缆根数	
	1～2	每增一根
每米沟长挖方量（m^3）	0.45	0.153

注　1. 两根以内的电缆沟，系按上口宽度600mm、下口宽度400mm、深度900mm计算的常规土方量（深度按GB 50168—2018《电气装置安装工程电缆线路施工及验收标准》的最低标准）。
2. 每增加一根电缆，其宽度增加170mm。
3. 以上土方量系按埋深从自然地坪起算，如设计埋深超过900mm时，多挖的土方量应另行计算。

（2）电缆沟盖板揭、盖项目，按每揭或每盖一次以延长米计算，如又揭又盖，则按两次计算。

（3）电缆保护管长度，除按设计规定长度计算外，遇有如图 3-10 所示情况，应按如图 3-10 所示规定增加保护管长度。

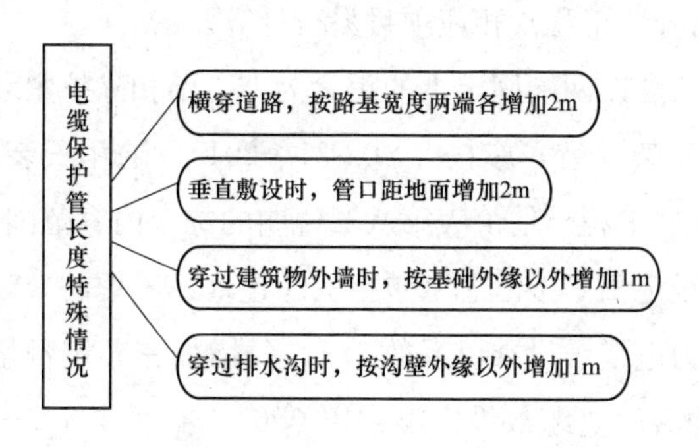

图 3-10　电缆保护管长度特殊情况

（4）电缆保护管埋地敷设，其土方量凡有施工图注明的，按施工图计算；无施工图的，一般按沟深 0.9m，沟宽按最外边的保护管两侧边缘外各增加 0.3m 工作面计算。

（5）电缆敷设按单根以延长米计算，一个沟内（或架上）敷设三根各长 100m 的电缆，应按 300m 计算，以此类推。

（6）电缆敷设长度应根据敷设路径的水平和垂直敷设长度，按表 3-7 增加附加长度。

表 3-7　电缆敷设的附加长度

序号	项目	预算长度（附加）	说明
1	电缆敷设弛度、波形弯度、交叉电缆	2.5%	按电缆全长计算
2	进入建筑物	2.0m	规范规定最小值
3	电缆进入沟内或吊架时引上（下）预留	1.5m	规范规定最小值
4	变电所进线、出线	1.5m	规范规定最小值
5	电力电缆终端头	1.5m	检修余量最小值
6	电缆中间接头盒	两端各留 2.0m	检修余量最小值
7	电缆进控制屏、保护屏及模拟盘等	高＋宽	按盘面尺寸
8	高压开关柜及低压配电盘、箱	2.0m	盘下进出线
9	电缆至电动机	0.5m	从电机接线盒起算
10	厂用变压器	3.0m	从地坪起算
11	电缆绕过梁柱等增加长度	按实计算	按被绕物的断面情况计算增加长度
12	电梯电缆与电缆架固定点	每处 0.5m	规范最小值

注　电缆附加及预留的长度是电缆敷设长度的组成部分，应计入电缆长度工程量之内。

（7）电缆终端头及中间头均以“个”为计量单位，电力电缆和控制电缆均按一根电缆有两个终端头考虑。中间电缆头设计有图示的，按设计确定；设计没有规定的，按实际情况计算（或按平均250m一个中间头考虑）。

(8) 桥架安装，以“10m”为计量单位。

(9) 吊电缆的钢索及拉紧装置，应按TY02-31—2015《通用安装工程消耗量定额》中的第四册《电气设备安装工程》相应项目另行计算。

(10) 钢索的计算长度以两端固定点的距离为准，不扣除拉紧装置的长度。

(11) 电缆敷设及桥架安装，应按TY02-31—2015《通用安装工程消耗量定额》中的第四册《电气设备安装工程》估价表第八章说明的综合内容范围计算。

(12) 电力电缆敷设定额是按三芯（包括三芯连地）考虑的，5芯电力电缆敷设定额乘以系数1.3，6芯电力电缆敷设乘以系数1.6，每增加一芯定额增加30%，以此类推。单芯电力电缆敷设按同截面电缆敷设定额乘以0.67，截面积400～800mm^{2}的单芯电力电缆敷设按400mm^{2}电力电缆定额执行。240mm^{2}以上的电缆头的接线端子为异形端子，需要单独加工，应按实际加工价计算（或调整定额价格）。

9. 防雷及接地装置

(1) 接地极制作安装以“根”为计量单位，其长度按设计长度计算，设计无规定时，每根长度按2.5m计算，若设计有管帽时，管帽量按加工件计算。

(2) 接地母线敷设，按设计长度以“m”为计量单位计算工程。接地母线、避雷线敷设均按延长米计算，其长度按施工图设计水平和垂直规定长度量另加3.9%的附加长度（包括转弯、上下波动、避绕障碍物、搭接头所占长度）计算，计算主材费时应另增加规定的损耗率。

(3) 接地跨接线以“处”为计量单位，按DL/T 5161.6—2018《电气装置安装工程质量检验及评定规程 第6部分：接地装置施工质量检验》规定凡需作接地跨接线的工程内容，每跨接一次按一处计算，户外配电装置构架均需接地，每副构架按“一处”计算。

(4) 避雷针的加工制作、安装，以“根”为计量单位，独立避雷针安装以“基”为计量单位。长度、高度、数量均按设计规定。独立避雷针的加工制作应执行“一般铁件”制作子目或按成品计算。

(5) 半导体少长针消雷装置的安装以“套”为计量单位，按设计安装高度分别执行相应子目。半导体少长针消雷装置本身由设备制造厂成套供货。

(6) 利用建筑物内主筋作接地引下线安装以“10m”为计量单位，每一柱子内按焊接两根主筋考虑，如果焊接主筋数超过两根时，可按比例调整。

(7) 断接卡子制作安装以“套”为计量单位，按设计规定装设的断接卡子数量计算，接地检查井内的断接卡子安装按每井一套计算。

（8）高层建筑物屋顶的防雷接地装置应执行“避雷网安装”定额，电缆支架的接地线安装应执行“户内接地母线敷设”子目。

（9）均压环敷设以“m”为计量单位，主要考虑利用圈梁内主筋做均压环接地连线，焊接按两根主筋考虑，超过两根时，可按比例调整；长度按设计需要做均压接地的圈梁中心线长度，以延长米计算。

（10）钢、铝窗接地以“处”为计量单位（高层建筑六层以上的金属窗，设计一般要求接地），按设计规定接地的金属窗数进行计算。

（11）柱子主筋与圈梁连接以“处”为计量单位，每处按两根主筋与两根圈梁钢筋分别焊接连接考虑。如果焊接主筋和圈梁钢筋超过两根时，可按比例调整，需要连接的柱子主筋和圈梁钢筋“处”数按规定设计计算。

（12）降阻剂的埋设以“kg”为计量单位。

10. 10kV 以下架空线路

（1）工地运输，是指估价表内未计价材料从集中材料堆放点或工地仓库运至杆位上的工程运输，分人力运输和汽车运输，以“10t・km”为计量单位。运输量计算公式如下：

$$工程运输量=施工图用量\times(1+损耗率)$$

预算运输质量＝工程运输量＋包装物质量（不需要包装的可不计算包装物质量）

运输质量可按表 3-8 的规定进行计算：

表 3-8　　运输质量

材料名称		单位	运输质量	备注
混凝土制品	人工浇制	m^3	2600	包括钢筋
	离心浇制	m^3	2860	包括钢筋担
线材	导线	kg	$W\times1.15$	有线盘
	钢绞线	kg	$W\times1.17$	无线盘
木杆材料			500	包括木横
金属、绝缘子		kg	$W\times1.07$	
螺栓		kg	$W\times1.01$	

注　1. W 为理论质量。
2. 未列入者均按净重计算。

（2）土石方量计算。

1）无底盘、卡盘的电杆坑，其挖方体积：

$$V=0.8\times0.8\times h \tag{3-1}$$

式中　h——坑深，m。

2）电杆坑的马道土、石方量按每坑 0.2m² 计算。

3）施工操作裕度按底、拉盘底宽每边增加 0.1m。

4）电杆坑（放边坡）计算公式：

$$V = h \div \{6[ab + (a + a_1) \times (b + b_1) + a_1 b_1]\} \tag{3-2}$$

式中　V——土（石）方体积，m³；

h——坑深，m；

a（b）——坑底宽，m，a（b）＝底、拉盘底宽＋2×每边操作裕度；

a_1（b_1）——坑口宽，m，a_1（b_1）＝a（b）＋2×h×边坡系数（表 3-9）。

表 3-9　　边坡系数

边坡系数	杆高（m）		7	8	9	10	11	12	13	15
	埋深（m）		1.2	1.4	1.5	1.7	1.8	2.0	2.2	2.5
	底盘规格		600×600			800×800			1000×1000	
1∶0.25	土方量（m³）	带底盘	1.36	1.78	2.02	3.39	3.76	4.60	6.78	8.76
		不带底盘	0.82	1.07	1.21	2.03	2.26	2.76	4.12	5.26

注　1. 土方量计算公式亦适用于拉线坑。
2. 双接腿杆坑按带底盘的土方量计算。
3. 木杆按不带底盘的土方量计算。

（3）各类土质的放坡系数按表 3-10 计算。

表 3-10　　各类土质的放坡系数

土质	普通土、水坑	坚土	松砂土	泥水、流沙、岩石
放坡系数	1∶0.3	1∶0.25	1∶0.2	不放坡

（4）冻土厚度大于 300mm 时，冻土层的挖方量按挖坚土项目，其基价乘以系数 2.5。其他土层仍按土质性质执行第四册“电气设备安装工程”估价表。

（5）杆坑土质按一个坑的主要土质而定，如一个坑大部分为普通土，少量为坚土，则该坑应全部按普通土计算。

（6）带卡盘的电杆坑，如原计算的尺寸不能满足卡盘安装时，因卡盘超长而增加的土（石）方量另计。

（7）底盘、卡盘、拉线盘按设计用量，以“块”为计量单位。

（8）杆塔组立，分别杆塔形式和高度按设计数量，以“根”为计量单位。

（9）拉线制作安装按施工图设计规定，分别不同形式，以“组”为计量单位。

（10）横担安装按施工图设计规定，分不同形式和截面，以“根”为计量单位；估价表按单根拉线考虑，若安装V形、Y形或双拼型拉线时，按2根计算；拉线长度按设计全根长度计算，设计无规定时可按表3-11计算。

表3-11　　拉线长度　　单位：m/根

项目		普通拉线	V（Y）形拉线	弓形拉线
杆高（m）	8	11.47	22.94	9.33
	9	12.61	25.22	10.10
	10	13.74	27.48	10.92
	11	15.10	30.20	11.82
	12	16.14	32.28	12.62
	13	18.69	37.38	13.42
	15	19.68	39.36	15.12
水平拉线		26.47		

（11）导线架设，分别导线类型和不同截面以“1km/单线”为计量单位计算。导线预留长度按表3-12的规定计算。

表3-12　　导线预留长度　　单位：m/根

项目名称		长度
高压	转角	2.5
	分支、终端	2.0
低压	分支、终端	0.5
	交叉跳线转角	1.5
与设备连线		0.5
进户线		2.5

导线长度按线路总长度和预留长度之和计算，计算主材费时应另增加规定的损耗率。

（12）导线跨越架设，包括越线架的搭、拆和运输以及因跨越（障碍）施工难度增加而增加的工作量，以“处”为计量单位。每个跨越间距按50m以内考虑；50m而小于100m时按导线材料用量公式（计算材料费）：导线用量＝导线总长度×（1＋损耗率）计算，以此类推。在计算架线工程量时，不扣除跨越档的长度。

（13）杆上变配电设备安装以“台”为计量单位，设备的接地装置和调试应按TY02-31—2015《通用安装工程消耗量定额》中的第四册《电气设备安装工程》相应子目另行计算。

11. 电气调整试验

（1）电气调试系统的划分以电气原理系统图为依据，在系统调试项目中各工序的调试费用如需单独计算时，可按表3-13所列比例计算。

表 3-13　　电气调试系统各工序的调试费用比例　　单位：%

工序	发电机调相机系统	变压器系统	送配电设备系统	电动机系统
一次设备本体试验	30	30	40	30
附属高压二次设备试验	20	30	20	30
一次电流及二次回路检查	20	20	20	20
继电器及仪表设备	30	20	20	20

（2）电气调试所需的电力消耗已包括在估价表内，一般不另计算。但 10kW 以上电机及发电机的启动调试费用的蒸汽、电力和其他动力能源消耗及变压器空载试运转的电力消耗，另行计算。

（3）供电桥回路的断路器、母线分段断路器，均按独立的送配电设备系统计算调试费。

（4）送配电设备系统调试，系按一侧有一台断路器考虑；若两侧均有断路器时，则应按两个系统计算。

（5）送配电设备系统调试，适用于各种供电回路（包括照明供电回路）的系统调试。凡供电回路中带有仪表、继电器、电磁开关等调试元件的（不包括隔离开关、保险器），均按调试系统计算。移动式电器和以插座连接的家电设备业经厂家调试合格、不需要用户自调的设备均不应计算调试费用。

（6）一般的住宅、学校、办公楼、旅馆、商店等民用电气的工程的供电调试按下列规定：

1）配电室内带有调试元件的盘、箱、柜和带有调试元件的照明主配电箱，应按供电方式执行相应的“配电设备系统调试”子目。

2）每个用户房间的配间箱（板）上虽装有电磁开关等调试元件，但如果生产厂家已按固定的常规参数调整好，不需要安装单位进行调试就可直接投入使用的，不得计取调试费用。

3）民用电度表的调整校验属于供电部门的专业管理，一般皆由用户向供电局订购调试完毕的电度表，不得另外计算调试费用。

（7）变压器系统调试，以每个电压侧有一台断路器为准，多于一个断路器的按相应电压等级送配电设备系统调试的相应项目另行计算。

（8）干式变压器，执行相应容量变压器调试子目乘以系数 0.8。

（9）特殊保护装置，均已构成一个保护回路为一套，其工程量计算规定，如图 3-11 所示。

（10）自动装置及信号系统调试，均包括继电器、仪表等元件本身和二次回路的调整试验，具体规定如图 3-12 所示。

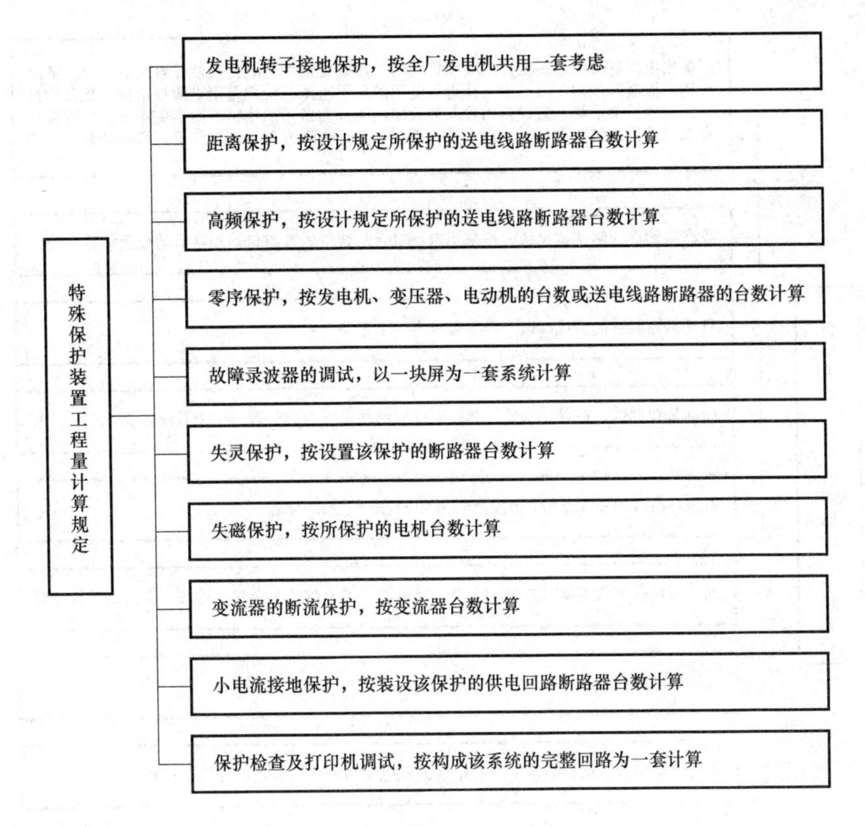

图 3-11　特殊保护装置工程量计算规定

（11）接地网的调试规定，如图 3-13 所示。

（12）避雷器、电容器的调试，按每三相为一组计算；单个装设的亦按一组计算，上述设备如设置在发电机、变压器、输/配电线路的系统或回路中，仍应按相应项目另外计算调试费用。

（13）高压电气除尘系统调试，按一台升压变压器、一台机械整流器及附属设备为一个系统计算，分别按除尘器除尘范围（m^2）执行估价表。

（14）硅整流装置调试，按一套硅整流装置为一个系统计算。

（15）普通电动机的调试，分别按电动机的控制方式、功率、电压等级，以“台”为计量单位。

（16）晶闸管调速直流电动机调试以“系统”为计量单位，其调试内容包括晶闸管整流装置和直流电动机控制回路系统两个部分的调试。

（17）流变频调速电动机调试以“系统”为计量单位，其调试内容包括变频装置系统和交流电动机控制回路系统两个部分的调试。

（18）高标准的高层建筑、高级宾馆、大会堂、体育馆等具有较高控制技术的电气

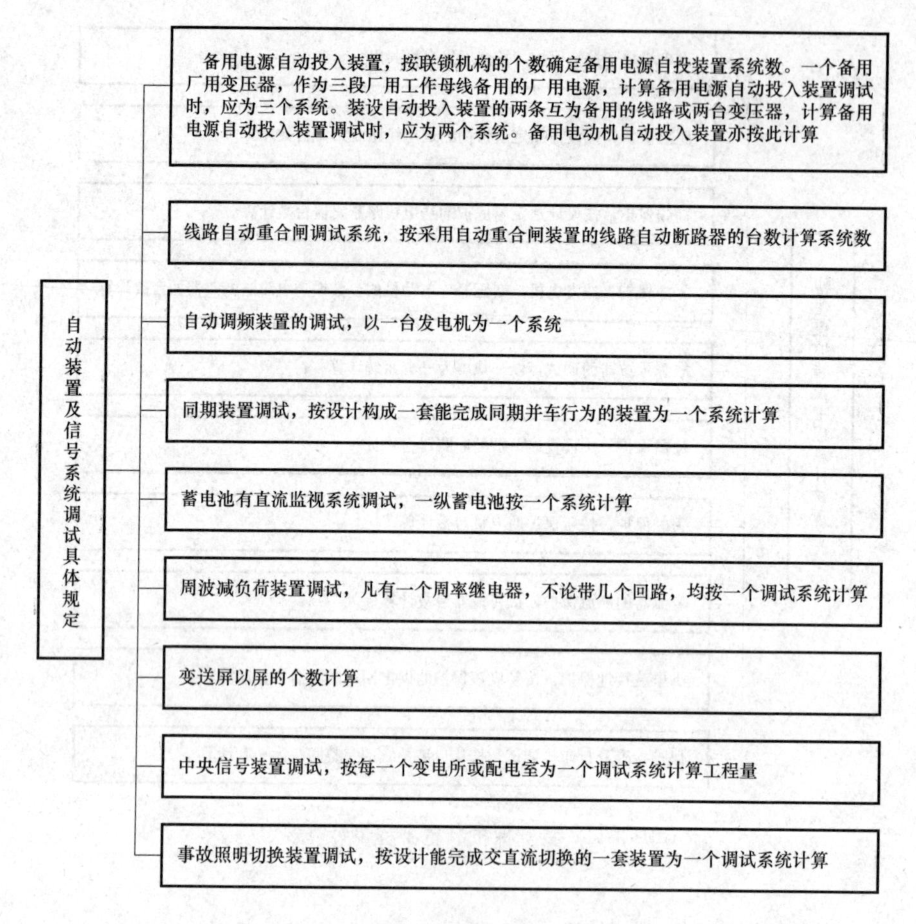

图 3-12　自动装置及信号系统调试具体规定

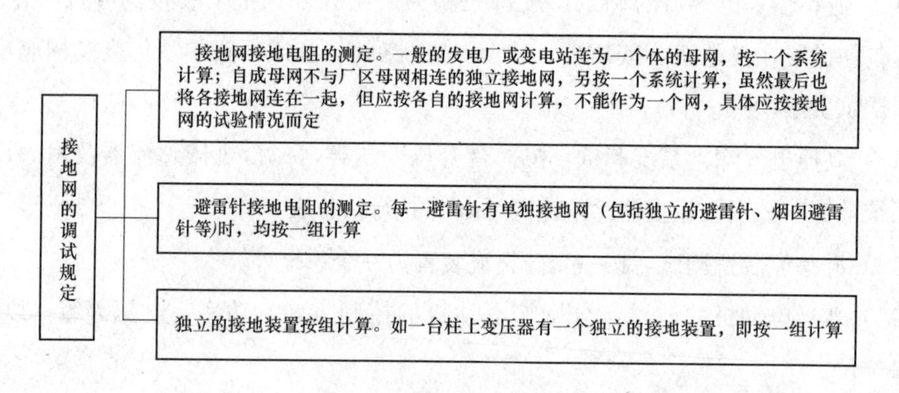

图 3-13　接地网的调试规定

工程（包括照明工程），应按控制方式执行相应的电气调试项目。

（19）微型电动机系指功率在 0.75kW 以下的电动机，不分类别，一律执行微型电动机综合调试子目，以“台”为计量单位；电动机功率在 0.75kW 以上的电动机调试应按电动机类别和功率分别执行相应的调试项目。

12. 配管、配线

(1) 各种配管应区别不同敷设方式、敷设位置、管材材质、规格，以“延长米”为计量单位，不扣除管路中间的接线箱（盒）、灯头盒、开关盒所占长度。

1）水平方向敷设的线管应以施工平面图的管线走向、敷设部位和设备安装位置的中心点为依据，并借用平面图上所标墙、柱轴线尺寸进行线管长度的计算；若没有轴线尺寸可利用时，则应运用比例尺或直尺直接在平面图上量取线管长度。线管水平长度计算示意图如图 3-14 所示。

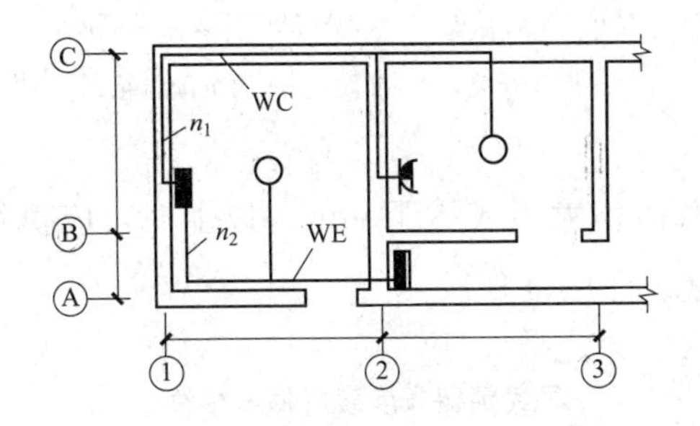

图 3-14　线管水平长度计算示意图

WC—暗敷设在墙内；WE—沿墙明敷设；n—回路

2）垂直方向的线管敷设（沿墙、柱引上或引下），其配管长度一般应根据楼层高度和箱、柜、盘、板、开关、插座等的安装高度进行计算，埋地管穿出地面示意图如图 3-15 所示，线管敷设（沿墙、柱引上或引下）示意图如图 3-16 所示。

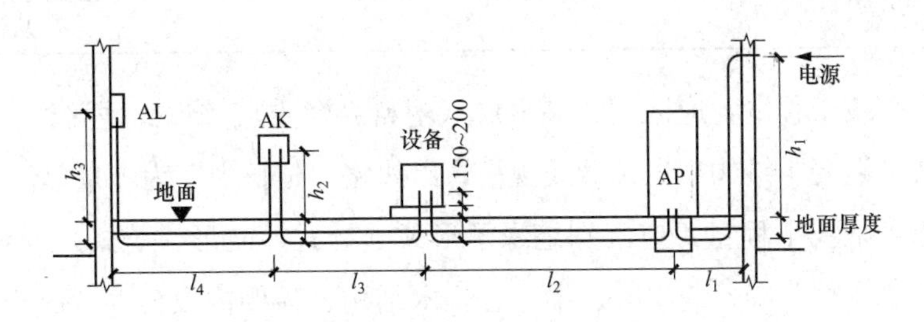

图 3-15　埋地管穿出地面示意图

l—长度；h—高度

(2) 配管工程中未包括钢索架设及拉紧装置、接线箱、盒、支架的制作安装，其工程量应另行计算。

(3) 管内穿线的工程量，应区别线路性质、导线材质、导线截面积，以单线“延长米”为计量单位计算。线路分支接头线的长度已综合考虑在项目基价中，不得另行计算。

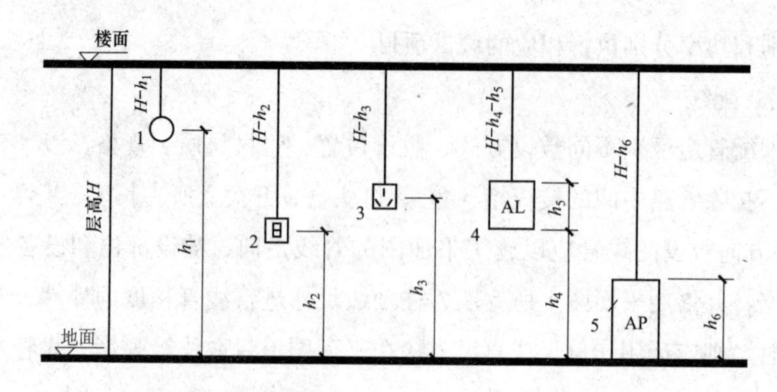

图 3-16　线管敷设（沿墙、柱引上或引下）示意图

H-h—配管长度；h—地面到电气设备的高度

1—拉线开关；2—板式开关；3—插座；4—墙上配电箱；5—落地配电柜

照明线路中的导线截面积大于或等于 $6mm^2$ 以上时，应执行动力线路穿线相应项目。规定的导线预留长度，详见表 3-14。

表 3-14　　导线预留长度表（每一根线）

序号	项目	预留长度（m）	说明
1	各种开关、柜、板	宽＋高	盘面尺寸
2	单独安装（无箱、盘）的铁壳开关、闸刀开关、启动器线槽进出线盒等	0.3	从安装对象中心算起
3	由地面管子出口引至动力接线箱	1.0	从管口计算
4	电源与管内导线连接（管内穿线与软、硬母线接点）	1.5	从管口计算
5	出户线	1.5	从管口计算

（4）线夹配线工程量，应区别线夹材质（塑料、瓷质）、线式（两线、三线）、敷设位置（木、砖、混凝土结构）以及导线规格，以线路“延长米”为计量单位计算。

（5）绝缘子配线工程量，应区别绝缘子形式（针式、鼓形、碟式）、绝缘子配线位置（沿屋架、梁、柱、墙，跨屋架、梁、柱，木结构、顶棚内及砖、混凝土结构，沿钢支架及钢索）、导线截面积，以线路“延长米”为计量单位计算。

绝缘子暗配，引下线按线路支持点至天棚下缘距离的长度计算。

（6）槽板配线工程量，应区别槽板配线位置（木结构、砖、混凝土结构）、导线截面积、线式（二线、三线），以线路“延长米”为计量单位计算。

（7）塑料护套线明敷工程量，应区别导线截面积、导线芯数（二芯、三芯）、敷设位置（木结构、砖、混凝土结构、沿钢索），以单根线路“延长米”为计量单位计算。

（8）线槽配线工程量，应区别导线截面积，以单根线路“延长米”为计量单位计算。

（9）钢索架设工程量，应区别圆钢、钢索直径（ϕ6 、ϕ9 ），按图示墙（柱）内缘距离，以“延长米”为计量单位计算，不扣除拉紧装置所占长度。

（10）母线拉紧装置及钢索拉紧装置制作安装工程量，应区别母线截面积、花篮螺栓直径（12 、16、18mm），以“套”为计量单位计算。

（11）车间带形母线安装工程量，应区别母线材质（铝、铜）、母线截面积、安装位置（沿屋架、梁、柱、墙，跨屋架、梁、柱），以“延长米”为计量单位计算。

（12）接线箱安装工程量，应区别安装形式（明装、暗装）、接线箱半周长，以“个”为计量单位计算。

（13）接线盒安装工程量，应区别安装形式（明装、暗装、钢索上）以及接线盒类型，以“个”为计量单位计算。

1）在配管配线工程中，无论是明配还是暗配均存在线路接线盒（分线盒）、接线箱、开关盒、灯头盒以及插座盒的安装。

2）线路接线盒（分线盒）产生在管线的分支处或管线的转弯处。暗装的开关、插座应有开关接线盒和插座接线盒，暗配管线到灯位处应有灯头接线盒。

（14）灯具、明、暗开关，插座、按钮等的预留线，已分别综合在相应子目内，不再另行计算。

（15）配线进入开关箱、柜、板的预留线，按表 3-14 规定的长度，分别计入相应的工程量。

13. 照明器具

（1）普通灯具安装的工程量，应区别灯具的种类、型号、规格，以“套”为计量单位计算。普通灯具安装项目适用范围见表 3-15。

表 3-15　　普通灯具安装项目适用范围

项目名称	灯具种类
圆球吸顶灯	材质为玻璃的螺口、卡口圆球独立吸顶灯
半圆球吸顶灯	材质为玻璃的独立的半圆球吸顶灯、扁圆罩吸顶灯、平圆形吸顶灯
方形吸顶灯	材质为玻璃的独立的矩形罩吸顶灯、方形罩吸顶灯、大口方罩吸顶灯
软线吊灯	利用软线为垂吊材料、独立的，材质为玻璃、塑料、搪瓷，形状如碗形、伞形、平盘、灯罩组成的各式软线吊灯
吊链灯	利用吊链作辅助悬吊材料、独立的，材质为玻璃、塑料罩的各式吊链灯
防水吊灯	一般防水吊灯
一般弯脖灯	圆球弯脖灯、风雨壁灯
一般墙壁灯	各种材质的一般壁灯、镜前灯

续表

项目名称	灯具种类
软线吊灯头	一般吊灯头
声光控座灯头	一般声控、光控座灯头
座灯头	一般塑胶、瓷质座灯头

(2) 吊式艺术装饰灯具的工程量，应根据装饰灯具示意图集所示，区别不同装饰物以及灯体直径和灯体垂吊长度，以“套”为计量单位计算。灯体直径为装饰物的最大外缘直径，灯体垂吊长度为灯座底部到灯梢之间的总长度。

(3) 吸顶式艺术装饰灯具安装的工程量，应根据装饰灯具示意图集所示，区别不同装饰物、吸盘的几何形状、灯体直径、灯体半周长和灯体垂吊长度，以“套”为计量单位计算。灯体直径为吸盘最大外缘直径，灯体半周长为矩形吸盘的半周长，吸顶式艺术装饰灯具的灯体垂吊长度为吸盘到灯梢之间的总长度。

(4) 荧光艺术装饰灯具安装的工程量，应根据装饰灯具示意图集所示，区别不同安装形式和计量单位计算。

1) 组合荧光灯光带安装的工程量，应根据装饰灯具示意图集所示，区别安装形式、灯管数量，以“延长米”为计量单位计算。灯具的设计数量与估价表不符时可以按设计数量加损耗量调整主材。

2) 内藏组合式灯安装的工程量，应根据装饰灯具示意图集所示，区别灯具组合形式，以“延长米”为计量单位。灯具的设计数量与估价表不符时，可根据设计数量加损耗量调整主材。

3) 发光棚安装的工程量，应根据装饰灯具示意图集所示，以“m^2”为计量单位，发光棚灯具按设计用量加损耗量计算。

4) 立体广告灯箱、荧光灯光沿的工程量，应根据装饰灯具示意图集所示，以“延长米”为计量单位。灯具设计用量与估价表不符时，可根据设计数量加损耗量调整主材。

(5) 几何形状组合艺术灯具安装的工程量，应根据装饰灯具示意图集所示，区别不同安装形式及灯具的不同形式，以“套”为计量单位计算。

(6) 标志、诱导装饰灯具安装的工程量，应根据装饰灯具示意图集所示，区别不同安装形式，以“套”为计量单位计算。

(7) 水下艺术装饰灯具安装的工程量，应根据装饰灯具示意图集所示，区别不同安装形式，以“套”为计量单位计算。

(8) 点光源艺术装饰灯具安装的工程量，应根据装饰灯具示意图集所示，区别不同安装形式、不同灯具直径，以“套”为计量单位计算。

(9) 草坪灯具安装的工程量，应根据装饰灯具示意图集所示，区别不同安装形式，以“套”为计量单位计算。

(10) 歌舞厅灯具安装的工程量，应根据装饰灯具示意图集所示，区别不同灯具形式，分别以“套”“延长米”“台”为计量单位计算。

(11) 装饰灯具安装项目适用范围见表 3-16。

表 3-16　　装饰灯具安装项目适用范围

项目名称	灯具种类（形式）
吊式艺术装饰灯具	不同材质、不同灯体垂吊长度、不同灯体直径的蜡烛灯、挂片灯、串珠（穗）、串棒灯、吊杆式组合灯、玻璃罩（带装饰）灯
吸顶式艺术装饰灯具	不同材质、不同灯体垂吊长度、不同灯体几何形状的串珠（穗）、串棒灯、挂片、挂碗、挂吊蝶灯、玻璃罩（带装饰）灯
荧光艺术装饰灯具	不同安装形式、不同灯管数量的组合荧光灯光带，不同几何组合形式的内藏组合式灯，不同几何尺寸、不同灯具形式的发光棚，不同形式的立体广告灯箱、荧光灯光沿
几何形状组合艺术灯具	不同固定形式、不同灯具形式的繁星灯、钻石星灯、礼花灯玻璃罩钢架组合灯、凸片灯、反射托灯、筒形钢架灯、U 形管组合灯、弧形管组合灯
标志、诱导装饰灯具	不同安装形式的标志灯、诱导灯
水下艺术装饰灯具	简易型影灯、密封型影灯、喷水池灯、幻光型灯
点光源艺术装饰灯具	不同安装形式、不同灯体直径的筒灯、牛眼灯、射灯、轨道射灯
草坪灯具	各种立柱式、墙壁式的草坪灯
歌舞厅灯具	各种安装形式的变色转盘灯、雷达射灯、幻影转彩灯、维纳斯旋转彩灯、卫星旋转效果灯、飞碟旋转效果灯、多头转灯、滚筒灯、频闪灯、太阳灯、雨灯、歌星灯、边界灯、射灯、泡泡发生器、迷你满天星彩灯、迷你单立（盘彩灯）、多头宇宙灯、镜面球灯、蛇光管

(12) 荧光灯具安装的工程量，应区别灯具的安装形式、灯具种类、灯管数量，以“套”为计量单位计算。

(13) 工厂灯及防水防尘灯安装的工程量，应区别不同安装形式，以“套”为计量单位计算。工厂灯及防水防尘灯安装项目适用范围见表 3-17。

表 3-17　　工厂灯及防水防尘灯安装项目适用范围

项目名称	灯具种类
直杆工厂吊灯	配照（GC1-A）、广照（GC3-A）、深照（GC5-A）、斜照（GC7-A）、圆球（GC17-A）、双罩（GC19-A）
吊链式工厂灯	配照（GC1-B）、深照（GC3-B）、斜照（GC5-C）、圆球（GC7-B）、双罩（GC19-A）、广照（GC19-B）

续表

项目名称	灯具种类
吸顶式工厂灯	配照（GC1-C）、广照（GC3-C）、深照（GC5-C）、斜照（GC7-C）、双罩（GC19-C）
弯杆式工厂灯	配照（GC1-D/E）、广照（GC3-D/E）、深照（GC5-D/E）、斜照（GC7-D/E）、双罩（GC19-C）、局部深罩（GC26-F/H）
悬挂式工厂灯	配照（GC21－2）、深照（GC23－2）
防水防尘灯	广照（GC9－A、B、C）、广照保护网（GC11－A、B、C）、散照（GC15－A、B、C、D、E、F、G）

注 括号中为型号。

（14）工厂其他灯具安装的工程量，应区别不同灯具类型、安装形式、安装高度，以“套”“个”“延长米”为计量单位计算。工厂其他灯具安装项目适用范围见表3-18。

表3-18 工厂其他灯具安装适用范围

项目名称	灯具种类
防潮灯	扁形防潮灯（GC.-31）、防潮灯（GC.-33）
腰形舱顶灯	腰形舱顶灯CCD-1
碘钨灯	DW型、220V、300～1000W
管形氙气灯	自然冷却式200/380V，20kW内
投光灯	TG型室外投光灯
高压水银灯镇流器	外附式镇流器具125～450W
安全灯	AOB-1、2、3，AOC-1、2型安全灯
防爆灯	CBC-200型防爆灯
高压水银防爆灯	CBC-125/250型高压水银防爆灯
防爆荧光灯	CBC-1/2单/双管防爆型荧光灯

（15）医院灯具安装的工程量，应区别灯具种类，以“套”为计量单位计算。医院灯具安装项目适用范围见表3-19。

表3-19 医院灯具安装项目适用范围

项目名称	灯具种类
病房指示灯	病房指示灯
病房暗脚灯	病房暗脚灯
无影灯	3～12孔管式无影灯

（16）路灯安装工程，应区别不同臂长，不同灯数，以“套”为计量单位计算。工厂厂区内、住宅小区内路灯安装执行TY02-31—2015《通用安装工程消耗量定额》中

的第四册“电气设备安装工程”相关项目，城市道路的路灯安装执行《市政工程计价定额》。

路灯安装范围见表 3-20。

表 3-20　　路灯安装范围

项目名称	灯具种类
大马路弯灯	臂长 1200mm 以下，臂长 1200mm 以上
庭院灯	三火以下，七火以下

（17）开关、按钮安装的工程量，应区别开关、按钮安装形式，开关、按钮种类，开关极数以及单控与双控，以“套”为计量单位计算。

（18）插座安装的工程量，应区别电源相数、额定电流、插座安装形式、插座插孔个数，以“套”为计量单位计算。

（19）安全变压器安装的工程量，应按安全变压器容量，以“台”为计量单位计算。

（20）电铃、电铃号码牌箱安装的工程量，应按电铃直径、电铃号牌箱规格（号），以“套”为计量单位计算。

（21）门铃安装工程量，应按门铃安装形式，以“个”为计量单位计算。

（22）风扇安装的工程量，应按风扇种类，以“台”为计量单位计算。

（23）盘管风机三速开关、请勿打扰灯，须刨插座安装的工程量，以“套”为计量单位计算。

14. 电梯电气装置

（1）交流手柄操纵或按钮控制（半自动）电梯电气安装的工程量，应区别电梯层数、站数，以“部”为计量单位计算。

（2）交流信号或集选控制（自动）电梯电气安装的工程量，应区别电梯层数、站数，以“部”为计量单位计算。

（3）直流信号或集选控制（自动）快速电梯电气安装的工程量，应区别电梯层数、站数，以“部”为计量单位计算。

（4）直流集选控制（自动）高速电梯电气安装的工程量，应区别电梯层数、站数，以“部”为计量单位计算。

（5）小型杂物电梯电气安装的工程量，应区别电梯层数、站数，以“部”为计量单位计算。

（6）电厂专用电梯电气安装的工程量，应区别配合锅炉容量，以“部”为计量单位计算。

（7）电梯增加厅门、自动轿厢门及提升高度工程量，应区别电梯形式、增加自动轿厢门数量、增加提升高度，分别以“个”“延长米”为计量单位计算。

三、电气设备安装工程预算定额与其他各册定额的执行界限

在建筑电气安装工程计价活动中，TY02-31—2015《通用安装工程消耗量定额》中的第二册《电气设备安装工程》预算定额中是最基本、最重要的定额，该册中的电气设备安装及架空线路安装的电压等级为10kV以下。TY02-31—2015《通用安装工程消耗量定额》中的第二册《电气设备安装工程》预算定额与其他册预算定额的执行界限介绍如下：

1. 与TY02-31—2015《通用安装工程消耗量定额》中的第一册《机械设备安装工程》预算定额的划分界限

（1）电动机、发动机安装执行TY02-31—2015《通用安装工程消耗量定额》中的第一册《机械设备安装工程》安装定额项目，电机检查接线、电动机调试执行TY02-31—2015《通用安装工程消耗量定额》中的第二册《电气设备安装工程》定额项目。

（2）各种电梯的机械设备安装部分执行TY02-31—2015《通用安装工程消耗量定额》中的第一册《机械设备安装工程》定额有关项目；电梯设备安装部分执行TY02-31—2015《通用安装工程消耗量定额》中的第二册《电气设备安装工程》定额项目。

（3）起重运输设备的轨道、设备本体安装，各种金属加工机床的安装，执行TY02-31—2015《通用安装工程消耗量定额》中的第一册《机械设备安装工程》定额的有关项目；与之配套安装的各种电气盘箱、开关控制设备、照明装置、管线敷设及电气调试执行TY02-31—2015《通用安装工程消耗量定额》中的第二册《电气设备安装工程》定额项目。

2. 与TY02-31—2015《通用安装工程消耗量定额》中的第三册《热力设备安装工程》预算定额的划分界限

设备本身附带的电动机，执行TY02-31—2015《通用安装工程消耗量定额》中的第三册《热力设备安装工程》中锅炉成套附属机械设备安装预算项目，并由锅炉设备安装专业负责；电动机检查接线、电动机干燥、焊（压）接线端子、电动机调试执行TY02-31—2015《通用安装工程消耗量定额》中的第二册《电气设备安装工程》定额项目。

3. 与TY02-31—2015《通用安装工程消耗量定额》中的第七册《消防及安全防范设备安装工程》预算定 额的划分界限

火灾自动报警设备安装、安全防范设备安装、消防系统调试执行TY02-31—2015

《通用安装工程消耗量定额》中的第七册《消防及安全防范设备安装工程》相应定额；电缆敷设、桥架安装、配管配线、接线盒安装、动力控制设备，应急照明控制设备、应急照明器具、电动机检查接线、防雷接地装置等安装，均执行 TY02-31—2015《通用安装工程消耗量定额》中的第二册《电气设备安装工程》定额项目。

4. 与 TY02-31—2015《通用安装工程消耗量定额》中的第十册《自动化控制仪表安装工程》预算定额的划分界限

（1）各种仪表的安装及带电信号的阀门、水流指示器、压力开关、驱动装置及泄漏报警开关的接线、校线等执行 TY02-31—2015《通用安装工程消耗量定额》中的第十册《自动化控制仪表安装工程》定额；控制电缆敷设、电气配管、支架制作安装、桥架安装、接地系统等均执行 TY02-31—2015《通用安装工程消耗量定额》中的第二册《电气设备安装工程》定额项目。

（2）自动化控制装置的专用盘、箱、柜、操作台安装执行 TY02-31—2015《通用安装工程消耗量定额》中的第十册《自动化控制仪表安装工程》定额；自动化控制装置工程中所用的电气箱、盘及其他电气设备原件安装，执行 TY02-31—2015《通用安装工程消耗量定额》中的第二册《电气设备安装工程》定额项目。

5. 与 TY02-31—2015《通用安装工程消耗量定额》中的第十三册《建筑智能化系统设备安装工程》预算定额的划分界限

（1）通信系统、计算机网络系统、建筑设备监控系统、有线电视系统、扩音和背景音乐系统、停车场管理系统、楼宇安全防范系统，住宅小区智能化系统等设备安装执行 TY02-31—2015《通用安装工程消耗量定额》中的第十三册《建筑智能化系统设备安装工程》定额；工程中的电源线、控制电缆敷设、电线管敷设、电线槽安装、电缆托支架制作安装、桥架安装、电缆沟工程、电缆保护管敷设，执行 TY02-31—2015《通用安装工程消耗量定额》中的第二册《电气设备安装工程》定额项目。

（2）通信线路的架线、敷设等执行 TY02-31—2015《通用安装工程消耗量定额》中的第十三册《建筑智能化系统设备安装工程》定额；通信工程的立杆、天线基础、土石方工程、建筑物防雷与接地系统工程执行 TY02-31—2015《通用安装工程消耗量定额》中的第二册《电气设备安装工程》定额及其他相关定额。

第三节　建筑安装工程费用的计算方法

一、直接费的计算方法

直接工程费是指施工过程中耗费的直接构成工程实体的各项费用，包括人工费、材料费、施工机械使用费。

1. 人工费

建筑安装工程费中的人工费，指支付给直接从事建筑安装工程施工作业的生产工人的各项费用。构成人工费的基本要素有两个，即人工工日消耗量和人工日工资单价。计算公式为：

$$人工费=\sum(工日消耗量\times日工资单价)$$

（1）人工工日消耗量。人工工日消耗量指在正常施工生产条件下，建筑安装产品（分部分项工程或结构构件）必须消耗的某种技术等级的人工工日数量。人工工日消耗量由分项工程所综合的各个工序施工劳动定额包括的基本用工、其他用工两部分组成。

（2）相应等级的日工资单价包括生产工人基本工资、工资性补贴、生产工人辅助工资、职工福利费及生产工人劳动保护费。

2. 材料费

建筑安装工程费中的材料费，是指工程施工过程中耗费的各种原材料、半成品、构配件、工程设备等的费用，以及周转材料等的摊销、租赁费用。构成材料费的基本要素是材料消耗量、材料单价和检验试验费。计算公式为：

$$材料费=\sum(材料用量\times材料单价)$$

（1）材料消耗量。材料消耗量是指在合理使用材料的条件下，建筑安装产品（分部分项工程或结构构件）必须消耗的一定品种规格的原材料、辅助材料、构配件、零件、半成品等的数量标准。材料消耗量包括材料净用量和材料不可避免的损耗量。

（2）材料单价。材料单价是指建筑材料从其来源地运到施工工地仓库直至出库形成的综合平均单价，其内容包括材料原价（或供应价格）、材料运杂费、运输损耗费、采购及保管费等。

（3）检验试验费。检验试验费是指对建筑材料、构件和建筑安装物进行一般鉴定、检查所发生的费用，包括自设试验室进行试验所耗用的材料和化学药品等费用。检验试验费不包括新结构、新材料的试验费和建设单位对具有出厂合格证明的材料进行检验，对构件做破坏性试验及其他特殊要求检验试验的费用。

3. 施工机械使用费

建筑安装工程费中的施工机械使用费，是指施工机械作业发生的使用费或租赁费。构成施工机械使用费的基本要素是施工机械台班消耗量和机械台班单价。施工机械使用费的计算公式为：

$$机械使用费=\sum(机械台班用量\times机械台班单价)$$

（1）施工机械台班消耗量，是指在正常施工条件下，建筑安装产品（分部分项工程或结构构件）必须消耗的某类某种型号施工机械的台班数量。

（2）机械台班单价。机械台班单价内容包括台班折旧费、台班大修理费、台班经常修理费、台班安拆费及场外运输费、台班人工费、台班燃料动力费、台班养路费及年检费等。

二、间接费的计算方法

1. 规费

规费是指政府和有关权力部门规定必须缴纳的费用（简称规费）。规费包括：

（1）社会保障费，如图 3-17 所示。

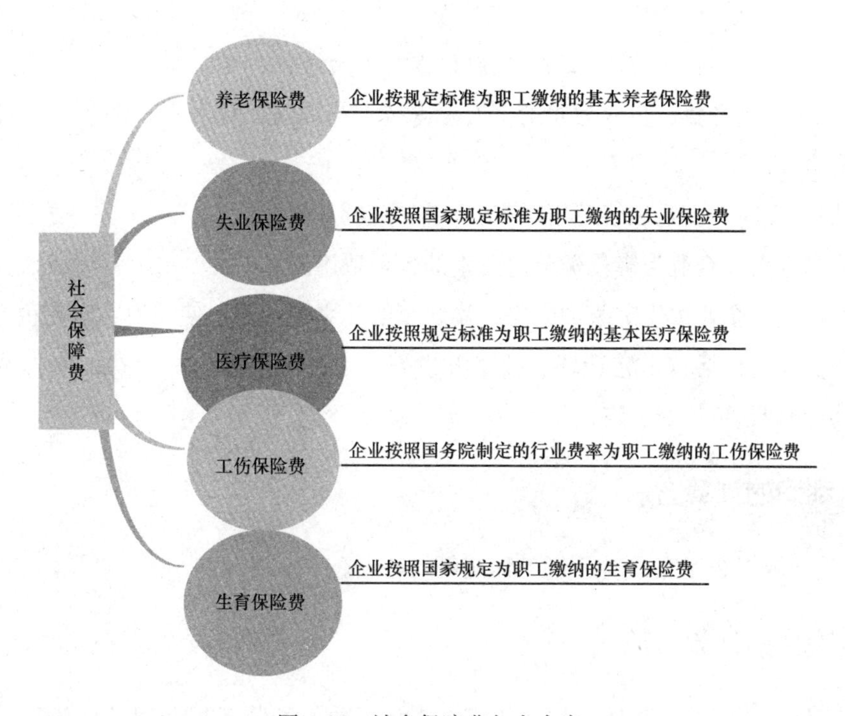

图 3-17　社会保障费包含内容

（2）住房公积金。企业按规定标准为职工缴纳的住房公积金。

2. 企业管理费

企业管理费是指施工单位为组织施工生产和经营管理所发生的费用，包括：

（1）管理人员工资。管理人员的基本工资、工资性补贴、职工福利费、劳动保护费等。

（2）办公费。企业管理办公用的文具、纸张、账表、印刷、邮电、书报、会议、水电、烧水和集体取暖（包括现场临时宿舍取暖）用煤等费用。

（3）差旅交通费。职工因公出差、调动工作的差旅费、住勤补助费，市内交通费和误餐补助费，职工探亲路费，劳动力招募费，职工离退休、退职一次性路费，工伤人员就医路费，工地转移费以及管理部门使用的交通工具的油料、燃料、养路费及牌照费。

（4）固定资产使用费。管理和试验部门及附属生产单位使用的属于固定资产的房屋、设备仪器等的折旧、大修、维修或租赁费。

（5）工具用具使用费。管理使用的不属于固定资产的生产工具、器具、家具、交通工具和检验、试验、测绘、消防用具等的购置、维修和摊销费。

（6）劳动保险费。由企业支付离退休职工的易地安家补助费、职工退职金、6个月以上的病假人员工资、职工死亡丧葬补助费、抚恤费、按规定支付给离休干部的各项经费。

（7）工会经费。企业按职工工资总额计提的工会经费。

（8）职工教育经费。企业为职工学习先进技术和提高文化水平，按职工工资总额计提的费用。

（9）财产保险费。施工管理用财产、车辆保险费用。

（10）财务费。企业为筹集资金而发生的各种费用。

（11）税金。企业按规定缴纳的房产税、车船使用税、土地使用税、印花税等。

（12）其他。包括技术转让费、技术开发费、业务招待费、绿化费、广告费、公证费、法律顾问费、审计费、咨询费等。

三、利润的计算方法

利润是指施工企业完成所承包工程获得的盈利。

四、税金的计算方法

建筑安装工程税金是指国家税法规定的应计入建筑安装工程费用的增值税，城市维护建设税及教育费附加。计算式为：

税金＝(税前造价＋利润)×税率(％)

1. 增值税

（1）纳税人。在中华人民共和国境内销售服务、无形资产或者不动产的单位和个人，为增值税纳税人，应当按照营业税改征增值税试点实施办法缴纳增值税，不缴纳营业税。

单位以承包、承租、挂靠方式经营的，承包人、承租人、挂靠人（以下统称“承包人”），以发包人、出租人、被挂靠人（以下统称“发包人”）名义对外经营并由发包人承担相关法律责任的，以该发包人为纳税人。否则，以承包人为纳税人。

纳税人分为一般纳税人和小规模纳税人。应税行为的年应征增值税销售额超过财政部和国家税务总局规定标准的纳税人为一般纳税人，未超过规定标准的纳税人为小规模纳税人。

(2) 增值税税率。为完善增值税制度，《财政部、税务总局关于调整增值税税率的通知》(财税〔2018〕32 号) 中调整了增值税税率。2019 年 3 月，《财政部、税务总局、海关总署关于深化增值税改革有关政策的公告》再次调整了税率（详见表 3-21)。

表 3-21　　一般纳税人增值税税率

<table>
<tr><th>序号</th><th colspan="2">增值税纳税行业</th><th>增值税税率</th></tr>
<tr><td rowspan="3">1</td><td colspan="2">销售或进口一般货物（另有列举的货物除外）</td><td rowspan="3">13%</td></tr>
<tr><td rowspan="2">提供服务</td><td>提供加工、修理、修配劳务</td></tr>
<tr><td>提供有形动产租赁服务</td></tr>
<tr><td rowspan="6">2</td><td rowspan="5">销售或进口货物</td><td>粮食等农产品、食用植物油、食用盐</td><td rowspan="6">9%</td></tr>
<tr><td>自来水、暖气、冷气、热气、煤气、石油液化气、天然气、沼气、居民用煤炭制品</td></tr>
<tr><td>图书、报纸、杂志、音像制品、电子出版物</td></tr>
<tr><td>饲料、化肥、农药、农机、农膜</td></tr>
<tr><td>国务院规定的其他货物</td></tr>
<tr><td>销售（提供）服务</td><td>转让土地使用权、销售不动产、提供不动产租赁、提供建筑服务、提供交通运输服务、提供邮政服务、提供基础电信服务</td></tr>
<tr><td>3</td><td>销售（转让）
无形资产</td><td>技术、商标、著作权、商誉、自然资源使用权（不含土地使用权）和其他权益性无形资产</td><td>6%</td></tr>
<tr><td rowspan="4">4</td><td colspan="2">出口货物（国务院另有规定的除外）</td><td rowspan="4">0</td></tr>
<tr><td rowspan="3">提供服务</td><td>国际运输服务、航天运输服务</td></tr>
<tr><td>向境外单位提供的完全在境外消费的相关服务</td></tr>
<tr><td>政局和国家税务总局规定的其他服务</td></tr>
</table>

纳税人兼营不同税率的项目，应当分别核算不同税率项目的销售额，未分别核算销售额的，从高适用税额。

(3) 应纳税额计算。纳税人销售货物、劳务、服务、无形资产、不动产（以下统称"应税销售行为"），应纳税额为当期销项税额抵扣当期进项税额后的余额。应纳税额计算公式：

应纳税额＝当期销项税额－当期进项税额

当期销项税额小于当期进项税额不足抵扣时，其不足部分可以结转下期继续抵扣。纳税人发生应税销售行为，按照销售额和增值税暂行条例规定的税率计算收取的增值税额，为销项税额。销项税额计算公式：

销项税额＝销售额×税率

销售额为纳税人发生应税销售行为收取的全部价款和价外费用，但不包括收取的销项税额。

销售额以人民币计算。纳税人以人民币以外的货币结算销售额的，应当折合成人民币计算。

纳税人购进货物、劳务、服务、无形资产、不动产支付或者负担的增值税额，为进项税额。

1）准予抵扣的进项税额。下列进项税额准予从销项税额中抵扣：

a. 从销售方取得的增值税专用发票上注明的增值税额。

b. 从海关取得的海关进口增值税专用缴款书上注明的增值税额。

c. 自境外单位或者个人购进劳务、服务、无形资产或者境内的不动产，从税务机关或者扣缴义务人取得的代扣代缴税款的完税凭证上注明的增值税额。

准予抵扣的项目和扣除率的调整，由国务院决定。

纳税人购进货物、劳务、服务、无形资产、不动产，取得的增值税扣税凭证不符合法律、行政法规或者国务院税务主管部门有关规定的，其进项税额不得从销项税额中抵扣。

2）不得抵扣的进项税额。下列项目的进项税额不得从销项税额中抵扣：

a. 用于简易计税方法计税项目、免征增值税项目、集体福利或者个人消费的购进货物、劳务、服务、无形资产和不动产。

b. 非正常损失的购进货物，以及相关的劳务和交通运输服务。

c. 非正常损失的在产品、产成品所耗用的购进货物（不包括固定资产）、劳务和交通运输服务。

d. 国务院规定的其他项目。

（4）小规模纳税人应纳税额简易计算办法。小规模纳税人发生应税销售行为，实行按照销售额和征收率计算应纳税额的简易办法，并不得抵扣进项税额。应纳税额计算公式：

$$应纳税额=销售额\times征收率$$

小规模纳税人的标准由国务院财政、税务主管部门规定。小规模纳税人增值税征收率为3%，国务院另有规定的除外。

小规模纳税人以外的纳税人应当向主管税务机关办理登记。具体登记办法由国务院税务主管部门制定。

2. 地市维护建设税

城市维护建设税是国家为加强城市的维护建设，扩大和稳定城市维护建设资金来源而开征的一种税。

城市维护建设税的征税范围包括城市、县城、建制镇，以及税法规定征收增值税、消费税的其他地区。

城市维护建设税实行差别比例税率。按照纳税人所在地区的不同，设置了三档比例税率：

（1）纳税人所在地区为市区的，税率为7%。

（2）纳税人所在地区为县城、镇的，税率为5%。

（3）纳税人所在地区不在市区、县城或镇的，税率为1%。

3. 教育费附加

教育费附加是为加快发展地方教育事业，扩大地方教育经费的资金来源而征收的一种附加税。

（1）计税依据和税率。教育费附加以纳税人实际缴纳的增值税、消费税税额之和作为计税依据。现行教育费附加征收比率为3%。

（2）地方教育附加。为进一步规范和拓宽财政性教育经费筹资渠道，支持地方教育事业发展，财政部下发了《关于统一地方教育附加政策有关问题的通知》（财综〔2010〕98号）。根据文件要求，各地统一征收地方教育附加，地方教育附加征收标准为单位和个人实际缴纳的增值税和消费税税额的2%。我国现已有20多个省（自治区、直辖市）开征了地方教育附加。

扫码观看本资料

第四章 建筑电气工程工程量的计算

第一节 工程量计算的原则、步骤和方法

一、工程量计算的原则

（1）列项要正确，要严格按照规范或有关定额规定的工程量计算规则计算工程量，避免错算。

（2）工程量计量单位必须与工程量计算规范或有关定额中规定的计量单位相一致。

（3）根据施工图列出的工程量清单项目的口径必须与GB 50856—2013《通用安装工程工程量计算规范》中相应清单项目的口径相一致。

（4）按图纸，结合建筑物的具体情况进行计算。

（5）工程量计算精度要统一，要满足规范要求。

二、工程量计算的顺序

1. 单位工程计算顺序

一般按计价规范清单列项顺序计算，即按照计价规范上的分章或分部（分项）工程顺序来计算工程量。

2. 单个分部（分项）工程计算顺序

（1）按照顺时针方向计算法，即先从平面图的左上角开始，自左至右，然后再由上而下，最后转回到左上角为止，这样按顺时针方向转圈依次进行计算。

（2）按图纸分项编号顺序计算法，即按照图纸上所标注结构构件、配件的编号顺序进行计算。

三、工程量计算的方法

运用统筹法计算工程量，就是分析工程量计算中各分部分项工程量计算之间的固有

规律和相互之间的依赖关系，运用统筹法原理和统筹图图解来合理安排工程量的计算程序，以达到节约时间、简化计算、提高工效、为及时准确地编制工程预算提供科学数据的目的。

1. 基本要点

运用统筹法计算工程量的基本要点。

（1）统筹程序，合理安排。工程量计算程序的安排是否合理，关系着计量工作的效率高低、进度快慢。按施工顺序计算工程量，往往不能充分利用数据间的内在联系而形成重复计算，浪费时间和精力，有时还易出现计算差错。

（2）利用基数，连续计算。利用基数，连续计算就是以“线”或“面”为基数，利用连乘或加减，算出与它有关的分部分项工程量。

（3）一次算出，多次使用。在工程量计算过程中，会有一些不能用“线”“面”基数进行连续计算的项目，如木门窗、屋架、钢筋混凝土预制标准构件等。

（4）结合实际，灵活机动。用“线”“面”“册”计算工程量，是一般常用的工程量基本计算方法，实践证明，在一般工程上完全可以利用。但在特殊工程上，由于基础断面、墙厚、砂浆强度等级和各楼层的面积不同，就不能完全用“线”或“面”的一个数作为基数，而必须结合实际灵活地计算。一般常遇到的几种情况及采用的方法，如图 4-1 所示。

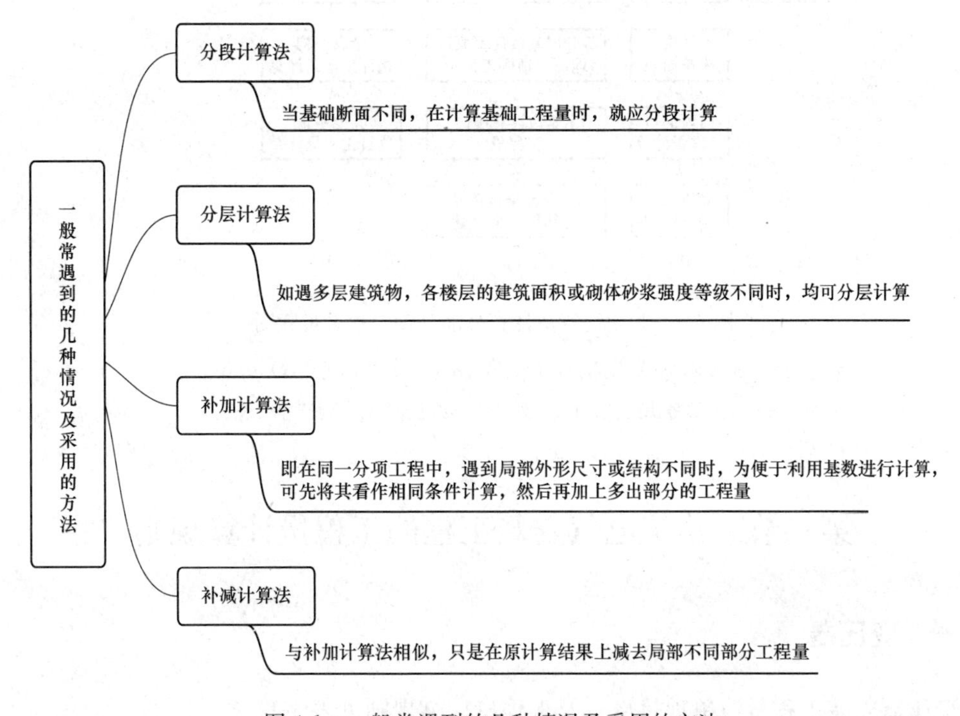

图 4-1　一般常遇到的几种情况及采用的方法

2. 统筹图

运用统筹法计算工程量，就是要根据统筹法原理对计价规范中清单列项和工程量计算规则，设计出计算工程量程序统筹图。

统筹图以“三线一面”作为基数，连续计算与之有共性关系的分部分项工程量，而与基数无共性关系的分部分项工程量则用“册”或图示尺寸进行计算。

(1) 统筹图主要由计算工程量的主次程序线、基数、分部分项工程量计算式及计算单位组成。主要程序线是指在“线”“面”基数上连续计算项目的线；次要程序线是指在分部分项项目上连续计算的线。

(2) 统筹图的计算程序安排原则：共性合在一起，个性分别处理；先主后次，统筹安排；独立项目单独处理。

(3) 用统筹法计算工程量的步骤，如图 4-2 所示。

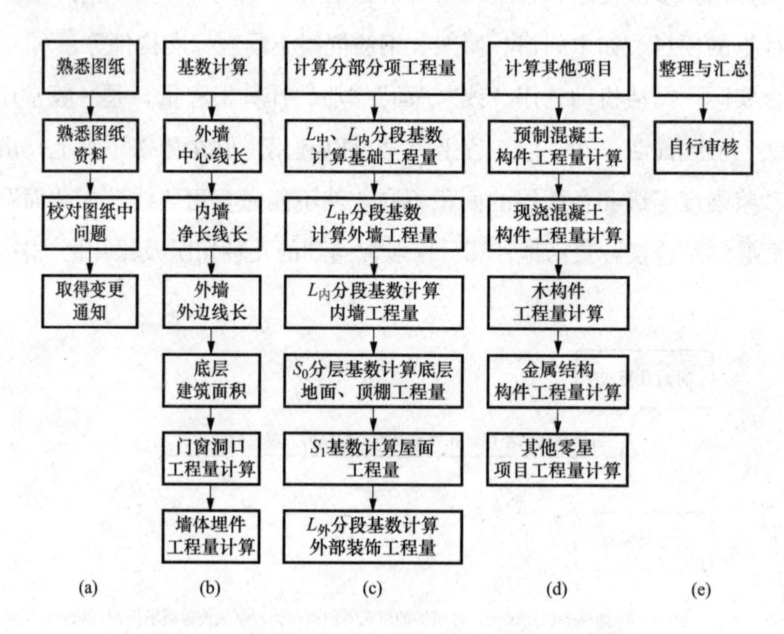

图 4-2 利用统筹法计算分部分项工程量步骤图

(a) 第一步；(b) 第二步；(c) 第三步；(d) 第四步；(e) 第五步

$L_{外}$—外墙外边线长；$L_{中}$—外墙中心线长；$L_{内}$—内墙净长线长

第二节 建筑电气安装工程的工程量计算规则

一、变压器

变压器安装工程量清单项目设置及工程量计算规则见表 4-1。

表 4-1　变压器安装（编码：030401）工程量清单项目设置及工程量计算规则

<table>
<tr><th>项目编码</th><th>项目名称</th><th>项目特征</th><th>计量单位</th><th>工程量计算规则</th><th>工程内容</th></tr>
<tr><td>030401001</td><td>油浸电力变压器</td><td rowspan="2">（1）名称。
（2）型号。
（3）容量（kVA）。
（4）电压（kV）。
（5）油过滤要求。
（6）干燥要求。
（7）基础型钢形式、规格。
（8）网门、保护门材质、规格。
（9）温控箱型号、规格</td><td rowspan="8">台</td><td rowspan="8">按设计图示数量计算</td><td>（1）本体安装。
（2）基础型钢制作、安装。
（3）油过滤。
（4）干燥。
（5）接地。
（6）网门、保护门制作、安装。
（7）补刷（喷）油漆</td></tr>
<tr><td>030401002</td><td>干式变压器</td><td>（1）本体安装。
（2）基础型钢制作、安装。
（3）温控箱安装。
（4）接地。
（5）网门、保护门制作、安装。
（6）补刷（喷）油漆</td></tr>
<tr><td>030401003</td><td>整流变压器</td><td rowspan="3">（1）名称。
（2）型号。
（3）容量（kVA）。
（4）电压（kV）。
（5）油过滤要求。
（6）干燥要求。
（7）基础型钢形式、规格。
（8）网门、保护门材质、规格</td><td rowspan="3">（1）本体安装。
（2）基础型钢制作、安装。
（3）油过滤。
（4）干燥。
（5）网门、保护门制作、安装。
（6）补刷（喷）油漆</td></tr>
<tr><td>030401004</td><td>自耦变压器</td></tr>
<tr><td>030401005</td><td>有载调压变压器</td></tr>
<tr><td>030401006</td><td>电弧变压器</td><td>（1）名称。
（2）型号。
（3）容量（kV·A）。
（4）电压（kV）。
（5）基础型钢形式、规格。
（6）网门、保护门材质、规格油漆</td><td>（1）本体安装。
（2）基础型钢制作、安装。
（3）网门、保护门制作、安装。
（4）补刷（喷）油漆</td></tr>
<tr><td>030401007</td><td>消弧线圈</td><td>（1）名称。
（2）型号。
（3）容量（kVA）。
（4）电压（kV）。
（5）油过滤要求。
（6）干燥要求。
（7）基础型钢形式、规格</td><td>（1）本体安装。
（2）基础型钢制作、安装。
（3）油过滤。
（4）干燥。
（5）补刷（喷）油漆</td></tr>
</table>

注　变压器油如需试验、化验、色谱分析应按《通用安装工程工程量计算规范》（GB 50856—2013）中措施项目相关项目编码列项。

二、配电装置

配电装置安装工程量清单项目设置及工程量计算规则见表4-2。

表4-2　　配电装置安装工程量清单项目设置及工程量计算规则

项目编码	项目名称	项目特征	计量单位	工程量计算规则	工程内容
030402001	油断路器	(1) 名称。 (2) 型号。 (3) 容量（A）。 (4) 电压等级（kV）。 (5) 安装条件。 (6) 操作机构名称及型号。 (7) 基础型钢规格。 (8) 接线材质、规格。 (9) 安装部位。 (10) 油过滤要求	台	按设计图示数量计算	(1) 本体安装、调试。 (2) 基础型钢制作安装。 (3) 油过滤。 (4) 补刷（喷）油漆。 (5) 接地
030402002	真空断路器				(1) 本体安装、调试 (2) 基础型钢制作、安装。 (3) 补刷（喷）油漆。 (4) 接地
030402003	SF_6断路器				
030402004	空气断路器	(1) 名称。 (2) 型号。 (3) 容量（A）。 (4) 电压等级（kV）。 (5) 安装条件。 (6) 操作机构名称及型号 (7) 接线材质规格 (8) 安装部位	台		(1) 本体安装、调试。 (2) 基础型钢制作、安装。 (3) 补刷（喷）油漆。 (4) 接地。 (5) 本体安装、调试。 (6) 补刷（喷）油漆。 (7) 接地
030402005	真空接触器		组		
030402006	隔离开关				
030402007	负荷开关				
030402008	互感器	(1) 名称。 (2) 型号。 (3) 规格。 (4) 类型。 (5) 油过滤要求	台		(1) 本体安装、调试。 (2) 干燥。 (3) 油过滤。 (4) 接地
030402009	高压熔断器	(1) 名称。 (2) 型号。 (3) 规格。 (4) 安装部位	组		(1) 本体安装、调试。 (2) 接地
030402010	避雷器	(1) 名称。 (2) 型号。 (3) 规格。 (4) 电压等级。 (5) 安装部位			(1) 本体安装。 (2) 接地
030402011	干式电抗器	(1) 名称。 (2) 型号。 (3) 规格。 (4) 质量。 (5) 安装部位。 (6) 干燥要求			(1) 本体安装。 (2) 接地

续表

项目编码	项目名称	项目特征	计量单位	工程量计算规则	工程内容
030402012	油浸电抗器	(1) 名称。 (2) 型号。 (3) 规格。 (4) 容量（kVA）。 (5) 油过滤要求。 (6) 干燥要求。	台	按设计图示数量计算	(1) 本体安装。 (2) 油过滤。 (3) 干燥
030402013	移相及串联电容器	(1) 名称。 (2) 型号。 (3) 规格。 (4) 质量。 (5) 安装部位	个		(1) 本体安装。 (2) 接地
030402014	集合式并联电容器				
030402015	并联补偿电容器组架	(1) 名称。 (2) 型号。 (3) 规格。 (4) 结构形式	台		(1) 本体安装。 (2) 接地
030402016	交流滤波装置组架	(1) 名称。 (2) 型号。 (3) 规格			
030402017	高压成套配电柜	(1) 名称。 (2) 型号。 (3) 规格。 (4) 母线配置方式。 (5) 种类。 (6) 基础型钢形式、规格			(1) 本体安装。 (2) 基础型钢制作、安装。 (3) 补刷（喷）油漆。 (4) 接地
030402018	组合型成套箱式变电站	(1) 名称。 (2) 型号。 (3) 容量（kVA）。 (4) 电压（kV）。 (5) 组合形式。 (6) 基础规格、浇筑材质			(1) 本体安装。 (2) 基础浇筑。 (3) 进箱母线安装。 (4) 补刷（喷）油漆。 (5) 接地

三、母线安装

母线安装工程量清单项目设置及工程量计算规则见表 4-3。

表 4-3　　母线安装工程量清单项目设置及工程量计算规则

项目编码	项目名称	项目特征	计量单位	工程量计算规则	工程内容
030403001	软母线	(1) 名称。 (2) 材质。 (3) 型号。 (4) 规格。 (5) 绝缘子类型、规格	m	按设计图示尺寸以单相长度计算（含预留长度）	(1) 母线安装。 (2) 绝缘子耐压试验。 (3) 跳线安装。 (4) 绝缘子安装
030403002	组合软母线				
030403003	带形母线	(1) 名称。 (2) 型号。 (3) 规格。 (4) 材质。 (5) 绝缘子类型、规格。 (6) 穿墙套管材质、规格。 (7) 穿通板材质、规格。 (8) 母线桥材质、规格。 (9) 引下线材质、规格。 (10) 伸缩节、过渡板材质、规格。 (11) 分相漆品种			(1) 母线安装。 (2) 穿通板制作、安装。 (3) 支持绝缘子、穿墙套管的耐压试验、安装。 (4) 引下线安装。 (5) 伸缩节安装。 (6) 过渡板安装。 (7) 刷分相漆
030403004	槽形母线	(1) 名称。 (2) 型号。 (3) 规格。 (4) 材质。 (5) 连接设备名称规格。 (6) 分相漆品种			(1) 母线制作、安装。 (2) 与发电机、变压器连接。 (3) 与断路器、隔离开关连接。 (4) 刷分相漆
030403005	共箱母线	(1) 名称。 (2) 型号。 (3) 规格。 (4) 材质		按设计图示尺寸以中心线长度计算	(1) 母线安装。 (2) 补刷（喷）油漆
030403006	低压封闭式插线母线槽	(1) 名称。 (2) 型号。 (3) 规格。 (4) 容量（A）。 (5) 线制。 (6) 安装部位			
030403007	始端箱、分线箱	(1) 名称。 (2) 型号。 (3) 规格。 (4) 容量（A）	台	按设计图示数量计算	(1) 本体安装。 (2) 补刷（喷）油漆
030403008	重型母线	(1) 名称。 (2) 型号。 (3) 规格。 (4) 容量（A）。 (5) 材质。 (6) 绝缘子类型、规格。 (7) 伸缩器及导板规格	t	按设计图示尺寸以质量计算	(1) 母线制作、安装。 (2) 伸缩器及导板制作、安装。 (3) 支持绝缘安装。 (4) 补刷（喷）油漆

四、控制设备及低压电器安装

控制设备及低压电器安装的工程量清单项目设置及工程量计算规则见表 4-4。

表 4-4　控制设备及低压电器安装工程量清单项目设置及工程量计算规则

<table>
<tr><th>项目编码</th><th>项目名称</th><th>项目特征</th><th>计量单位</th><th>工程量计算规则</th><th>工程内容</th></tr>
<tr><td>030404001</td><td>控制屏</td><td rowspan="5">(1) 名称。
(2) 型号。
(3) 规格。
(4) 种类。
(5) 基础型钢形式、规格。
(6) 接线端子材质、规格。
(7) 端子板外部接线材质、规格。
(8) 小母线材质、规格。
(9) 屏边规格</td><td rowspan="5">台</td><td rowspan="6">按设计图示数量计算</td><td rowspan="3">(1) 本体安装。
(2) 基础型钢制作、安装。
(3) 端子板安装。
(4) 焊、压接线端子。
(5) 盘柜配线、端子接线。
(6) 小母线安装。
(7) 屏边安装。
(8) 补刷（喷）油漆。
(9) 接地</td></tr>
<tr><td>030404002</td><td>继电、信号屏</td></tr>
<tr><td>030404003</td><td>模拟屏</td></tr>
<tr><td>030404004</td><td>低压开关柜（屏）</td><td>(1) 本体安装。
(2) 基础型钢制作、安装。
(3) 端子板安装。
(4) 焊、压接线端子。
(5) 盘柜配线、端子接线。
(6) 屏边安装。
(7) 补刷（喷）油漆。
(8) 接地</td></tr>
<tr><td>030404005</td><td>弱电控制返回屏</td><td>(1) 本体安装。
(2) 基础型钢制作、安装。
(3) 端子板安装。
(4) 焊、压接线端子。
(5) 盘柜配线、端子接线。
(6) 小母线安装。
(7) 屏边安装。
(8) 补刷（喷）油漆。
(9) 接地</td></tr>
<tr><td>030404006</td><td>箱式配电室</td><td>(1) 名称。
(2) 型号。
(3) 规格。
(4) 质量。
(5) 基础规格、浇筑材质。
(6) 基础型钢形式、规格</td><td>套</td><td>(1) 本体安装。
(2) 基础型钢制作、安装。
(3) 基础浇筑。
(4) 补刷（喷）油漆。
(5) 接地</td></tr>
</table>

续表

项目编码	项目名称	项目特征	计量单位	工程量计算规则	工程内容
030404007	硅整流柜	(1) 名称。 (2) 型号。 (3) 规格。 (4) 容量（A）。 (5) 基础型钢形式、规格	台	按设计图示数量计算	(1) 本体安装。 (2) 基础型钢制作安装。 (3) 补刷（喷）油漆。 (4) 接地
030404008	可控硅柜	(1) 名称。 (2) 型号。 (3) 规格。 (4) 容量（kW）。 (5) 基础型钢形式、规格			
030404009	低压电容器柜	(1) 名称。 (2) 型号。 (3) 规格。 (4) 基础型钢形式、规格。 (5) 接线端子材质、规格。 (6) 端子板外部接线材质、规格。 (7) 小母线材质、规格。 (8) 屏边规格			(1) 本体安装。 (2) 基础型钢制作、安装。 (3) 端子板安装。 (4) 焊、压接线端子。 (5) 盘柜配线、端子接线。 (6) 小母线安装。 (7) 屏边安装。 (8) 补刷（喷）油漆。 (9) 接地
030404010	自动调节励磁屏				
030404011	励磁灭磁屏				
030404012	蓄电池屏（柜）				
030404013	直流馈电屏				
030404014	事故照明切换屏				
030404015	控制台	(1) 名称。 (2) 型号。 (3) 规格。 (4) 基础型钢形式、规格。 (5) 接线端子材质、规格。 (6) 端子板外部接线材质、规格。 (7) 小母线材质、规格			(1) 本体安装。 (2) 基础型钢制作、安装。 (3) 端子板安装。 (4) 焊、压接线端子。 (5) 盘柜配线、端子接线。 (6) 小母线安装。 (7) 补刷（喷）油漆。 (8) 接地
030404016	控制箱	(1) 名称。 (2) 型号。 (3) 规格。 (4) 基础形式、材质、规格。 (5) 接线端子材质、规格。 (6) 端子板外部接线材质、规格。 (7) 安装方式			(1) 本体安装。 (2) 基础型钢制作、安装。 (3) 焊、压接线端子。 (4) 补刷（喷）油漆。 (5) 接地
030404017	配电箱				
030404018	插座箱	(1) 名称。 (2) 型号。 (3) 规格。 (4) 安装方式			(1) 本体安装。 (2) 接地

续表

<table>
<tr><th>项目编码</th><th>项目名称</th><th>项目特征</th><th>计量单位</th><th>工程量计算规则</th><th>工程内容</th></tr>
<tr><td>030404019</td><td>控制开关</td><td>（1）名称。
（2）型号。
（3）规格。
（4）接线端子材质、规格。
（5）额定电流（A）</td><td rowspan="4">个</td><td rowspan="18">按设计图示数量计算</td><td rowspan="12">（1）本体安装。
（2）焊、压接线端子。
（3）接线</td></tr>
<tr><td>030404020</td><td>低压断容器</td><td rowspan="10">（1）名称。
（2）型号。
（3）规格。
（4）接线端子材质、规格</td></tr>
<tr><td>030404021</td><td>限位开关</td></tr>
<tr><td>030404022</td><td>控制器</td></tr>
<tr><td>030404023</td><td>接触器</td><td rowspan="5">台</td></tr>
<tr><td>030404024</td><td>磁力启动器</td></tr>
<tr><td>030404025</td><td>Y－△自耦减压启动器</td></tr>
<tr><td>030404026</td><td>电磁铁（电磁制动器）</td></tr>
<tr><td>030404027</td><td>快速自动开关</td></tr>
<tr><td>030404028</td><td>电阻器</td><td>箱</td></tr>
<tr><td>030404029</td><td>油浸频敏变阻器</td><td>台</td></tr>
<tr><td>030404030</td><td>分流器</td><td>（1）名称。
（2）型号。
（3）规格。
（4）容量（A）。
（5）接线端子材质、规格</td><td>个</td></tr>
<tr><td>030404031</td><td>小电器</td><td>（1）名称。
（2）型号。
（3）规格。
（4）接线端子材质、规格</td><td>个
（套、台）</td><td>（1）本体安装。
（2）接线</td></tr>
<tr><td>030404032</td><td>端子箱</td><td>（1）名称。
（2）型号。
（3）规格。
（4）安装部位</td><td rowspan="2">台</td><td rowspan="2">（1）本体安装。
（2）调速开关安装</td></tr>
<tr><td>030404033</td><td>风扇</td><td>（1）名称。
（2）型号。
（3）规格。
（4）安装方式</td></tr>
<tr><td>030404034</td><td>照明开关</td><td rowspan="2">（1）名称。
（2）材质。
（3）规格。
（4）安装方式</td><td rowspan="2">个</td><td rowspan="2">（1）本体安装。
（2）接线</td></tr>
<tr><td>030404035</td><td>插座</td></tr>
<tr><td>030404036</td><td>其他电器</td><td>（1）名称。
（2）规格。
（3）安装方式</td><td>个
（套、台）</td><td>（1）安装。
（2）接线</td></tr>
</table>

五、蓄电池安装

蓄电池安装工程量清单项目设置及工程量计算规则见表 4-5。

表 4-5　　蓄电池安装工程量清单项目设置及工程量计算规则

项目编码	项目名称	项目特征	计量单位	工程量计算规则	工程内容
030405001	蓄电池	(1) 名称。 (2) 型号。 (3) 容量 (Ah)。 (4) 防震支架形式、材质。 (5) 充放电要求	个 (组件)	按设计图示数量计算	(1) 本体安装。 (2) 防震支架安装。 (3) 充放电
030405002	太阳能电池	(1) 名称。 (2) 型号。 (3) 规格。 (4) 容量。 (5) 安装方式	组		(1) 安装。 (2) 电池方阵铁架安装。 (3) 联调

六、电机检查接线及调试

电机检查接线及调试工程量清单项目设置及工程量计算规则见表 4-6。

表 4-6　　电机检查接线及调试

项目编码	项目名称	项目特征	计量单位	工程量计算规则	工程内容
030406001	发电机	(1) 名称。 (2) 型号。 (3) 容量 (kW)。 (4) 接线端子材质、规格。 (5) 干燥要求	台	按设计图示数量计算	(1) 检查接线。 (2) 接地。 (3) 干燥。 (4) 调试
030406002	调相机				
030406003	普通小型直流电动机				
030406004	可控硅调速直流电动机	(1) 名称。 (2) 型号。 (3) 容量 (kW)。 (4) 类型。 (5) 接线端子材质、规格。 (6) 干燥要求			
030406005	普通交流同步电动机	(1) 名称。 (2) 型号。 (3) 容量 (kW)。 (4) 启动方式。 (5) 电压等级 (kV)。 (6) 接线端子材质、规格。 (7) 干燥要求			

续表

项目编码	项目名称	项目特征	计量单位	工程量计算规则	工程内容
030406006	低压交流异步电动机	(1) 名称。 (2) 型号。 (3) 容量 (kW)。 (4) 控制保护方式。 (5) 接线端子材质、规格。 (6) 干燥要求			
030406007	高压交流异步电动机	(1) 名称。 (2) 型号。 (3) 容量 (kW) (4) 保护类别。 (5) 接线端子材质、规格。 (6) 干燥要求	台		
030406008	交流变频调速电动机	(1) 名称。 (2) 型号。 (3) 容量 (kW)。 (4) 类别。 (5) 接线端子材质、规格。 (6) 干燥要求			(1) 检查接线。 (2) 接地。 (3) 干燥。 (4) 调试
030406009	微型电机、电加热器	(1) 名称。 (2) 型号。 (3) 规格。 (4) 接线端子材质、规格。 (5) 干燥要求		按设计图示数量计算	
030406010	电动机组	(1) 名称。 (2) 型号。 (3) 电动机台数。 (4) 连锁台数。 (5) 接线端子材质、规格。 (6) 干燥要求	组		
030406011	备用励磁机组	(1) 名称。 (2) 型号。 (3) 接线端子材质、规格。 (4) 干燥要求			
030406012	励磁电阻器	(1) 名称。 (2) 型号。 (3) 规格。 (4) 接线端子材质、规格。 (5) 干燥要求	台		(1) 本体安装。 (2) 检查接线。 (3) 干燥

注 1. 可控硅调速直流电动机类型指一般可控硅调速直流电动机、全数字式控制可控硅调速直流电动机。

2. 交流变频调速电动机类型指交流同步变频电动机、交流异步变频电动机。

3. 电动机按其质量划分为大、中、小型：3t 以下为小型；3～30t 为中型；30t 以上为大型。

七、滑触线装置安装

滑触线装置安装工程量清单项目设置工程量计算规则见表 4-7。

表 4-7　　滑触线装置安装工程量清单项目设置及工程量计算规则

项目编码	项目名称	项目特征	计量单位	工程量计算规则	工程内容
030407001	滑触线	（1）名称。 （2）型号。 （3）规格。 （4）材质。 （5）支架形式、材质 （6）移动软电缆材质、规格、安装部位。 （7）拉紧装置类。 （8）伸缩接头材质、规格	m	按设计图示尺寸以长度计算（含预留长度及附加长度）	（1）滑触线安装。 （2）滑触线支架制作、安装。 （3）拉紧装置及挂式支持器制作、安装。 （4）移动软电缆安装。 （5）伸缩接头制作、安装

注　支架基础铁件及螺栓是否浇注需说明。

八、电缆安装

电缆安装工程量清单项目设置及工程量计算规则见表 4-8。

表 4-8　　电缆安装工程量清单项目设置及工程量计算规则

<table>
<tr><th>项目编码</th><th>项目名称</th><th>项目特征</th><th>计量单位</th><th>工程量计算规则</th><th>工程内容</th></tr>
<tr><td>030408001</td><td>电力电缆</td><td rowspan="2">（1）名称。
（2）型号
（3）规格。
（4）材质。
（5）敷设方式、部位。
（6）电压等级（kV）。
（7）地形</td><td rowspan="5">m</td><td rowspan="2">按设计图示尺寸以长度计算（含预留长度及附加长度）</td><td rowspan="2">（1）电缆敷设。
（2）揭（盖）盖板</td></tr>
<tr><td>030408002</td><td>控制电缆</td></tr>
<tr><td>030408003</td><td>电缆保护管</td><td>（1）名称。
（2）材质。
（3）规格。
（4）敷设方式</td><td rowspan="3">按设计图示尺寸以长度计算</td><td>保护管敷设</td></tr>
<tr><td>030408004</td><td>电缆槽盒</td><td>（1）名称。
（2）材质。
（3）规格。
（4）型号</td><td>槽盒安装</td></tr>
<tr><td>030408005</td><td>铺砂、保护板（砖）</td><td>（1）种类。
（2）规格</td><td>（1）铺砂。
（2）盖板（砖）</td></tr>
</table>

续表

项目编码	项目名称	项目特征	计量单位	工程量计算规则	工程内容
030408006	电力电缆头	（1）名称。 （2）型号。 （3）规格。 （4）材质、类型。 （5）安装部位。 （6）电压等级（kV）	个	按设计图示数量计算	（1）电力电缆头制作。 （2）电力电缆头安装。 （3）接地
030408007	控制电缆头	（1）名称。 （2）材质。 （3）规格。 （4）安装形式。 （5）混凝土块标号			
030408008	防火堵洞	（1）名称。 （2）材质。 （3）方式。 （4）部位	处	按设计图示数量计算	安装
030408009	防火隔板		m^2	按设计图示尺寸以面积计算	
030408010	防火涂料		kg	按设计图示尺寸以质量计算	
030408011	电缆分支箱	（1）名称。 （2）型号。 （3）规格。 （4）基础形式、材质、规格	台	按设计图示数量计算	（1）本体安装。 （2）基础制作、安装

注 1. 气体汇流排适用于氧气、二氧化碳、氮气、笑气、氩气、压缩空气等医用气体汇流排安装。
2. 空气过滤器适用于医用气体预过滤器、精过滤器、超精过滤器等安装。

九、防雷及接地装置

防雷及接地装置的工程量清单项目设置及工程量计算规则见表4-9。

表4-9　　防雷及接地装置工程量清单项目设置及工程量计算规则

项目编码项目	名 称	项目特征	计量单位	工程量计算规则	工程内容
030409001	接地极	（1）名称。 （2）材质。 （3）规格。 （4）土质。 （5）基础接地形式	根（块）	按设计图示数量计算	（1）接地极（板、桩）制作、安装。 （2）基础接地网安装。 （3）补刷（喷）油漆

续表

项目编码项目	名 称	项目特征	计量单位	工程量计算规则	工程内容
030409002	接地母线	(1) 名称。 (2) 材质。 (3) 规格。 (4) 安装部位。 (5) 安装形式	m	按设计图示尺寸以长度计算(含附加长度)	(1) 接地母线制作、安装。 (2) 补刷（喷）油漆
030409003	避雷引下线	(1) 名称。 (2) 材质。 (3) 规格。 (4) 安装部位。 (5) 安装形式。 (6) 断接卡子、箱材质、规格			(1) 避雷引下线制作、安装。 (2) 断接卡子、箱制作、安装。 (3) 利用主钢筋焊接。 (4) 补刷（喷）油漆
030409004	均压环	(1) 名称。 (2) 材质。 (3) 规格。 (4) 安装形式			(1) 均压环敷设。 (2) 钢铝窗接地。 (3) 柱主筋与圈梁焊接。 (4) 利用圈梁钢筋焊接。 (5) 补刷（喷）油漆
030409005	避雷网	(1) 名称。 (2) 材质。 (3) 规格。 (4) 安装形式。 (5) 混凝土块标号			(1) 避雷网制作、安装。 (2) 跨接。 (3) 混凝土块制作。 (4) 补刷（喷）油漆
030409006	避雷针	(1) 名称。 (2) 材质。 (3) 规格。 (4) 安装形式、高度	根	按设计图示数量计算	(1) 避雷针制作、安装。 (2) 跨接。 (3) 补刷（喷）油漆
030409007	半少长针消雷装置	(1) 型号。 (2) 高度	套		本体安装
030409008	等电位端子箱、测试板	(1) 名称。 (2) 材质。 (3) 规格	台（块）		
030409009	绝缘垫		m^2	按设计图示尺寸以展开面积计算	(1) 制作。 (2) 安装
030409010	浪涌保护器	(1) 名称。 (2) 规格。 (3) 安装形式。 (4) 防雷等级	个	按设计图示数量计算	(1) 本体安装。 (2) 接线。 (3) 接地
030409011	降阻剂	(1) 名称。 (2) 类型	kg	按设计图示以质量计算	(1) 挖土。 (2) 施放降阻剂。 (3) 回填土。 (4) 运输

注 1. 利用桩基础作接地极，应描述桩台下桩的根数，每桩台下需焊接柱筋根数，其工程量按柱引下线计算；利用基础钢筋作接地极按均压环项目编码列项。

2. 利用柱筋作引下线的，需描述柱筋焊接根数。

3. 利用圈梁筋作均压环的，需描述圈梁筋焊接根数。

十、配管、配线

配管、配线工程量的清单项目设置及工程量计算规则见表 4-10。

表 4-10　　配管、配线工程量清单项目设置及工程量计算规则

项目编码项目	名 称	项目特征	计量单位	工程量计算规则	工程内容
030411001	配管	(1) 名称。 (2) 材质。 (3) 规格。 (4) 配置形式。 (5) 接地要求。 (6) 钢索材质、规格	m	按设计图示尺寸以长度计算	(1) 电线管路敷设。 (2) 钢索架设（拉紧装置安装）。 (3) 预留沟槽。 (4) 接地
030411002	线槽	(1) 名称。 (2) 材质。 (3) 规格			(1) 本体安装。 (2) 补刷（喷）油漆
030411003	桥架	(1) 名称。 (2) 型号。 (3) 规格。 (4) 材质。 (5) 类型。 (6) 接地方式			(1) 本体安装。 (2) 接地
030411004	配线	(1) 名称。 (2) 配线形式。 (3) 型号。 (4) 规格。 (5) 材质。 (6) 配线部位。 (7) 配线线制。 (8) 钢索材质规格		按设计图示尺寸以单线长度计算（含预留长度）	(1) 配线。 (2) 钢索架设（拉紧装置安装）。 (3) 支持体（夹板、绝缘子、槽板等）安装
030411005	接线箱	(1) 名称。 (2) 材质。 (3) 规格。 (4) 安装形式	个	按设计图示数量计算	本体安装
030411006	接线盒				

注　1. 配管、线槽安装不扣除管路中间的接线箱（盒）、灯头盒、开关盒所占长度。

2. 配管名称指电线管、钢管、防爆管、塑料管、软管、波纹管等。

3. 配管配置形式指明配、暗配、吊顶内、钢结构支架、钢索配管、埋地敷设、水下敷设、砌筑沟内敷设等。

4. 配线名称指管内穿线、瓷夹板配线、塑料夹板配线、绝缘子配线、槽板配线、塑料护套配线、线槽配线、车间带形母线等。

5. 配线形式指照明线路，动力线路，木结构，顶棚内，砖、混凝土结构，沿支架、钢索、屋架、梁、柱、墙，以及跨屋架、梁、柱。

6. 配线保护管遇到下列情况之一时，应增设管路接线盒和拉线盒：①管长度每超过 30m，无弯曲；②管长度每超过 20m，有 1 个弯曲；③管长度每超过 15m，有 2 个弯曲；④管长度每超过 8m，有 3 个弯曲。垂直敷设的电线保护管遇到下列情况之一时，应增设固定导线用的拉线盒：①管内导线截面为 50mm^2 及以下，长度每超过 30m；②管内导线截面为 70 ～95mm^2，长度每超过 20m；③管内导线截面为 120 ～240mm^2，长度每超过 18m。在配管清单项目计量时，设计无要求时上述规定可以作为计量接线盒、拉线盒的依据。

7. 配管安装中不包括凿槽、刨沟，应按 GB 50856—2013《通用安装工程工程量计算规范》中相关项目编码列项。

十一、照明器具安装

照明器具安装工程量的清单项目设置及工程量计算规则见表 4-11。

表 4-11　　照明器具安装工程量清单项目设置及工程量计算规则

<table>
<tr><th>项目编码项目</th><th>名 称</th><th>项目特征</th><th>计量单位</th><th>工程量计算规则</th><th>工程内容</th></tr>
<tr><td>030412001</td><td>普通灯具</td><td>（1）名称。
（2）型号。
（3）规格。
（4）类型</td><td rowspan="8">套</td><td rowspan="8">按设计图示数量计算</td><td rowspan="7">本体安装</td></tr>
<tr><td>030412002</td><td>工厂灯</td><td>（1）名称。
（2）型号。
（3）规格。
（4）安装形式</td></tr>
<tr><td>030412003</td><td>高度标志（障碍）灯</td><td>（1）名称。
（2）型号。
（3）规格。
（4）安装部位。
（5）安装高度</td></tr>
<tr><td>030412004</td><td>装饰灯</td><td rowspan="2">（1）名称。
（2）型号。
（3）规格。
（4）安装形式</td></tr>
<tr><td>030412005</td><td>荧光灯</td></tr>
<tr><td>030412006</td><td>医疗专用灯</td><td>（1）名称。
（2）型号。
（3）规格</td></tr>
<tr><td colspan="3"></td></tr>
<tr><td>030412007</td><td>一般路灯</td><td>（1）名称。
（2）型号。
（3）规格。
（4）灯杆材质、规格。
（5）灯架形式及臂长。
（6）附件配置要求。
（7）灯杆形式（单、双）。
（8）基础形式、砂浆配合比。
（9）杆座材质、规格。
（10）接线端子材质、规格。
（11）编号。
（12）接地要求</td><td>（1）基础制作、安装。
（2）立灯杆。
（3）杆座安装。
（4）灯架及灯具附件安装。
（5）焊、压接线端子。
（6）补刷（喷）油漆。
（7）灯杆编号。
（8）接地</td></tr>
</table>

续表

项目编码项目	名 称	项目特征	计量单位	工程量计算规则	工程内容
030412008	中杆灯	（1）名称。 （2）灯杆的材质及高度。 （3）灯架的型号、规格。 （4）附件配置。 （5）光源数量。 （6）基础形式、浇筑材质。 （7）杆座材质、规格。 （8）接线端子材质、规格。 （9）铁构件规格。 （10）编号。 （11）灌浆配合比。 （12）接地要求	套	按设计图示数量计算	（1）基础浇筑。 （2）立灯杆。 （3）杆座安装。 （4）灯架及灯具附件安装。 （5）焊、压接线端子。 （6）铁构件安装。 （7）补刷（喷）油漆。 （8）灯杆编号。 （9）接地
030412009	高杆灯	（1）名称。 （2）灯杆高度。 （3）灯架形式（成套或组装、固定或升降）。 （4）附件配置。 （5）光源数量。 （6）基础形式、浇筑材质。 （7）杆座材质、规格。 （8）接线端子材质、规格。 （9）铁构件规格。 （10）编号。 （11）灌浆配合比。 （12）接地要求			（1）基础浇筑。 （2）立灯杆。 （3）杆座安装。 （4）灯架及灯具附件安装。 （5）焊、压接线端子。 （6）铁构件安装。 （7）补刷（喷）油漆。 （8）灯杆编号。 （9）升降机构接线调试。 （10）接地
030412010	桥栏杆灯	（1）名称。 （2）型号。 （3）规格。 （4）安装形式			（1）灯具安装。 （2）补刷（喷）油漆
030412011	地道涵洞灯				

注 1. 普通灯具包括圆球吸顶灯、半圆球吸顶灯、方形吸顶灯、软线吊灯、座灯头、吊链灯、防水吊灯、壁灯等。
2. 工厂灯包括工厂罩灯、防水灯、防尘灯、碘钨灯、投光灯、泛光灯、混光灯、密闭灯等。
3. 高度标志（障碍）灯包括烟囱标志灯、高塔标志灯、高层建筑屋顶障碍指示灯等。
4. 装饰灯包括吊式艺术装饰灯、吸顶式艺术装饰灯、荧光艺术装饰灯、几何型组合艺术装饰灯、标志灯、诱导装饰灯、水下（上）艺术装饰灯、点光源艺术灯、歌舞厅灯具、草坪灯具等。
5. 医疗专用灯包括病房指示灯、病房暗脚灯、紫外线杀菌灯、无影灯等。
6. 中杆灯是指安装在高度小于或等于 19m 的灯杆上的照明器具。
7. 高杆灯是指安装在高度大于 19m 的灯杆上的照明器具。

建筑工程识图与预算系列

建筑电气工程识图与预算

从新手到高手

第五章

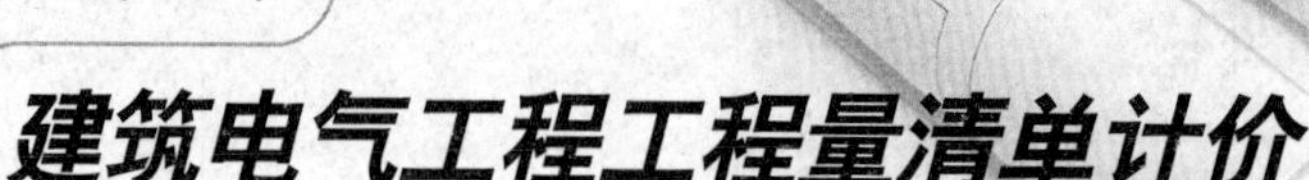

建筑电气工程工程量清单计价

第一节　工程量清单计价概述

一、工程量清单计价的概念

工程量清单是载明建设工程分部分项工程项目、措施项目、其他项目的名称和相应数量以及规费、税金项目等的明细清单。

工程量清单体现了招标人要求投标人完成的工程及相应的工程数量，全面反映了投标报价要求，是投标人进行报价的依据，是招标文件不可分割的一部分。工程量清单的内容应完整、准确，合理的清单项目设置和准确的工程数量是清单计价的前提和基础。对招标人来讲，工程量清单是进行投资控制的前提和基础，工程量清单编制的质量直接关系和影响到工程建设最终结果。

工程量清单计价是一种国际上通行的工程造价计价方式，是在建设工程招标投标过程中，招标人按照国家统一的工程量计算规则提供工程数量，由投标人依据工程量清单、施工图、企业金额、市场价格自主报价，并经评审后合理低价中标的工程造价计价方式。

工程量清单计价应包括按招标文件规定，完成工程量清单所列项目的全部费用，包括分部分项工程费、措施项目费、其他项目费和规费、税金。工程量清单应采用综合单价计价，包括完成工程量清单中一个规定计量单位项目所需的人工费、材料费、施工机具使用费、管理费和利润，并考虑风险因素。综合单价不仅适用于分部分项工程量清单，也适用于措施项目清单和其他项目清单。

二、清单计价的基本方法与程序

工程量清单计价的基本过程可以描述为：在统一的工程量清单项目设置的基础上，

制订工程量清单计量规则，根据具体工程的施工图纸计算出各个清单项目的工程量，再根据各种渠道所获得的工程造价信息和经验数据计算得到工程造价。这一基本的计算过程，如图 5-1 所示。

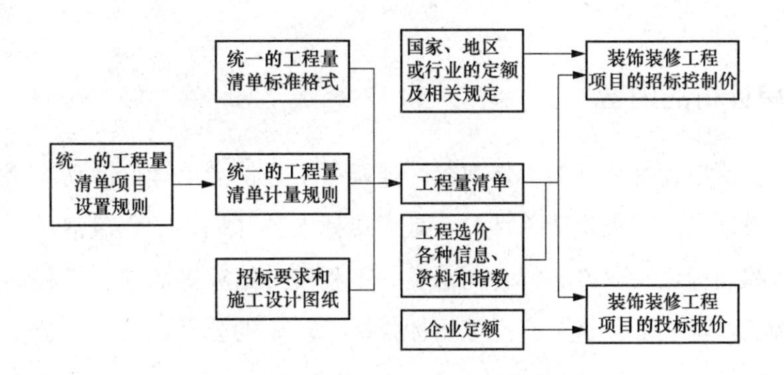

图 5-1　装饰装修工程造价工程量清单计价过程示意图

从工程量清单计价的过程示意图 5-1 中可以看出，其编制过程可以分为两个阶段：工程量清单的编制和利用工程量清单来编制投标报价（或招标控制价）。投标报价是在业主提供的工程量计算结果的基础上，根据企业自身所掌握的各种信息、资料，结合企业定额编制得出的。

（1）分部分项工程费＝∑分部分项工程量×相应分部分项综合单价。

（2）措施项目费＝∑各措施项目费。

（3）其他项目费＝暂列金额＋暂估价＋计日工＋总承包服务费。

（4）单位工程报价＝分部分项工程费＋措施项目费＋其他项目费＋规费＋税金。

（5）单项工程报价＝∑单位工程报价。

（6）装饰装修工程项目总报价＝∑单项工程报价。

上述（1）中，综合单价是指完成一个规定计量单位的分部分项工程量清单项目或措施清单项目所需的人工费、材料费、施工机械使用费和企业管理费与利润，以及一定范围内的风险费用。

暂列金额是指招标人在工程量清单中暂定并包括在合同价款中的一笔款项。暂列金额用于施工合同签订时尚未确定或者不可预见的所需材料、设备、服务的采购，施工中可能发生的工程变更、合同约定调整因素出现时的工程价款调整以及发生的索赔、现场签证确认等的费用。

暂估价是指招标人在工程量清单中提供的用于支付必然发生但暂时不能确定价格的材料的单价以及专业工程的金额。

计日工是指在施工过程中，对完成发包人提出的施工图纸以外的零星项目或工作，按合同中约定的综合单价计价的一种计价方式。

总承包服务费是指总承包人为配合协调发包人进行的工程分包，对自行采购的设备、材料等进行管理，提供相关服务以及施工现场管理、竣工资料汇总整理等服务所需的费用。

三、清单计价的内容

（1）工程量清单计价活动的工作内容，强调了工程量清单计价活动应遵循相关规范的规定。招标投标实行工程量清单计价，是指招标人公开提供工程量清单、投标人自主报价或招标人编制标底及双方签订合同价款、工程竣工结算等活动。工程结算久拖不结等现象比较普遍，也比较严重，有损于招标投标活动中的公开、公平、公正和诚实信用的原则。招标投标实行工程量清单计价，是一种新的计价模式。为了合理确定工程造价，避免旧事重演，相关规范从工程量清单的编制、计价至工程量调整等各个主要环节都做了详细规定，工程量清单计价活动中应严格遵守。

（2）为了避免或减少经济纠纷，合理确定工程造价，相关规范规定，工程量清单计价价款应包括完成招标文件规定的工程量清单项目所需的全部费用，具体费用清单如图 5-2 所示。

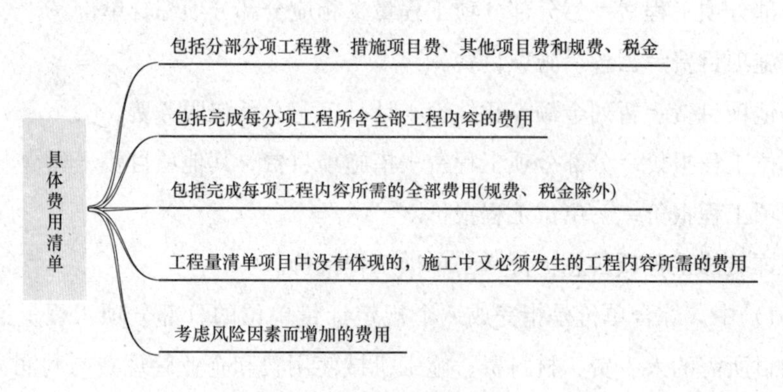

图 5-2　具体费用清单

（3）为了简化计价程序，实现与国际接轨，工程量清单计价采用综合单价计价，综合单价计价是有别于现行定额工料单价计价的另一种单价计价方式，应包括完成规定计量单位、合格产品所需的全部费用，以及考虑我国的现实情况、综合单价包括除规费、税金以外的全部费用。

（4）由于受各种因素的影响，同一个分项工程可能设计不同，由此所含工程内容会发生差异。

分部分项工程量清单的综合单价，不得包括招标人自行采购材料的价款。

(5) 措施项目清单中所列的措施项目均以“项”提出，所以计价时，首先应详细分析其所含工程内容，然后确定其综合单价。

(6) 其他项目清单中的预留金、材料购置费和零星工作项目费，均为估算、预测数量，虽在投标时计入投标人的报价中，但不应视为投标人所有。竣工结算时，应按承包人实际完成的工作内容结算，剩余部分仍归招标人所有。

(7)《中华人民共和国招标投标法》规定，招标工程设有标底的，评标时应参考标底。标底的参考作用，决定了标底的编制要有一定的强制性。

(8) 工程造价应在政府宏观调控下，由市场竞争形成。在这一原则指导下，投标人的报价应在满足招标文件要求的前提下实行人工、材料、机械消耗量自定，价格费用自选，全面竞争、自主报价的方式。

(9) 为了合理减少工程承包人的风险，并遵照“谁引起的风险谁承担责任”的原则，相关规范对工程量的变更及其综合单价的确定做了规定。

(10) 合同履行过程中，引起索赔的原因很多，相关规范强调了“由于工程量的变更，承包人可提出索赔要求”，但不否认其他原因发生的索赔或工程发包人可能提出的索赔。

四、清单计价的适用范围及操作过程

1. 清单计价的适用范围

(1) 国有资金投资的工程建设项目，如图 5-3 所示。

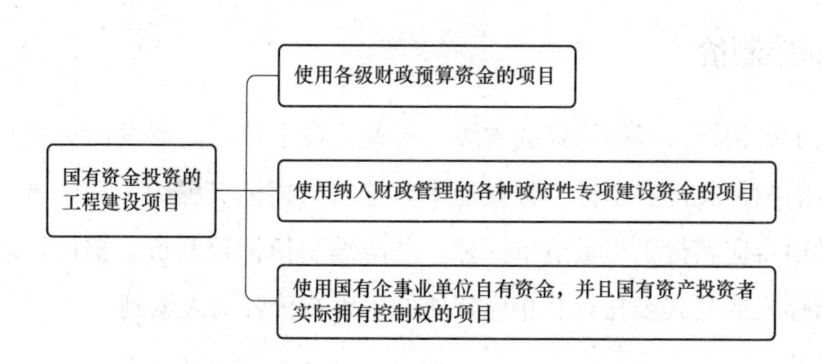

图 5-3 国有资金投资的工程建设项目

(2) 国家融资资金投资的工程建设项目，如图 5-4 所示。

(3) 国有资金（含国家融资资金）为主的工程建设项目是指国有资金占投资总额 50%以上，或虽不足 50%但国有投资者实质上拥有控股权的工程建设项目。

2. 操作过程

(1) 工程量清单的编制。

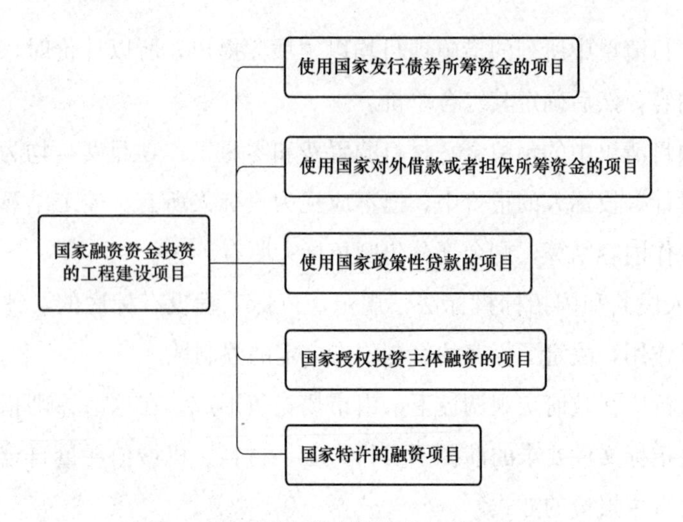

图 5-4　国家融资资金投资的工程建设项目

（2）招标控制价、投标报价的编制。

（3）工程合同价款的约定。

（4）竣工结算的办理。

（5）施工过程中的工程计量、工程价款支付、索赔与现场签证、工程价款调整和工程计价争议处理等活动。

第二节　工程量清单计价规定

一、招标控制价

招标控制价是招标人根据国家或省级、行业建设主管部门颁发的有关计价依据和办法，以及拟定的招标文件和招标工程量清单，编制的招标工程的最高限价。国有资金投资的工程建设项目应实行工程量清单招标，并应编制招标控制价，招标控制价应由具有编制能力的招标人或受其委托具有相应资质的工程造价咨询人编制。

二、投标价

投标价是由投标人按照招标文件的要求，根据工程特点，并结合企业定额及企业自身的施工技术、装备和管理水平，依据有关规定自主确定的工程造价，是投标人投标时报出的过程合同价，是投标人希望达成工程承包交易的期望价格，投标价不能高于招标人设定的招标控制价。

三、合同价款的确定与调整

合同价是在工程发、承包交易过程中，由发、承包双方在施工合同中约定的工程造价。

采用招标发包的工程，其合同价格应为投标人的中标价。在发、承包双方履行合同的过程中，当国家的法律、法规、规章及政策发生变化时，国家或省级、行业建设主管部门或其授权的工程造价管理机构据此发布工程造价调整文件，合同价款应当进行调整。

四、竣工结算价

竣工结算价是由发、承包双方依据国家有关法律、法规和标准规定，按照合同约定确定的，包括在履行合同过程中按合同约定进行的工程变更、索赔和价款调整，是承包人按合同约定完成了全部承包工作后，发包人应付给承包人的合同总金额。

第三节 工程量清单的编制

工程量清单是招标文件的组成部分，是编制标底和投标报价的依据，是签订合同、调整工程量和办理竣工结算的基础，因此，一定要把握工程量清单的组成部分。

一、分部分项工程量清单

分部分项工程是“分部工程”和“分项工程”的总称。“分部工程”是单位工程的组成部分，系按结构部位、路段长度及施工特点或施工任务将单位工程划分为若干分部的工程；“分项工程”是分部工程的组成部分，系按不同施工方法、材料、工序及路段长度等分部工程划分为若干个分项或项目的工程，例如砌筑分为干砌块料、浆砌块料、砖砌体等分项工程。分部分项工程项目清单必须载明项目编码、项目名称、项目特征、计量单位和工程量。

1. 项目编码

项目编码是分部分项工程和措施项目清单名称的阿拉伯数字标志。分部分项工程量清单项目编码以五级编码设置，用十二位阿拉伯数字表示。一、二、三、四级编码为全国统一，即一至九位应按计价规范附录的规定设置；第五级即十至十二位为清单项目编码，应根据拟建工程的工程量清单项目名称设置，不得有重号，这三位清单项目编码由招标人针对招标工程项目具体编制，并应自 001 起顺序编制。各级编码代表的含义如下：

第一级表示工程分类顺序码（分二位）。

第二级表示专业工程顺序码（分二位）。

第三级表示分部工程顺序码（分二位）。

第四级表示分项工程项目名称顺序码（分三位）。

第五级表示工程量清单项目名称顺序码（分三位）。

当同一标段（或合同段）的一份工程量清单中含有多个单位工程且工程量清单是以单位工程为编制对象时，在编制工程量清单时应特别注意对项目编码十至十二位的设置不得有重码的规定。

2. 项目名称

分部分项工程量清单的项目名称应按各专业工程计量规范附录的项目名称结合拟建工程的实际确定。附录表中的“项目名称”为分项工程项目名称，是形成分部分项工程量清单项目名称的基础。即在编制分部分项工程量清单时，以附录中的分项工程项目名称为基础，考虑该项目的规格、型号、材质等特征要求，结合拟建工程的实际情况，使其工程量清单项目名称具体化、细化，以反映影响工程造价的主要因素。清单项目名称应表达详细、准确，各专业工程计量规范中的分项工程项目名称如有缺陷，招标人可作补充，并报当地工程造价管理机构（省级）备案。

3. 项目特征

项目特征是构成分部分项工程项目、措施项目自身价值的本质特征。项目特征是对项目的准确描述，是确定一个清单项目综合单价不可缺少的重要依据，是区分清单项目的依据，是履行合同义务的基础。分部分项工程量清单的项目特征应按各专业工程计量规范附录中规定的项目特征，结合技术规范、标准图集、施工图纸，按照工程结构、使用材质及规格或安装位置等，予以详细而准确地表述和说明。凡项目特征中未描述到的其他独有特征，由清单编制人视项目具体情况确定，以准确描述清单项目为准。

在各专业工程计量规范附录中还有关于各清单项目“工作内容”的描述。工作内容是指完成清单项目可能发生的具体工作和操作程序，但应注意的是，在编制分部分项工程量清单时，工作内容通常无须描述，因为在计价规范中，工程量清单项目与工程量计算规则、工作内容有一一对应关系，当采用计价规范这一标准时，工作内容均有规定。

4. 计量单位

计量单位应采用基本单位，除各专业另有特殊规定外均按以下单位计量：

（1）以重量计算的项目，吨或千克（t或kg）。

（2）以体积计算的项目，立方米（m^3）。

（3）以面积计算的项目，平方米（m^2）。

（4）以长度计算的项目，米（m）。

（5）以自然计量单位计算的项目，个、套、块、樘、组、台等。

（6）没有具体数量的项目，宗、项等。

各专业有特殊计量单位的，另外加以说明，当计量单位有两个或两个以上时，应根据所编工程量清单项目的特征要求，选择最适宜表现该项目特征并方便计量的单位。

计量单位的有效位数应遵守下列规定：以“t”为单位，应保留小数点后三位数字，第四位小数四舍五入；以“m”“m^2”“m^3”“kg”为单位，应保留小数点后两位数字，第三位小数四舍五入；以“个”“件”“根”“组”“系统”等为单位，应取整数。

5. 工程数量的计算

工程数量主要通过工程量计算规则计算得到。工程量计算规则是指对清单项目工程量的计算规定。除另有说明外，所有清单项目的工程量应以实体工程量为准，并以完成后的净值计算；投标人投标报价时，应在单价中考虑施工中的各种损耗和需要增加的工程量。根据工程量清单计价与计量规范的规定，工程量计算规则可以分为房屋建筑与装饰工程、仿古建筑工程、通用安装工程、市政工程、园林绿化工程、矿山工程、构筑物工程、城市轨道交通工程、爆破工程九大类。

随着工程建设中新材料、新技术、新工艺等的不断涌现，计量规范附录所列的工程量清单项目不可能包含所有项目。在编制工程量清单时，当出现计量规范附录中未包括的清单项目时，编制人应做补充。在编制补充项目时应注意以下三个方面：

（1）补充项目的编码应按计量规范的规定确定。

（2）在工程量清单中应附补充项目的项目名称、项目特征、计量单位、工程量计算规则和工作内容。

（3）将编制的补充项目报省级或行业工程造价管理机构备案。

分部分项工程项目清单必须根据各专业工程计量规范规定的项目编码、项目名称、项目特征、计量单位和工程量计算规则进行编制。在分部分项工程量清单的编制过程中，由招标人负责前六项内容填列，金额部分在编制招标控制价或投标报价时填列。

二、措施项目清单

措施项目：为完成工程项目施工，发生于该工程施工准备和施工过程中的技术、生活、安全、环境保护等方面的项目。

措施项目清单应根据相关工程现行国家计量规范的规定编制，并应根据拟建工程的实际情况列项。

措施项目费用的发生与使用时间、施工方法或者两个以上的工序相关，并大都与实际完成的实体工程量的大小关系不大，如安全文明施工，夜间施工，非夜间施工照明，二次搬运，冬雨季施工，地上、地下设施，建筑物的临时保护设施，已完工程及设备保护等。但是有些非实体项目则是可以计算工程量的项目，如脚手架工程，混凝土模板及支架（撑），垂直运输，超高施工增加，大型机械设备进出场及安拆，施工排水、降水等与完成的工程实体具有直接关系，并且是可以精确计量的项目，用分部分项工程量清单的方式采用综合单价，更有利于措施费的确定和调整。措施项目中不能计算工程量的项目清单，以“项”为计量单位进行编制。

三、其他项目清单

其他项目清单：分部分项工程量清单、措施项目清单所包含的内容以外，因招标人的特殊要求而发生的与拟建工程有关的其他费用项目和相应数量的清单。工程建设标准的高低、工程的复杂程度、工程的工期长短、工程的组成内容、发包人对工程管理要求等都直接影响其他项目清单的具体内容。

其他项目清单包括：暂列金额、暂估价（包括材料暂估单价、工程设备暂估单价、专业工程暂估价）、计日工、总承包服务费。

1. 暂列金额

暂列金额：招标人在工程量清单中暂定并包括在合同价款中的一笔款项。暂列金额用于工程合同签订时尚未确定或者不可预见的所需材料、工程设备、服务的采购，施工中可能发生的工程变更、合同约定调整因素出现时的合同价款调整，以及发生的索赔、现场签证确认等的费用。不管采用何种合同形式，暂列金额的理想的标准是，一份合同的价格就是其最终的竣工结算价格，或者至少两者应尽可能接近。

我国规定对政府投资工程实行概算管理，经项目审批部门批复的设计概算是工程投资控制的刚性指标，即使商业性开发项目也有成本的预先控制问题，否则，无法相对准确预测投资的收益和科学合理地进行投资控制。但工程建设自身的特性决定了工程的设计需要根据工程进展不断地进行优化和调整，业主需求可能会随工程建设进展出现变化，工程建设过程还会存在一些不能预见、不能确定的因素。消化这些因素必然会影响合同价格的调整，暂列金额正是因这类不可避免的价格调整而设立，以便达到合理确定和有效控制工程造价的目标。设立暂列金额并不能保证合同结算价格就不会再出现超过合同价格的情况，是否超出合同价格完全取决于工程量清单编制人员对暂列金额预测的准确性，以及工程建设过程是否出现了其他事先未预测到的事件。

2. 暂估价

暂估价：招标人在工程量清单中提供的用于支付必然发生但暂时不能确定价格的材料、工程设备的单价及专业工程的金额，包括材料暂估单价、工程设备暂估单价和专业工程暂估价。暂估价的数量和拟用项目应当结合工程量清单中的“暂估价表”予以补充说明。为方便合同管理，需要纳入分部分项工程量清单项目综合单价中的暂估价应只是材料、工程设备暂估单价，以方便投标人组价。

专业工程的暂估价一般应是综合暂估价，应当包括除规费和税金以外的管理费、利润等取费。公开透明地合理确定这类暂估价的实际开支金额的最佳途径就是通过施工总承包人与工程建设项目招标人共同组织的招标。

暂估价中的材料、工程设备暂估单价应根据工程造价信息或参照市场价格估算，列出明细表；专业工程暂估价应分不同专业，按有关计价规定估算，列出明细表。

3. 计日工

在施工过程中，承包人完成发包人提出的工程合同范围以外的零星项目或工作，按合同中约定的单价计价的一种方式。

计日工是为了解决现场发生的零星工作的计价而设立的。国际上常见的标准合同条款中，大多数都设立了计日工计价机制。计日工对完成零星工作所消耗的人工工时、材料数量、施工机械台班进行计量，并按照计日工表中填报的适用项目的单价进行计价支付。

计日工适用的所谓零星项目或工作一般是指合同约定之外的或者因变更而产生的、工程量清单中没有相应项目的额外工作，尤其是那些难以事先商定价格的额外工作。

4. 总承包服务费

总承包服务费：总承包人为配合协调发包人进行的专业工程发包，对发包人自行采购的材料、工程设备等进行保管及施工现场管理、竣工资料汇总整理等服务所需的费用。招标人应预计该项费用并按投标人的投标报价向投标人支付该项费用。

四、规费、 税金项目清单

规费项目清单应按照下列内容列项：社会保险费，包括养老保险费、失业保险费、医疗保险费、工伤保险费、生育保险费；住房公积金。出现计价规范中未列的项目，应根据省级政府或省级有关权力部门的规定列项。税金项目清单应包括下列内容：增值税；城市维护建设税；教育费附加。出现计价规范未列的项目，应根据税务部门的规定列项。

五、工程量清单格式

1. 封面

（1）招标工程量清单封面，见图 5-5 所示。

＿＿＿＿＿＿＿＿＿＿＿＿＿＿＿＿＿＿＿＿＿＿＿＿＿＿＿＿工程

招标工程量清单

招　标　人：＿＿＿＿＿＿＿＿＿＿
（单位盖章）

造价咨询人：＿＿＿＿＿＿＿＿＿＿
（单位盖章）

年　　月　　日

图 5-5　招标工程量清单封面

（2）招标控制价封面，如图 5-6 所示。

________________________________工程

招标控制价

招　标　人：______________
（单位盖章）

造价咨询人：______________
（单位盖章）

年　　月　　日

图 5-6　招标控制价封面

（3）投标总价封面，如图5-7所示。

______________________________工程

投标总价

招　标　人：______________
（单位盖章）

年　　月　　日

图5-7　投标总价封面

（4）竣工结算书封面，如图 5-8 所示。

______________________________工程

竣工结算书

发 包 人：______________
（单位盖章）

承 包 人：______________
（单位盖章）

造价咨询人：______________
（单位盖章）

年 月 日

图 5-8 竣工结算书封面

2. 扉页

（1）招标工程量清单扉页，如图 5-9 所示。

______________________________工程

招标工程量清单

招　标　人：____________
　　　　　　（单位盖章）

造价咨询人：____________
　　　　　　（单位资质专用章）

法定代表人
或其授权人：____________
　　　　　　（签字或盖章）

法定代表人
或其授权人：____________
　　　　　　（签字或盖章）

编　制　人：____________
　　　　　　（造价人员签字盖专用章）

复　核　人：____________
　　　　　　（造价工程师签字盖专用章）

编制时间：　年　月　日

复核时间：　年　月　日

图 5-9　招标工程量清单扉页

(2) 招标控制价扉页，如图 5-10 所示。

______________________________工程

招标控制价

招标控制价(小写)：______________________________

(大写)：______________________________

招　标　人：______________
(单位盖章)

造价咨询人：______________
(单位资质专用章)

法定代表人
或其授权人：______________
(签字或盖章)

法定代表人
或其授权人：______________
(签字或盖章)

编　制　人：______________
(造价人员签字盖专用章)

复　核　人：______________
(造价工程师签字盖专用章)

编制时间：　年　月　日

复核时间：　年　月　日

图 5-10　招标控制价扉页

(3) 投标总价扉页，如图 5-11 所示。

投标总价

招 标 人：____________________

工程名称：____________________

投标总价（小写）：____________________

（大写）：____________________

投标人：____________________

（单位盖章）

法定代表人

或其授权人：____________________

（签字或盖章）

编制人：____________________

（造价人员签字盖专用章）

时 间： 年 月 日

图 5-11 投标总价扉页

（4）竣工结算总价扉页，如图 5-12 所示。

______________________________工程

竣工结算总价

签约合同价（小写）：__________　（大写）：__________

竣工结算价（小写）：__________　（大写）：__________

发包人：__________
（单位盖章）

承包人：__________
（单位盖章）

造价咨询人：__________
（单位资质专用章）

法定代表人
或其授权人：__________
（签字或盖章）

法定代表人
或其授权人：__________
（签字或盖章）

法定代表人
或其授权人：__________
（签字或盖章）

编　制　人：__________
（造价人员签字盖专用章）

核　对　人：__________
（造价工程师签字盖专用章）

编制日期：　年　月　日　　核对时间：　年　月　日

图 5-12　竣工结算总价扉页

（5）工程造价鉴定意见书扉页，如图 5-13 所示。

______________________________工程

工程造价鉴定意见书

鉴定结论：

造价咨询人：______________________________
（盖单位章及资质专用章）

法定代表人：______________________________
（签字或盖章）

造价工程师：______________________________
（签字盖专用章）

年　月　日

图 5-13　工程造价鉴定意见书扉页

3. 总说明

工程计价总说明，如图5-14所示。

工程名称：　　　　　　　　　　　　　　　　　　　　　　　　　第　页　共　页

图5-14　工程计价总说明

4. 汇总表

（1）建设项目招标控制价/投标报价汇总表，见表5-1。

表5-1　　建设项目招标控制价/投标报价汇总表

工程名称：　　　　　　　　　　　　　　　　　　　　　　　　　第　页　共　页

序号	单项工程名称	金额（元）	单位（元）		
			暂估价	安全文明施工费	规费
合计					

注　本表适用于工程项目招标控制价或投标报价的汇总。

（2）单项工程招标控制价/投标报价汇总表，见表5-2。

表5-2　　单项工程招标控制价/投标报价汇总表

工程名称：　　　　　　　　　　　　　　　　　　　　　　　　　第　页　共　页

序号	单项工程名称	金额（元）	其中		
			暂估价（元）	安全文明施工费（元）	规费（元）
合计					

注　本表适用于工程项目招标控制价或投标报价的汇总。暂估价包括分部分项工程中的暂估价和专业工程暂估价。

（3）单位工程招标控制价/投标报价汇总表，见表5-3。

表5-3　　　　单位工程招标控制价/投标报价汇总表

工程名称：　　　　　　　　　　　　标段：　　　　　　　　　　　　第　页　共　页

序号	汇总内容	金融（元）	其中：暂估价（元）
1	分部分项工程		
1.1			
1.2			
1.3			
1.4			
1.5			
2	措施项目		—
2.1	其中：安全文明施工费		—
3	其他项目		—
3.1	其中：暂列金额		—
3.2	其中：专业工程暂估价		—
3.3	其中：计日工		—
3.4	其中：总承包服务费		—
4	规费		—
5	税金		—
招标控制价合计＝1＋2＋3＋4＋5			

注　本表适用于工程项目招标控制价或投标报价的汇总。如无单位工程划分，单位工程也使用本表汇总。

（4）建设项目竣工结算汇总表，见表5-4。

表5-4　　　　建设项目竣工结算汇总表

工程名称：　　　　　　　　　　　　　　　　　　　　　　　　第　页　共　页

序号	单项工程名称	金额/元	其中		
			安全文明施工费（元）		规费（元）
合计					

(5) 单项工程竣工结算汇总表，见表 5-5。

表 5-5　　单项工程竣工结算汇总表

工程名称：　　　　第　页　共　页

序号	单项工程名称	金额/元	其中	
			安全文明施工费（元）	规费（元）
合计				

(6) 单位工程竣工结算汇总表，见表 5-6。

表 5-6　　单位工程竣工结算汇总表

工程名称：　　　　标段：　　　　第　页　共　页

序号	汇总内容	金额（元）
1	分部分项工程	
1.1		
1.2		
1.3		
1.4		
1.5		
2	措施项目	
2.1	其中：安全文明施工费	
3	其他项目	
3.1	其中：专业工程结算价	
3.2	其中：计日工	
3.3	其中：总承包服务费	
3.4	其中：索赔与现场签证	
4	规费	
5	税金	
竣工结算总价合计＝1＋2＋3＋4＋5		

注　如无单位工程划分，单项工程也使用本表汇总。

5. 分部分项工程和措施项目计价表

（1）分部分项工程和单价措施项目清单与计价表，见表 5-7。

表 5-7　　分部分项工程量清单与计价表

工程名称：　　　　标段：　　　　第　页　共　页

序号	项目编码	项目名称	项目特征描述	计量单位	工程量	金额（元）		
						综合单价	合价	其中：暂估价
本页小计								
合计								

注　为计取规费等的使用，可在表中增设“其中：定额人工费”。

（2）综合单价分析表，见表 5-8。

表 5-8　　综 合 单 价 分 析 表

工程名称：　　　　标段：　　　　第　页　共　页

项目编码			项目名称			计量单位		工程量			
清单综合单价组成明细											
定额编号	定额名称	定额单位	数量	单位				合价			
				人工费	材料费	机械费	管理费和利润	人工费	材料费	机械费	管理费和利润
人工单价	小计										
元/工日	未计价材料费										
清单项目综合单价											
材料费明细	主要材料名称、规格、型号			单位	数量			单价（元）	合价（元）	暂估单价（元）	暂估合价（元）
	其他材料费							—		—	
	材料费小计							—		—	

注　1. 如不使用省级或行业建设主管部门发布的计价依据，可不填定额项目、编号等。
　　2. 招标文件提供了暂估单价的材料，按暂估的单价填入表内“暂估单价”栏及“暂估合价”栏。

（3）综合单价调整表，见表5-9。

表5-9　　综合单价分析表

工程名称：　　　　　　标段：　　　　　　第　页　共　页

序号	项目编码	项目名称	已标价清单综合单价（元）					调整后综合单价（元）				
			综合单价	其中				综合单价	其中			
				人工费	材料费	机械费	管理费和利润		人工费	材料费	机械费	管理费和利润
造价工程师（签章）： 发包人代表（签章）： 日期：							造价人员（签章）： 承包人代表（签章）： 日期：					

注　综合单价调整应附调整依据。

（4）总价措施项目清单与计价表，见表5-10。

表5-10　　总价措施项目清单与计价表

工程名称：　　　　　　标段：　　　　　　第　页　共　页

序号	项目编号	项目名称	计算基础	费率（%）	金额（元）	调整费率（%）	调整后金额（元）	备注
		安全文明施工费						
		夜间施工增加费						
		二次搬运费						
		冬雨期施工增加费						
		已完成工程及设备保护费						
		合计						

注　1.“计算基础”中安全文明施工费可为“定额基价”“定额人工费”或“定额人工费＋定额机械费”，其他项目可为“定额人工费”或“定额人工费＋定额机械费”。
2.按施工方案计算的措施费，若无“计算基础”和“费率”的数值，也可只填“金额”数值，但应在备注栏说明施工方案出处或计算方法。

6. 其他项目清单表

（1）其他项目清单与计价汇总表，见表5-11。

表5-11　　其他项目清单与计价汇总表

序号	项目名称	计量单位	金额/元
1	暂列金额		
2	暂估价		
2.1	材料（工程设备）暂估价		
2.2	专业工程暂估价		
3	计日工		
4	总承包服务费		
合计			

注　材料（工程设备）暂估单价进入清单项目综合单价，此处不汇总。

（2）暂列金额明细表，见表5-12。

表5-12　　暂列金额明细表

工程名称：　　　　标段：　　　　第　页　共　页

序号	项目名称	计量单位	暂定金额/元	备注
1				
2				
3				
4				
合计				

注　此表由招标人填写，如不能详列，也可只列暂定金额总额，投标人应将上述暂列金额计入投标总价中。

（3）材料（工程设备）暂估价及调整表，见表5-13。

表5-13　　材料（工程设备）暂估价及调整表

工程名称：　　　　标段：　　　　第　页　共　页

序号	材料（工程设备）名称、规格、型号	计量单位	数量		暂估（元）		确认（元）		差额±（元）		备注
			暂估	确认	单价	合价	单价	合价	单价	合价	

续表

序号	材料（工程设备）名称、规格、型号	计量单位	数量		暂估（元）		确认（元）		差额±（元）		备注
			暂估	确认	单价	合价	单价	合价	单价	合价	
合计											

注　此表由招标人填写“暂估单价”，并在备注栏说明暂估价的材料、工程设备拟用在哪些清单项目上，投标人应将上述材料、工程设备暂估单价计入工程量清单综合单价报价中。

（4）专业工程暂估价及结算价表，见表5-14。

表5-14　　专业工程暂估价及结算价表

工程名称：　　标段：　　第　页　共　页

序号	工程名称	工程内容	暂估金额（元）	结算金额（元）	差额±（元）	备注
合计						

注　此表“暂估金额”由招标人填写，投标人应将“暂估金额”计入投标总价中。结算时按合同约定结算金额填写。

（5）计日工表，见表5-15。

表5-15　　计　日　工　表

工程名称：　　标段：　　第　页　共　页

序号	项目名称	单位	暂定数量	实际数量	综合单价（元）	合计（元）	
						暂定	实际
一	人工						
1							
2							
3							
人工小计							

续表

序号	项目名称	单位	暂定数量	实际数量	综合单价（元）	合计（元）	
						暂定	实际
二	材料						
1							
2							
3							
材料小计							
三	施工机械						
1							
2							
3							
施工机械小计							
四	企业管理费和利润						
总计							

注　此表项目名称、暂定数量由招标人填写，编制招标控制价时，单价由招标人按有关规定确定；投标时，单价由投标人自主报价，按暂定数量计算合价计入投标总价中。结算时，按发承包双方确认的实际数量计算合价。

（6）总承包服务费计价表，见表5-16。

表5-16　　总承包服务费计价表

工程名称：　　　　标段：　　　　第　页　共　页

序号	项目名称	项目价值（元）	服务内容	费率（%）	金额（元）
1	发包人发包专业工程				
2	发包人提供材料				
合计					

注　此表项目名称、服务内容由招标人填写，编制招标控制价时，费率及金额由招标人按有关计价规定确定；投标时，费率及金额由投标人自主报价，计入投标总价中。

（7）索赔与现场签证计价汇总表，见表5-17。

表5-17　　索赔与现场签证计价汇总表

工程名称：　　　　标段：　　　　第　页　共　页

序号	签证及索赔项目名称	计量单位	数量	单价（元）	合价（元）	索赔及签证依据

续表

序号	签证及索赔项目名称	计量单位	数量	单价（元）	合价（元）	索赔及签证依据
—	本页小计	—	—	—		—
—	合计	—	—	—		—

注　签证及索赔依据是指经双方认可的签证单盒索赔依据的编号。

（8）费用索赔申请（核准）表，见表5-18。

表5-18　　**费用索赔申请（核准）表**

工程名称：　　　　　　　　　　标段：　　　　　　　　　　编号：

致：________________（发包人名称）

根据施工合同条款第______条的规定，由于__________原因，我方要求索赔金额（大写）______，（小写）______元，请于核准。

附：1. 费用索赔的详细理由和依据；

2. 索赔金额的计算；

3. 证明材料。

承包人（章）

造价人员______　　承包人代表______　　日　　期______

复核意见：

根据施工合同条款第______条的规定，你方提出的费用索赔申请经复核：

□不同意此项索赔，具体意见见附件。

□同意此项索赔，索赔金额的计算，由造价工程师复核。

监理工程师______

日　　期______

复核意见：

根据施工合同条款第______条的规定，你方提出的费用索赔申请经复核，索赔金额为（大写）______元，（小写）______元。

造价工程师______

日　　期______

审核意见：

□不同意此项索赔。

□同意此项索赔，与本期进度款同期支付。

发包人（章）

发包人代表______

日　　期______

注　1. 在选择栏中的“□”内作标志“√”。

2. 本表一式四份，由承包人填报，发包人、监理人、造价咨询人、承包人各存一份。

（9）现场签证表，见表5-19。

表5-19　　现场签证表

工程名称：　　　　标段：　　　　编号：

施工部位＿＿＿＿＿＿　日期＿＿＿＿＿＿

致：＿＿＿＿＿＿＿＿＿＿（发包人全称）

根据＿＿＿（指令人姓名）＿＿＿年＿＿月＿＿日的口头指令或你方＿＿＿（或监理人）＿＿＿年＿＿月＿＿日的书面通知，我方要求完成此项工作应支付价款金额为（大写）＿＿＿元。（小写）＿＿＿元，请予批准。

附：1. 签证事由及原因；

2. 附图及计算式。

承包人（章）

承包人代表＿＿＿＿　承包人代表＿＿＿＿　日期＿＿＿＿

复核意见：	复核意见：
你方提出的此项签证申请经复核； □不同意此项签证，具体意见见附件。 □同意此项签证，签证金额的计算，由造价工程师复核。 监理工程师＿＿＿＿ 日　　期＿＿＿＿	□此项签证按承包人中标的计日工单价计算，金额为（大写）＿＿＿元，（小写）＿＿＿元。 □此项签证因无计日工单价，金额为金额为（大写）＿＿＿元，（小写）＿＿＿元。 造价工程师＿＿＿＿ 日　　期＿＿＿＿

审核意见：

□不同意此项签证。

□同意此项签证，价款与本期进度款同期支付。

发包人（章）

发包人代表＿＿＿＿

日　　期＿＿＿＿

注　1. 在选择栏中的“□”内作标志“√”。

2. 本表一式四份，由承包人在收到发包人（监理人）的口头或书面通知后填报，发包人、监理人、造价咨询人、承包人各存一份。

7. 规费、税金项目计价表

规费、税金项目计价表，见表5-20。

表 5-20 规费、税金项目计价表

工程名称： 标段： 第 页 共 页

序号	项目名称	计算基础	计算基数	计算费率（%）	金额（元）
1	规费	定额人工费			
1.1	社会保障费	定额人工费			
（1）	养老保险费	定额人工费			
（2）	失业保障费	定额人工费			
（3）	医疗保障费	定额人工费			
（4）	工伤保障费	定额人工费			
（5）	生育保险费	定额人工费			
1.2	住房公积金	定额人工费			
2	税金	分部分项目工程费＋措施费项目费＋其他项目费＋规费－按规定不计税的工程设备金额			
合计					

编制人（造价人员）： 复核人（造价工程师）：

第四节 工程量清单计价的编制

一、分部分项工程量清单编制

1. 编制性质

分部分项工程量清单是不可调整的闭口清单，投标人对招标文件提供的分部分项工程量清单必须逐一计价，对清单内所编列内容不允许做任何更改变动。投标人如果认为清单内容有不妥或遗漏，只能通过质疑的方式由清单编制人做统一的修改更正，并将修改后的工程量清单发往所有投标人。

2. 编制规则

编制规则，如图 5-15 所示。

3. 编制依据

编制依据，如图 5-16 所示。

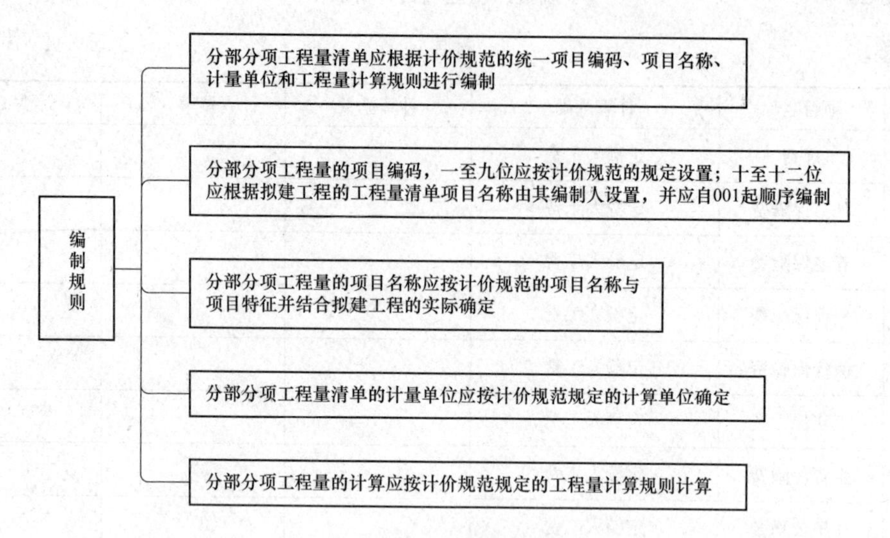

图 5-15　编制规则

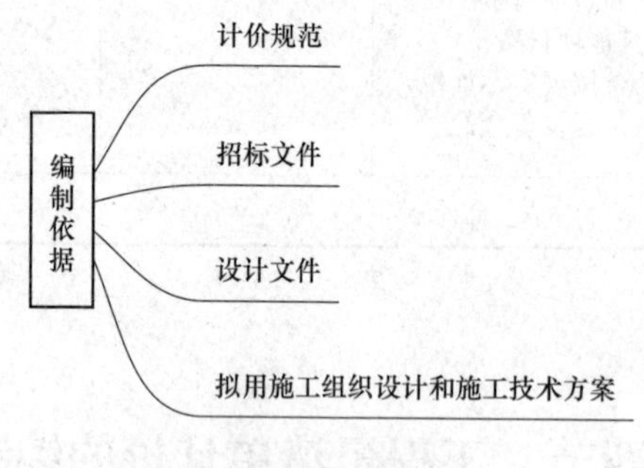

图 5-16　编制依据

4. 编制顺序

分部分项工程量清单编制顺序，如图 5-17 所示。

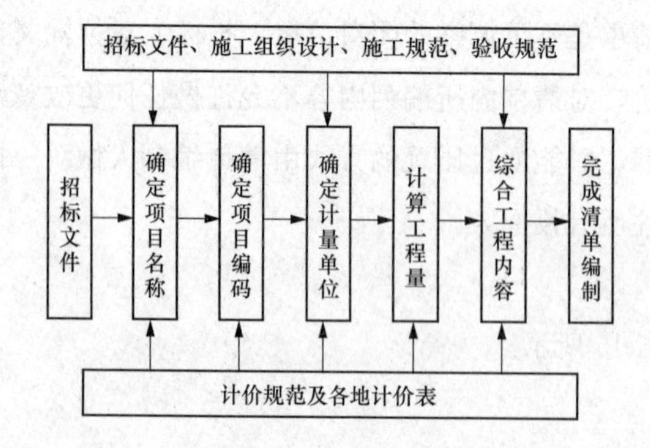

图 5-17　编制顺序示意图

二、措施项目的编制

1. 编制性质

编制性质，如图 5-18 所示。

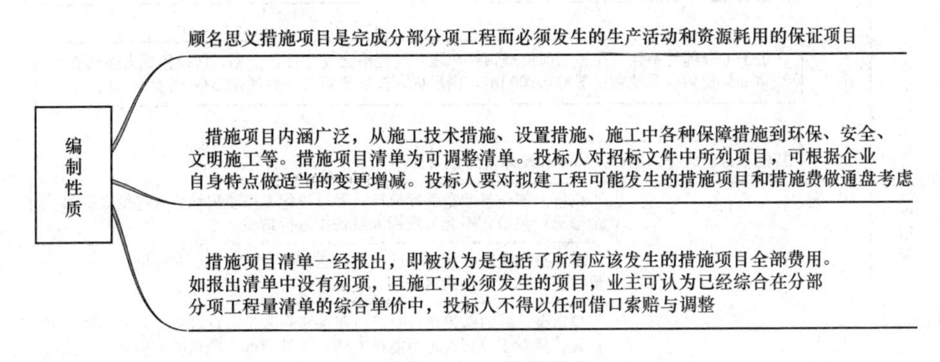

图 5-18　编制性质

2. 编制规则

编制规则，如图 5-19 所示。

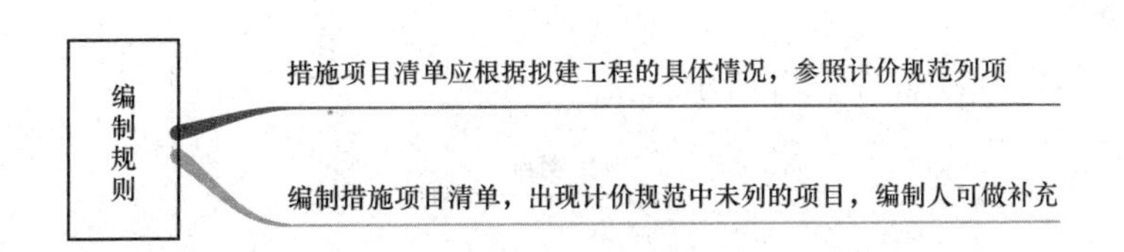

图 5-19　编制规则

3. 编制依据

编制依据，如图 5-20 所示。

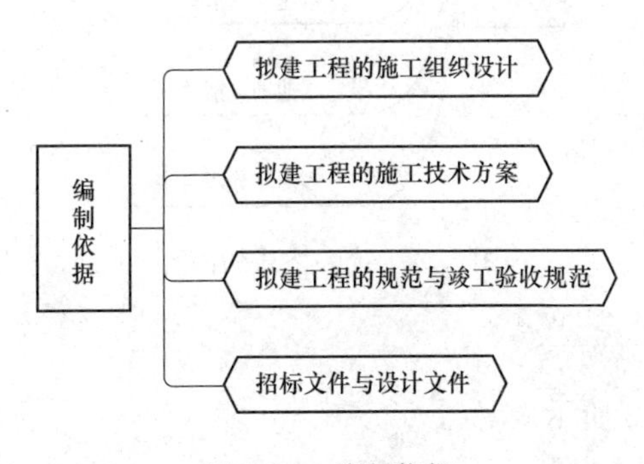

图 5-20　编制依据

三、其他项目工程量清单编制

其他项目工程量清单编制如图 5-21 所示。

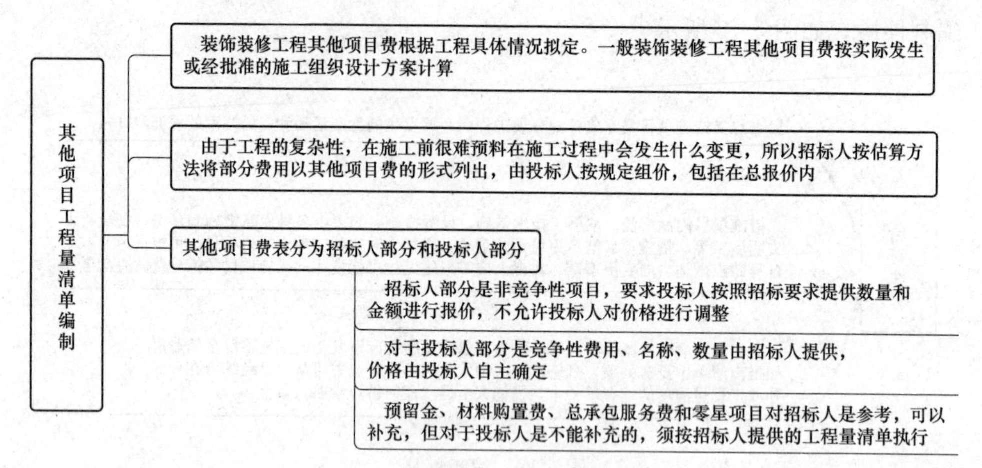

图 5-21 其他项目工程量清单编制

四、工程量清单报价表编制

1. 统一格式

统一格式的内容，如图 5-22 所示。

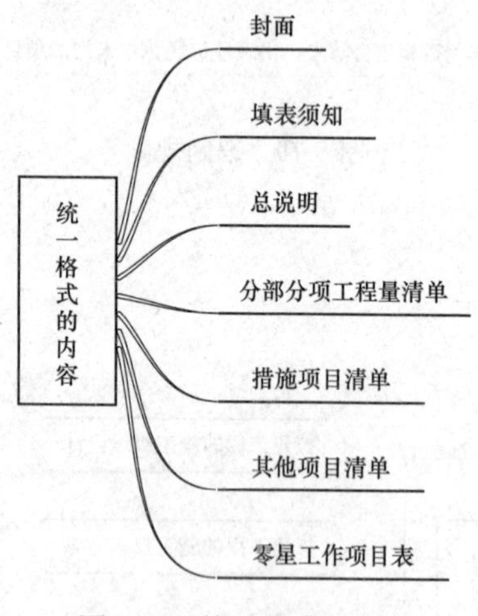

图 5-22 统一格式的内容

2. 填表须知

填表须知，如图 5-23 所示。

3. 填写规定

填写规定，如图 5-24 所示。

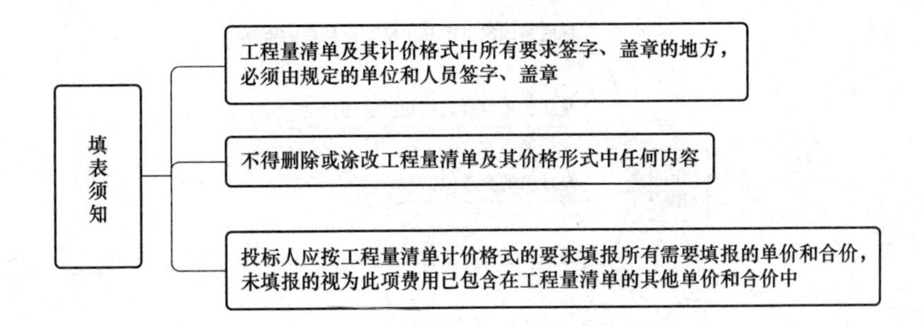

图 5-23　填表须知

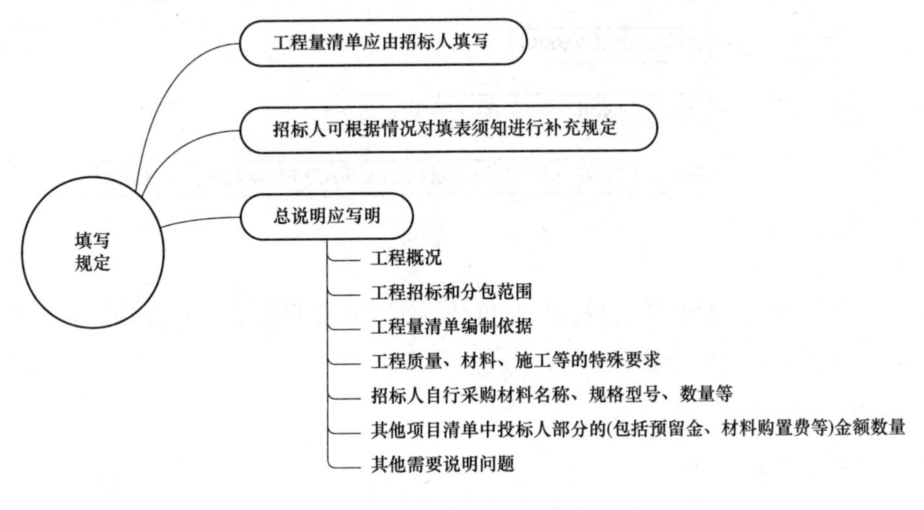

图 5-24　填写规定

五、标底编制

1. 含义

预期造价、发包造价；是建设单位对招标工作所需费用的测定和控制，是判断投标报价合理性的依据。

2. 编者

编者是具有资格的编标业主或委托有编标咨询资格的中介机构。

3. 审者

审者是招标管理部门或造价管理部门。

4. 作用

作用，如图 5-25 所示。

5. 原则

原则，如图 5-26 所示。

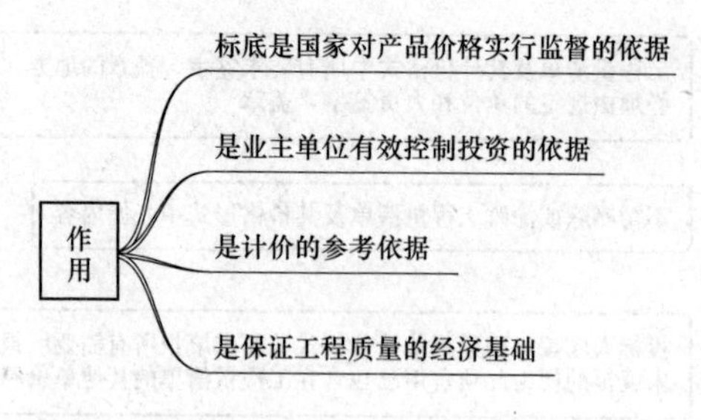

图 5-25　作用

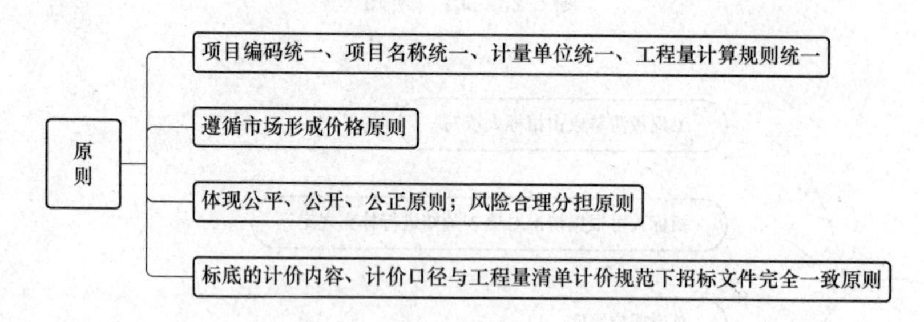

图 5-26　原则

另外人工、材料、机械单价根据信息价计算，消耗量根据有关定额计算，措施费按行政部门颁发的参考规定计算。

6. 依据

依据，如图 5-27 所示。

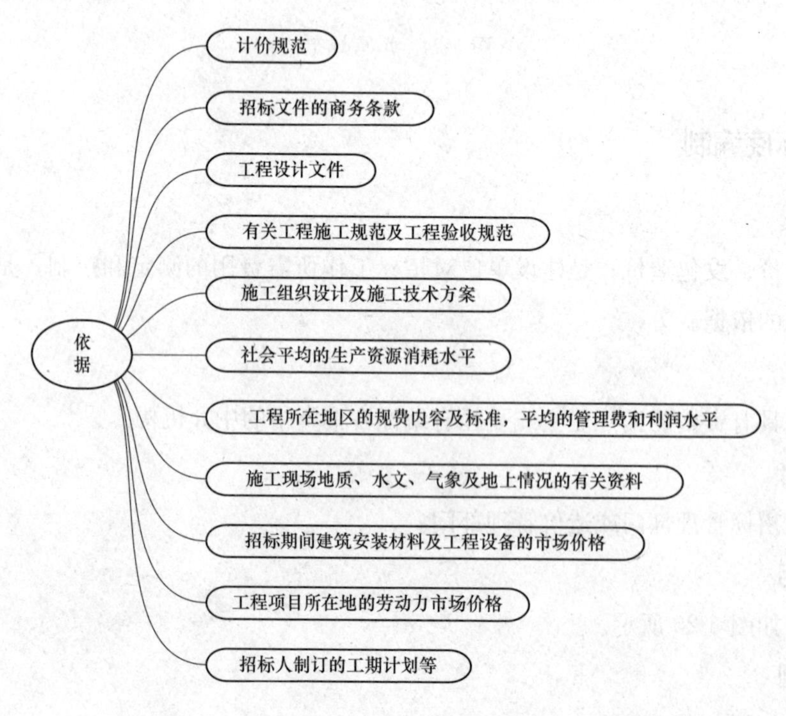

图 5-27　依据

建筑电气工程识图与预算

从新手到高手

第六章

建筑电气工程预算

第一节　施工图预算的编制内容与依据

一、施工图预算的编制内容

根据 CECA/GC5—2010《建设项目施工图预算编审规程》，施工图预算的构成，如图 6-1 所示。

施工图预算根据建设项目实际情况可采用三级预算编制或二级预算编制形式。当建设项目有多个单项工程时，应采用三级预算编制形式，三级预算编制形式由建设项目总预算、单项工程综合预算、单位工程预算组成。当建设项目只有一个单项工程时，应采用二级预算编制形式，二级预算编制形式由建设项目总预算和单位工程预算组成。

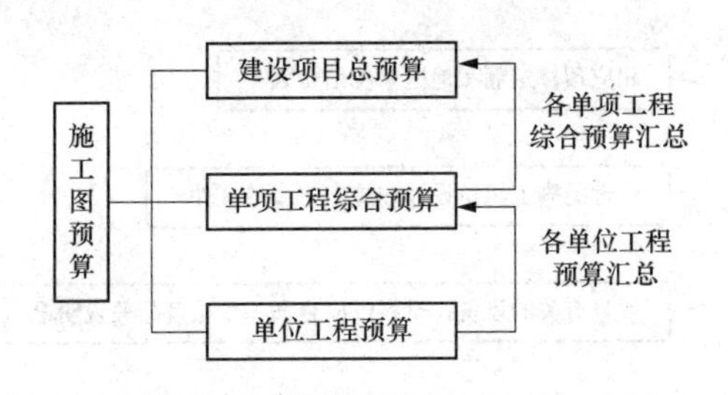

图 6-1　施工图预算构成图

1. 建设项目总预算

建设项目总预算是反映施工图设计阶段建设项目投资总额的造价文件，是施工图预算文件的主要组成部分。建设项目总预算由组成该建设项目的各个单项工程综合预算和相关费用组成。

2. 单项工程综合预算

单项工程综合预算是反映施工图设计阶段一个单项工程（设计单元）造价的文件，是总预算的组成部分。单项工程综合预算由构成该单项工程的各个单位工程施工图预算组成。

3. 单位工程预算

单位工程预算是依据单位工程施工图设计文件、现行预算定额以及人工、材料和施工机具台班价格等，按照规定的计价方法编制的工程造价文件。

4. 工程预算文件的内容

采用三级预算编制形式的工程预算文件包括：封面、签署页及目录、编制说明、总预算表、综合预算表、单位工程预算表、附件等内容。

采用二级预算编制形式的工程预算文件包括：封面、签署页及目录、编制说明、总预算表、单位工程预算表、附件等内容。

各表格形式详见 CECA/GC5—2010《建设项目施工图预算编审规程》。

二、施工图预算的编制依据

编制施工图预算的依据如图 6-2 所示。

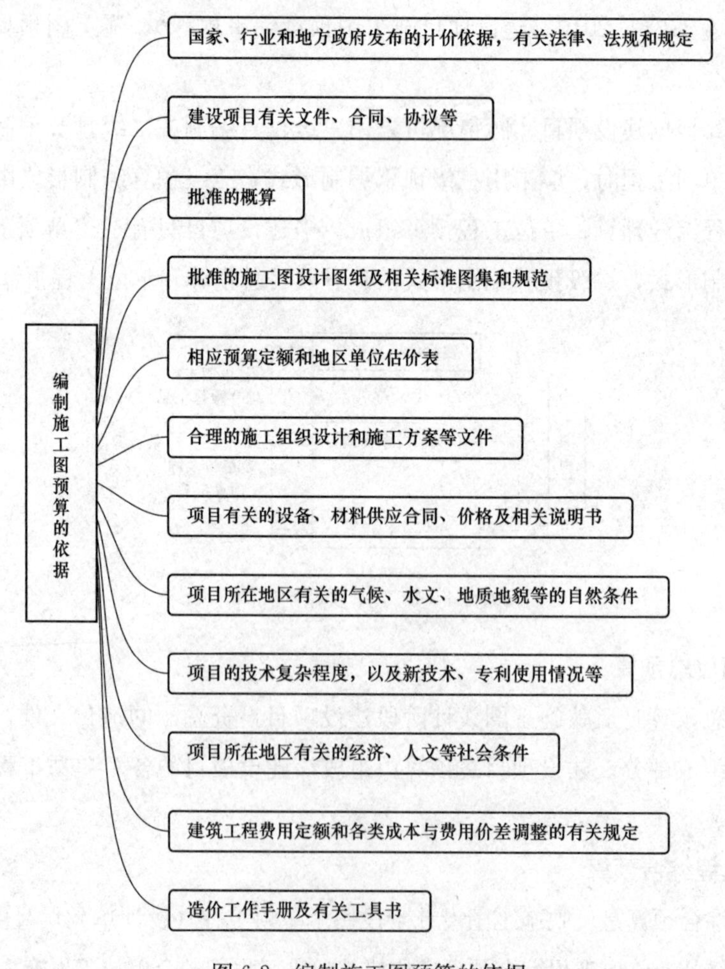

图 6-2　编制施工图预算的依据

第二节　施工图预算的编制方法

一、单位工程施工图预算的编制

单位工程施工图预算的编制是编制各级预算的基础。单位工程预算包括单位建筑工程预算和单位设备及安装工程预算。

CECA/GC5—2010《建设项目施工图预算编审规程》中给出的单位工程施工图预算的编制方法，如图 6-3 所示。

1. 单价法

（1）定额单价法。定额单价法（也称为预算单价法、定额计价法）是用事先编制好的分项工程的单位估价表来编制施工图预算的方法。按施工图及计算规则计算的各分项工程的工程量，乘以相应工料机单价，汇总相加，得到单位工程的人工费、材料费、施工机具使用费之和；再加上按规定程序计算出企业管理费、利润、措施费、其他项目费、规费、税金，便可得出单位工程的施工图预算造价。

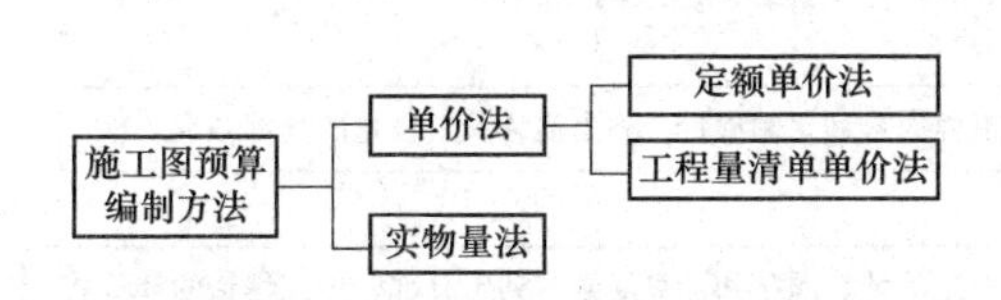

图 6-3　施工图预算的编制方法

定额单价法编制施工图预算的基本步骤如下：

1）编制前的准备工作。编制施工图预算，不仅应严格遵守国家计价法规、政策，严格按图纸计量，还应考虑施工现场条件因素，因此，必须事前做好充分准备。

准备工作主要包括两个方面：一是组织准备；二是资料的收集和现场情况的调查。

2）熟悉图纸和预算定额以及单位估价表。图纸是编制施工图预算的基本依据。熟悉图纸不但要弄清图纸的内容，还应对图纸进行审核。审核的内容，如图 6-4 所示。

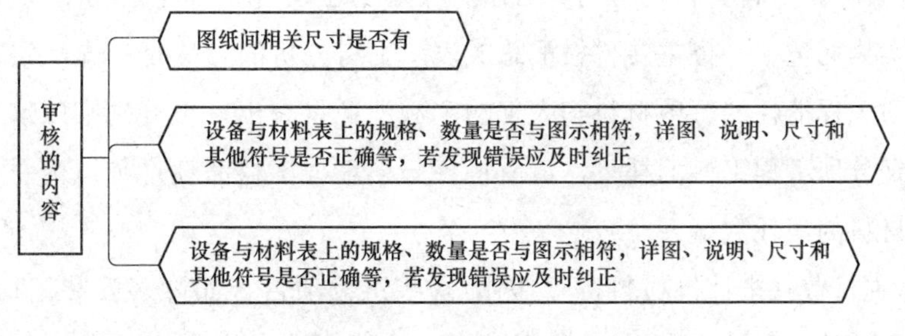

图 6-4　审核的内容

通过对图纸的熟悉，要了解工程的性质、系统的组成，设备和材料的规格型号和品种，以及有无新材料、新工艺的采用。

预算定额和单位估价表是编制施工图预算的计价标准，对其适用范围、工程量计算规则及定额系数等都要充分了解，做到心中有数，这样才能使预算编制准确、迅速。

3）了解施工组织设计和施工现场情况。要熟悉与施工安排相关的内容。例如各分部分项工程的施工方法，土方工程中余土外运使用的工具、运距，施工平面图对建筑材料、构件等堆放点到施工操作地点的距离等，以便能正确计算工程量和正确套用或确定某些分项工程的基价。

4）划分工程项目和计算工程量。

a. 划分工程项目。划分的工程项目必须和定额规定的项目一致，这样才能正确地套用定额。不能重复列项计算，也不能漏项少算。

b. 计算并整理工程量。必须按定额规定的工程量计算规则进行计算，当按照工程项目将工程量全部计算完以后，要对工程项目和工程量进行整理，即合并同类项和按序排列，为套用定额、计算人、料、机费用和进行工料分析打下基础。

工程量计算一般按图 6-5 的步骤进行。

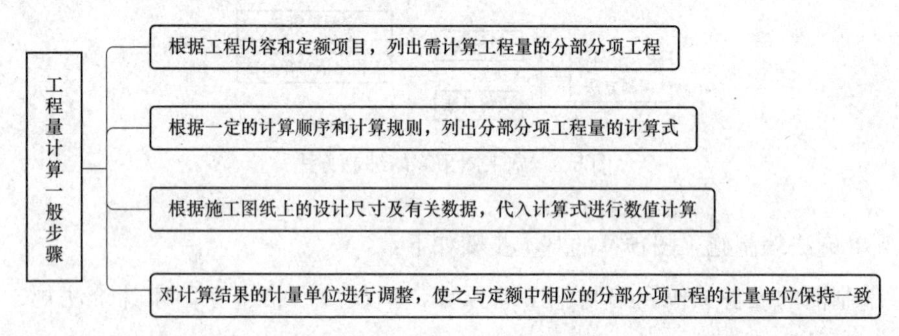

图 6-5　工程量计算一般步骤

5）套单价（计算定额基价）套单价。即将定额子项中的基价填于预算表单价栏内，并将单价乘以工程量得出合价，将结果填入合价栏。在进行套价时，需注意的几项内容，如图 6-6 所示。

6）工料分析。工料分析即按分项工程项目，依据定额或单位估价表，计算人工和各种材料的实物耗量，并将主要材料汇总成表。工料分析的方法是首先从定额项目表中分别将各分项工程消耗的每项材料和人工的定额消耗量查出；再分别乘以该工程项目的工程量，得到分项工程工料消耗量，最后将各分项工程工料消耗量加以汇总，得出单位工程人工、材料的消耗数量。

7）计算主材费（未计价材料费）。因为有些定额项目（如许多安装工程定额项目）基价为不完全价格，即未包括主材费用在内。计算所在地定额基价费（基价合计）之

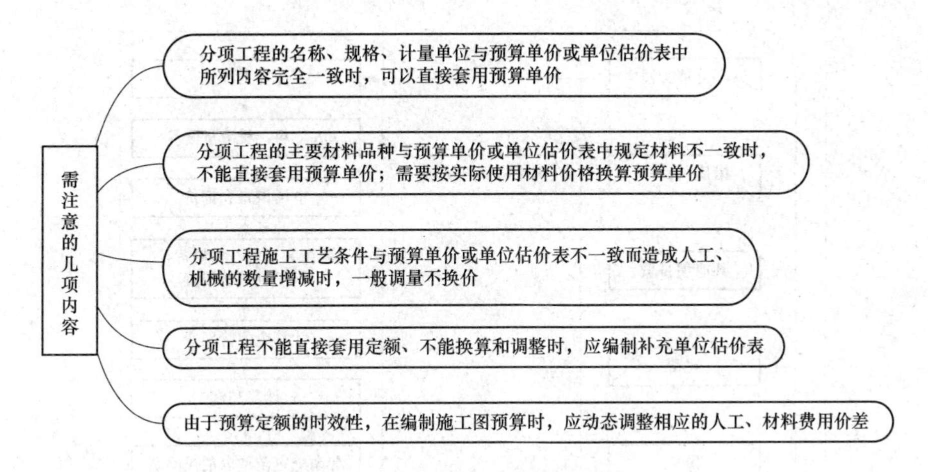

图 6-6　套单价需注意的几项内容

后，还应计算出主材费，以便计算工程造价。

8）按费用定额取费。计算汇总工程造价是指如不可计量的总价措施费、管理费、规费、利润、税金等应按相关的定额取费标准（或范围）合理取费。

9）计算汇总工程造价。计算汇总工程造价是指将人料机费用及各类取费汇总，确定工程造价。

10）复核。复核是对项目填列、工程量计算公式、计算结果、套用的单价、采用的取费费率、数字计算、数据精确度等进行全面复核，以便及时发现差错，及时修改，提高预算的准确性。

11）编制说明、填写封面。编制说明主要应写明预算所包括的工程内容范围、依据的图纸编号、承包方式、有关部门现行的调价文件号、套用单价需要补充说明的问题及其他需说明的问题等；封面应写明工程编号、工程名称、预算总造价和单方造价、编制单位名称、负责人和编制日期以及审核单位的名称、负责人和审核日期等。

（2）工程量清单单价法。工程量清单单价法是指招标人按照设计图纸和国家统一的工程量计算规则提供工程数量，采用综合单价的形式计算工程造价的方法。综合单价是指完成一个规定计量单位的分部分项工程量清单项目或措施清单项目所需的人工费、材料费、施工机具使用费和企业管理费与利润，以及一定范围内的风险费用。工程量清单费用构成及计量费用计算程序，如图 6-7 所示。

2. 实物量法

实物量法编制施工图预算即依据施工图纸和预算定额的项目划分及工程量计算规则，先计算出分部分项工程量，然后套用预算定额（实物量定额）计算出各类人工、材料、机械的实物消耗量，根据预算编制期的人工、材料、机械价格，计算出人工费、材

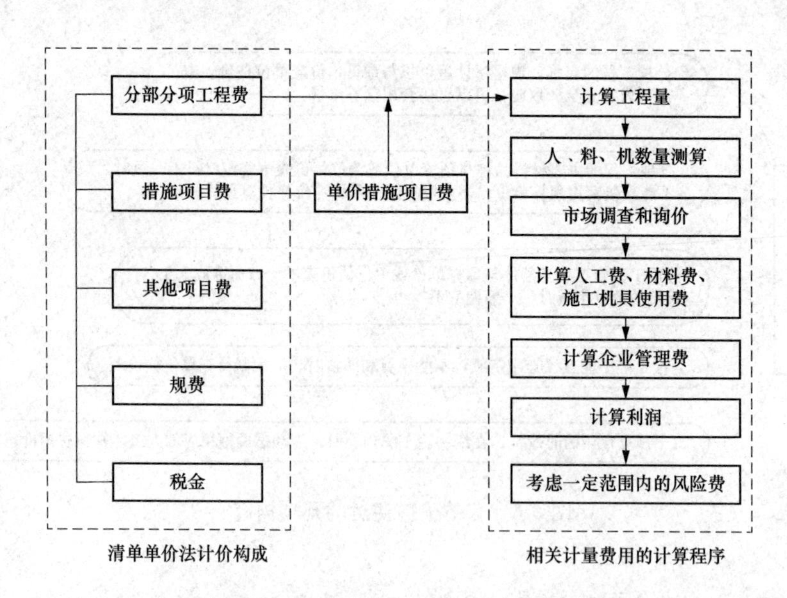

图 6-7　清单费用构成及计量费用计算程序图

料费、施工机具使用费、企业管理费和利润，再加上按规定程序计算出的措施费、其他项目费、规费、税金，便可得出单位工程的施工图预算造价。

实物量法编制施工图预算的步骤为：

（1）准备资料、熟悉施工图纸。全面收集各种人工、材料、机械的当时当地的实际价格，应包括不同品种、不同规格的材料预算价格；不同工种、不同等级的人工工资单价；不同种类、不同型号的机械台班单价等。要求获得的各种实际价格应全面、系统、真实、可靠。具体可参考预算单价法相应步骤的内容。

（2）计算工程量。本步骤的内容与预算单价法相同，不再赘述。

（3）套用消耗定额，计算人料机消耗量。定额消耗量中的“量”应是符合国家技术规范和质量标准要求、并能反映现行施工工艺水平的分项工程计价所需的人工、材料、施工机具的消耗量。

根据预算人工定额所列各类人工工日的数量，乘以各分项工程的工程量，计算出各分项工程所需各类人工工日的数量，统计汇总后确定单位工程所需的各类人工工日消耗量。同理，根据材料预算定额、机具预算台班定额分别确定出工程各类材料消耗数量和各类施工机具台班数量。

（4）计算并汇总人工费、材料费、机具使用费。根据当时当地工程造价管理部门定期发布的或企业根据市场价格确定的人工工资单价、材料预算价格、施工机具台班单价分别乘以人工、材料、机具消耗量，汇总即为单位工程人工费、材料费和施工机具使用费。

（5）计算其他各项费用，汇总造价。其他各项费用的计算及汇总，可以采用与预算单价法相似的计算方法，只是有关的费率是根据当时当地建筑市场供求情况来确定。

（6）复核。复核是指检查人工、材料、机具台班的消耗量计算是否准确，有无漏算、重算或多算；套取的定额是否正确；检查采用的实际价格是否合理。其他内容可参考预算单价法相应步骤的介绍。

（7）编制说明、填写封面。本步骤的内容和方法与预算单价法相同。

实物量法编制施工图预算的步骤与预算单价法基本相似，但在具体计算人工费、材料费和施工机具使用费及汇总 3 种费用之和方面有一定区别。实物量法编制施工图预算所用人工、材料和机械台班的单价都是当时当地的实际价格，编制出的预算可较准确地反映实际水平，误差较小，适用于市场经济条件波动较大的情况。

二、单项工程综合预算的编制

单项工程综合预算造价由组成该单项工程的各个单位工程预算造价汇总而成。计算公式如下：

$$单项工程施工图预算 = \sum 单位建筑工程费用 + \sum 单位设备及安装工程费用$$

三、建设项目总预算的编制

建设项目总预算的编制费用项目是各单项工程的费用汇总，以及经计算的工程建设其他费、预备费和建设期利息和铺底流动资金汇总而成。

三级预算编制中总预算由综合预算和工程建设其他费、预备费、建设期利息及铺底流动资金汇总而成，计算公式如下：

$$总预算 = \sum 单项工程施工图预算 + 工程建设其他费 + 预备费 + 建设期利息 + 铺底流动资金$$

二级预算编制中总预算由单位工程施工图预算和工程建设其他费、预备费、建设期贷款利息及铺底流动资金汇总而成，计算公式为：

$$总预算 = \sum 单位建筑工程费用 + \sum 单位设备及安装工程费用 + 工程建设其他费 + 预备费 + 建设期利息 + 铺底流动资金$$

四、调整预算的编制

工程预算批准后，一般不得调整，但若发生重大设计变更、政策性调整及不可抗力等原因造成的可以调整。调整预算编制深度与要求、文件组成及表格形式同原施工图预算；调整预算还应对工程预算调整的原因做详尽分析说明，所调整的内容在调整预算总说明中要逐项与原批准预算对比，并编制调整前后预算对比表，分析主要变更原因；在上报调整预算时，应同时提供有关文件和调整依据。

第三节　施工图预算的审查

一、施工图预算审查的基本规定

施工图预算文件的审查，应当委托具有相应资质的工程造价咨询机构进行。从事建设工程施工图预算审查的人员，应具备相应的执业（从业）资格，需要在施工图预算审查文件上签署注册造价工程师执业资格专用章或造价员从业资格专用章，并出具施工图预算审查意见报告，报告要加盖工程造价咨询企业的公章和资格专用章。

二、审查施工图预算的内容

（1）审查施工图预算的编制是否符合现行国家、行业、地方政府有关法律、法规和规定要求。

（2）审查工程量计算的准确性、工程量计算规则与计价规范规则或定额规则的一致性。工程量是确定建筑安装工程造价的决定因素，是预算审查的重要内容。工程量审查中常见的问题，如图 6-8 所示。

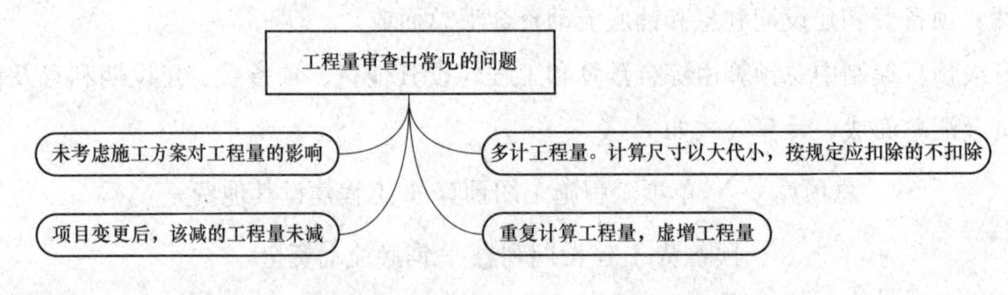

图 6-8　工程量审查中常见的问题

（3）审查在施工图预算的编制过程中，各种计价依据使用是否恰当，各项费率计取是否正确；审查依据主要有施工图设计资料、有关定额、施工组织设计、有关造价文件规定和技术规范、规程等。

（4）审查各种要素市场价格选用、应计取的费用是否合理。预算单价是确定工程造价的关键因素之一，审查的主要内容包括单价的套用是否正确换算是否符合规定，补充的定额是否按规定执行。

根据现行规定，除规费、措施费中的安全文明施工费和税金外，企业可以根据自身管理水平自主确定费率，因此，审查各项应计取费用的重点是费用的计算基础是否正确。

除建筑安装工程费用组成的各项费用外，还应列入调整某些建筑材料价格变动所发生的材料差价。

（5）审查施工图预算是否超过概算以及进行偏差分析。

三、审查施工图预算的方法

1. 逐项审查法

逐项审查法又称全面审查法，即按定额顺序或施工顺序，对各项工程细目逐项全面详细审查的一种方法。逐项审查法的优点是全面、细致，审查质量高、效果好；缺点是工作量大，时间较长。逐项审查法适合于一些工程量较小、工艺比较简单的工程。

2. 标准预算审查法

标准预算审查法就是对利用标准图纸或通用图纸施工的工程，先集中力量编制标准预算，以此为准来审查工程预算的一种方法。按标准设计图纸施工的工程，一般上部结构和做法相同，只是根据现场施工条件或地质情况不同，仅对基础部分做局部改变。凡这样的工程，以标准预算为准，对局部修改部分单独审查即可，不需逐一详细审查。标准预算审查法的优点是时间短、效果好、易定案；缺点是适用范围小，仅适用于采用标准图纸的工程。

3. 分组计算审查法

分组计算审查法就是把预算中有关项目按类别划分若干组，利用同组中的一组数据审查分项工程量的一种方法。分组计算审查法首先将若干分部分项工程按相邻且有一定内在联系的项目进行编组，利用同组分项工程间具有相同或相近计算基数的关系，审查一个分项工程数，由此判断同组中其他几个分项工程的准确程度。如一般的建筑工程中将底层建筑面积可编为一组；先计算底层建筑面积或楼（地）面面积，从而得知楼面找平层、天棚抹灰的工程量等，依次类推。分组计算审查法的特点是审查速度快、工作量小。

4. 对比审查法

对比审查法是当工程条件相同时，用已完工程的预算或未完但已经过审查修正的工程预算对比审查拟建工程的同类工程预算的一种方法。采用对比审查法一般须符合的条件，如图 6-9 所示。

5. “筛选” 审查法

“筛选”是能较快发现问题的一种方法。建筑工程虽面积和高度不同，但其各分部

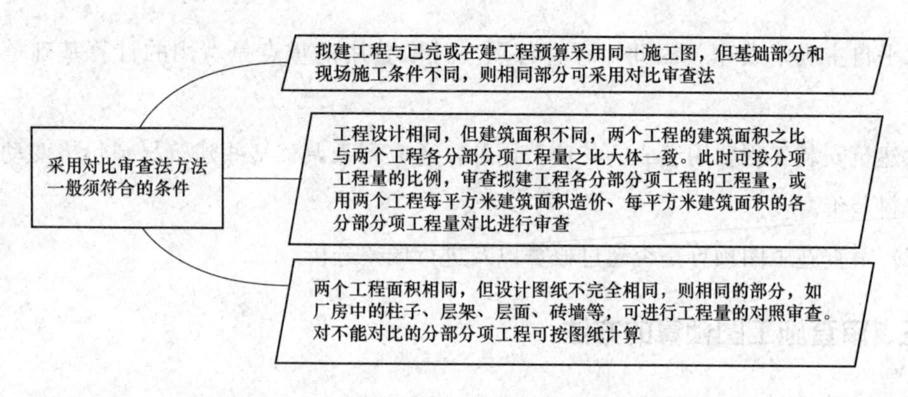

图 6-9　采用对比审查法方法一般须符合的条件

分项工程的单位建筑面积指标变化却不大。将这样的分部分项工程加以汇集、优选，找出其单位建筑面积工程量、单价、用工的基本数值，归纳为工程量、价格、用工 3 个单方基本指标，并注明基本指标的适用范围。这些基本指标用来筛选各分部分项工程，对不符合条件的应进行详细审查，若审查对象的预算标准与基本指标的标准不符，就应对其进行调整。

"筛选"审查法的优点是简单易懂，便于掌握，审查速度快，便于发现问题，但问题出现的原因尚需继续审查。"筛选"审查法适用于审查住宅工程或不具备全面审查条件的工程。

6. 重点审查法

重点审查法就是抓住施工图预算中的重点进行审核的方法。审查的重点一般是工程量大或者造价较高的各种工程、补充定额、计取的各种费用（计费基础、取费标准）等。重点审查法的优点是突出重点，审查时间短、效果好。

应当注意的是，除了逐项审查法之外，其他各种方法应注意综合运用，单一使用某种方法可能会导致审查不全面或者漏项。例如，可以在筛选的基础上，对重点项目或者筛选中发现有问题的子项进行重点审查。

四、审查施工图预算的步骤

1. 审查前准备工作

（1）熟悉施工图纸。施工图纸是编制与审查预算的重要依据，必须全面熟悉了解。

（2）根据预算编制说明，了解预算包括的工程范围。如配套设施、室外管线、道路以及会审图纸后的设计变更等。

（3）弄清所用单位估价员的适用范围，搜集并熟悉相应的单价、定额资料。

2. 选择审查方法、审查相应内容

工程规模、繁简程度不同，编制施工图预算的繁简和质量就不同，应选择适当的审查方法进行审查。

3. 整理审查资料并调整定案

综合整理审查资料，同编制单位交换意见，定案后编制调整预算。经审查若发现差错，应与编制单位协商，统一意见后进行相应增加或核减的修正。

第四节　建筑电气工程预算实例

扫码观看本资料

一、案例 1

某居民住宅楼的电气照明工程，如图 6-10 和图 6-11 所示。图 6-10 是电气照明系统图，图 6-11 是一单元两层电气照明平面图，其他各单元各层均与此相同，每个开间均为 3m。

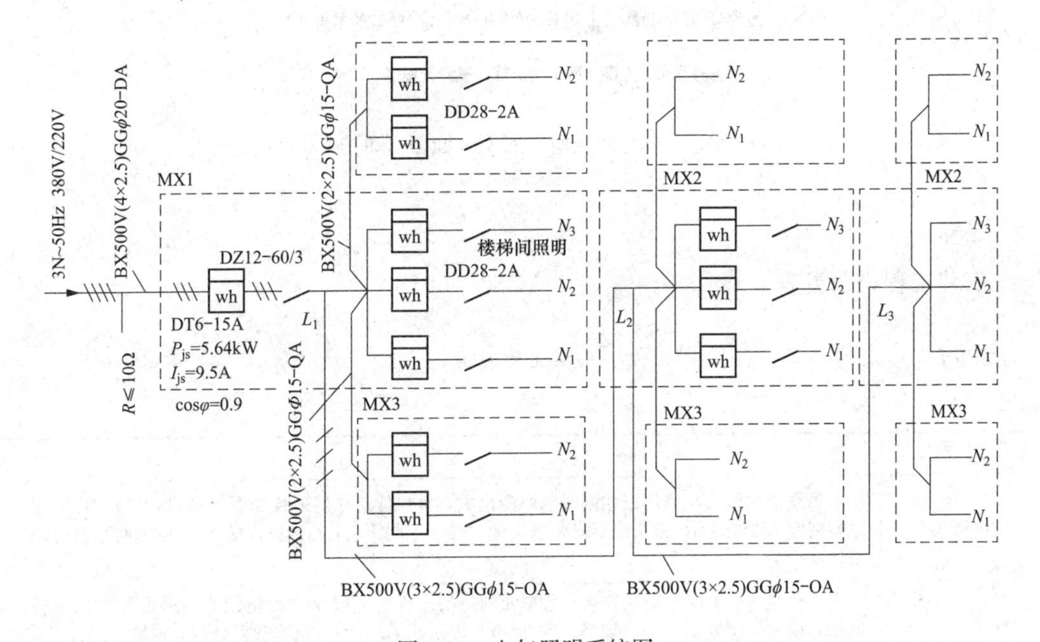

图 6-10　电气照明系统图

3N～50Hz 380V/220V—建筑物供电电源为三相四线制电源，频率为 50Hz，电源电压为 380V/220V

P_{js}—供电线路计算总功率；I_{js}—计算电流；cosφ—功率因素；wh—电度表；MX—配电箱；

DD—单相电能表；OA—暗设在地面或地板内；QA—暗设在墙内；GG—厚壁钢管；BX—铜芯橡胶绝缘线；

DZ—单项断路器；DT—电梯电源箱；N—中性线；R—接地电阻；L—回路

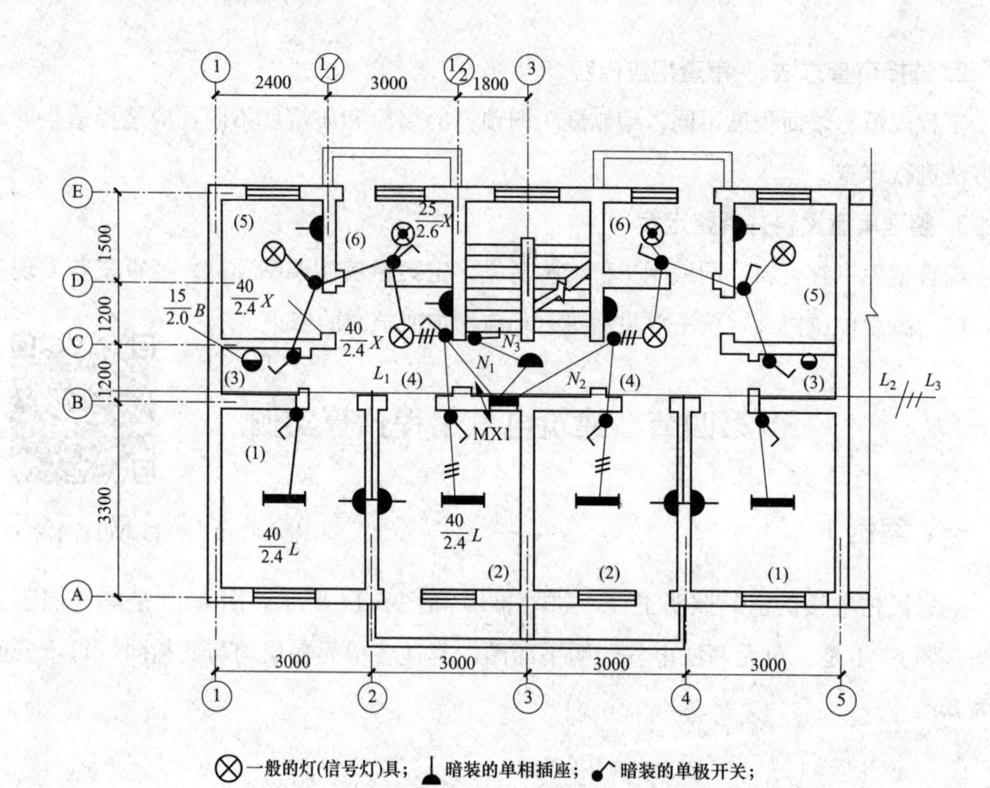

图 6-11　一单元两层电气照明平面图（单位：mm）

已知：

安装工程说明见表 6-1。

表 6-1　　　　**安装工程说明**

问题：

项目	说明
电源线	电源线架空引入，采用三相四线制电源供电，进户线沿二层地板穿管暗敷设；进户点距室外地面高度 $H \geqslant 3.6$m，进户线要求重复接地，接地电阻 $R \leqslant 10\Omega$；进户横担为两端埋设式，规格是∟50×5×800
配电箱	本工程共有 9 个配电箱，分别在每单元的每层设置。MX1 为总配电箱兼一单元第二层的分配电箱，设在一单元第二层，规格为 800mm×400mm×125mm（长×高×厚）；MX2 为二、三单元第二层的分配电箱，规格为 500mm×400mm×125mm（长×高×厚）；MX3 为三个单元第一、三层的分配电箱，规格为 350mm×400mm×125mm（长×高×厚）。 配电箱均购成品成套箱。
安装高度	配电箱底距楼地面 1.4m，跷板开关距地 1.3m、距门框 0.2m，插座距地 1.8m
导线	导线未标注者均为 BLX-500V-2.5mm^2 暗敷 GGDN15
层高	建筑物层高 3.6m

进行相关工程量计算，编写该项目的工程造价。

【解】（1）分部分项工程量计算见表 6-2。

表 6-2　　　　分部分项工程量计算表

工程名称：某住宅楼电气照明

序号	项目名称	单位	数量	计算过程
1	进户横担安装（两端埋设）	m	1.00	角钢∟50×5　长度＝8.0
2	进户线配管 GDN20	m	6.40	5（水平）＋1.4（竖向）＝6.40
3	进户导线 BX4×2.5mm^2	m	36.40	［6.4＋（1.5＋0.8＋0.4）（预留）］×4＝36.40
4	成套配电箱安装 2m 以内	台	1.0	
5	成套配电箱安装 1m 以内	台	8.0	
6	二层配电箱之间配管 GDN15	m	51.20	12×2＋1.4×2＋1.4×2＝29.60 6×3.6＝21.60 29.60＋21.60＝51.20
7	二层配电箱之间配线 BX2.5mm^2	m	147.00	12×3＋12×2＋（0.8＋0.4）×3（预留）＋（0.5＋0.3）×2（预留）＋（0.5＋0.4）×2×2（预留）＋1.4×2×3＋1.4×2×2＝82.80 21.6×2＋（0.35＋0.4）×2×6＋（0.5＋0.4）×2×4＋（0.8＋0.4）×2×2＝64.20 82.80＋64.20＝147.00
8	一个单元走廊配管 GDN15	m	46.20	15.90＋30.30＝46.20
	（1）沿天棚顶以平面比例计算			［2（配电箱至右边用户）＋1.5（配电箱至左边用户）＋0.8（配电箱至走廊）＋1（灯至右开关）］×3＝15.90
	（2）沿墙以建筑物层高计算			［3.6（层高）－1.4（箱底高度）－0.4（箱高）］×3×3＋3.6×2＋（3.6－1.3）×3＝30.30
9	一个单元走廊配线 BX2.5mm^2	m	105.60	［（15.9＋30.3）＋（0.35＋0.4）×4＋（0.8＋0.4）×3］×2＝105.60
10	一个用户内的配管 GDN15	m	37.65	15.05＋22.60＝37.65
	（1）沿天棚顶以平面图比例计算			0.24（总线向 1 号房开关引线）＋0.24（1 号房插座至 2 号房插座）＋（0.12＋3.3/2）（总线向 1 号 2 号插座引线）＋1.6（1 号房开关至灯）＋1.6（2 号房开关至灯）＋0.5（3 号房开关至灯）＋1.4（4 号房开关至 2 号房开关）＋1（4 号房开关至灯）＋1（4 号房灯至 6 号房开关）＋0.5（4 号房开关至插座）＋0.9（5 号房开关至灯）＋1.2（5 号房开关至 3 号房开关）＋1.3（5 号房开关至插座）＋0.7（6 号房开关至灯）＋1.1（6 号房开关至 5 号房开关）＝15.05

续表

序号	项目名称	单位	数量	计算过程
10	(2) 沿墙以建筑物层高计算			[3.6－1.3（开关安装高度）]×6（开关数量）＋[3.6－1.8（插座安装高度）]×4（插座数量）＋3.6－2（壁灯安装高度）＝22.60
11	一个用户内穿线 BLX2.5mm²	m	76.00	34.1（1个用户内配管总长）×2（穿线根数）＋2.6×3（穿3根线管长）＝76.00
12	半圆球吸顶灯（楼梯处）	套	9.0	1×3×3＝9
13	软线吊灯	套	36.0	2×18＝36
14	防水灯	套	18.0	1×18＝18
15	一般壁灯	套	18.0	1×18＝18
16	吊链式单管荧光灯	套	36.0	2×18＝36
17	跷板开关	套	117.0	6×18＋1×3×3＝117
18	单相三孔插座	套	72.0	4×18＝72
19	接线盒	个	117.0	6×18＋3×3＝117
20	灯头盒（吸顶灯）	个	27.0	1×18＋9＝27
21	开关盒	个	117.0	6×18＋1×3×3＝117
22	插座盒	个	72.0	4×18＝72

注 1. 进户线配管 GDN20 计算中的 5 和 1.4 分别是水平方向和竖向的个数。
2. 进户导线 BX4×2.5mm² 计算中的 1.5、0.8、0.4 是预留洞口尺寸。
3. 一个单元走廊配管 GDN15 中沿天棚顶以平面比例计算中的 2、1.5、0.8、1 分别为配电箱至右边用户、配电箱至左边用户、配电箱至走廊、灯至右开关。
4. 一个单元走廊配管 GDN15 中沿墙以建筑物层高计算中的 3.6、1.4、0.4、分别为层高、箱底标高、箱高。
5. 一个用户内的配管 GDN15 中沿天棚顶以平面图比例计算中的 0.24、1.6、0.5、1.3 都是插座引线。
6. 一个用户内的配管 GDN15 中沿墙以建筑物层高计算中的 1.3、6、1.8、4、2 分别是开关安装高度、开关数量、插座安装高度、插座数量、壁灯安装高度。
7. 一个用户内穿线 BLX2.5mm² 计算中的 34.1、2、3 分别是一个用户内配管总长、穿线根数、穿 3 根线管长。

(2) 分部分项工程量汇总见表 6-3。

表 6-3　　分部分项工程量汇总表

序号	项目名称	单位	数量	计算公式
1	进户横担安装（两端埋设）	根	1.0	
2	成套配电箱安装 2m 以内	台	1.0	
3	成套配电箱安装 1m 以内	台	8.0	
4	进户线配置 GDN20 暗敷	100m	0.064	6.4/100＝0.064

续表

序号	项目名称	单位	数量	计算公式
5	配管 GDN15 暗敷	100m	8.675	(51.20+46.2×3+37.65×18) /100=8.675
6	导线 $BX2.5mm^2$	100m	5.002	(36.4+147.00+105.6×3) /100= 5.002
7	导线 $BLX2.5mm^2$	100m	13.68	(76.00×18) /100=13.68
8	半圆球吸顶灯	10套	0.9	9/10= 0.9
9	软线吊灯	10套	3.6	36/10=3.6
10	防水灯	10套	1.8	18/10=1.8
11	一般壁灯	10套	1.8	18/10=1.8
12	吊链式单管荧光灯	10套	3.6	36/10=3.6
13	跷板开关	10套	11.7	117/10 =11.7
14	单相三孔插座	10套	7.2	72/10=7.2
15	接线盒	10个	11.7	117/10=11.7
16	灯头盒	10个	2.7	27/10=2.7
17	开关盒	10个	11.7	117/10 =11.7
18	插座盒	10个	7.2	72/10=7.2

(3) 分部分项工程量清单与计价见表 6-4。

表 6-4　　分部分项工程量清单与计价表

项目名称：某住宅楼室内照明工程

序号	名称及规格	单位	数量	预算价（元）	合计（元）
1	接线盒	个	119.34	2.50	298.35
2	灯头盒	个	27.54	2.50	68.85
3	开关盒	个	119.34	2.50	298.35
4	插座盒	个	73.44	2.50	183.60
5	2孔加3孔单相暗插座	套	73.44	3.67	269.52
6	半圆球吸顶	套	9.09	25.00	227.25
7	壁灯	套	18.18	15.30	278.15
8	跷板暗开关	只	119.34	2.50	298.35
9	吊链式单管荧光灯	套	36.36	28.22	1026.08
10	防水吊灯	套	18.18	6.50	118.17
11	焊接钢管 DN15	m	869.84	4.83	4201.33
12	焊接钢管 DN20	m	6.59	6.10	40.20
13	BLV 绝缘导线 $2.5mm^2$	m	1626.55	0.28	455.43
14	BV 绝缘导线 $2.5mm^2$	m	581.51	0.59	343.09
15	软线吊灯	套	36.36	2.50	90.90

续表

序号	名称及规格	单位	数量	预算价（元）	合计（元）
16	成套配电箱（半圆长 2.5m 以内）	台	1.00	800.00	800.00
17	成套配电箱（半圆长 1.0m 以内）	台	8.00	360.00	2880.00
18	镀锌角钢 ∟50×5 横担（含绝缘子及防水弯头）	根	1.00	90.00	90.00
	合计				11967.62

（4）建筑安装工程预算见表 6-5。

表 6-5　　建筑安装工程预算表

工程名称：某住宅楼内照明工程

序号	工程项目名称	工程量		定额直接费（元）		其中人工费（元）		未计价材料费				
		单位	工程量	基价	合价	基价	合价	材料名称	单位	材料数量	单价（元）	合价（元）
1	成套配电箱安装 悬挂嵌入式（半周长 1.0m）	台	8.000	101.28	810.24	37.80	302.40	成套配电箱（半周长 1.0m 以内）	台	8.00	360.00	2880.00
2	成套配电箱安装 悬挂嵌入式（半周长 2.5m）	台	1.000	146.97	146.97	58.80	58.80	成套配电箱（半周长 2.5m 以内）	台	1.00	800.00	800.00
3	进户线横担安装两端埋设式四线	根	1.000	49.51	49.51	7.77	7.77	镀锌角钢∟50×5 横担	根	1.00	90.00	90.00
4	送配电装置系统调试 1kV 以下交流供电（综合）	系统	1.000	589.69	589.69	210.00	210.00					
5	砖、混凝土结构暗配钢管公称口径（15mm 以内）	100m	8.675	336.61	2920.09	141.75	1229.68	焊接钢管 *DN*15	m	869.84	4.83	4201.33
6	砖、混凝土结构暗配钢管公称口径（20mm 以内）	100m	0.064	367.68	23.53	151.20	9.68	焊接钢管 *DN*20	m	6.59	6.10	40.20

续表

序号	工程项目名称	工程量		定额直接费（元）		其中人工费（元）		未计价材料费				
		单位	工程量	基价	合价	基价	合价	材料名称	单位	材料数量	单价（元）	合价（元）
7	管内穿线 照明线路导线截面（2.5mm² 以内）铝芯	100m单线	13.68	46.15	631.33	21.00	287.28	BLX 绝缘导线 2.5mm²	m	1626.55	0.28	455.43
8	管内穿线 照明线路导线截面（2.5mm² 以内）铜芯	100m单线	5.002	54.12	270.71	21.00	105.04	BX 绝缘导线 2.5mm²	m	581.51	0.59	343.09
9	暗装接线盒安装	10 个	11.700	29.94	350.30	9.45	110.57	接线盒	个	119.34	2.50	298.35
10	暗装灯头盒安装	10 个	2.700	29.94	80.84	9.45	25.52	灯头盒	个	27.54	2.50	68.85
11	暗装开关盒安装	10 个	11.700	25.24	295.31	10.08	117.94	开关盒	个	119.34	2.50	298.35
12	暗装插座盒安装	10 个	7.200	25.24	181.73	10.08	72.58	插座盒	个	73.44	2.50	183.60
13	半圆球吸顶灯	10 套	0.900	204.41	183.97	45.36	40.82	半圆球吸顶	套	9.09	25.00	227.25
14	软线吊灯	10 套	3.600	66.97	241.09	19.74	71.06	软线吊灯	套	36.36	2.50	90.90
15	防水吊灯	10 套	1.800	59.28	106.70	19.74	35.53	防水吊灯	套	18.18	6.50	118.17
16	一般壁灯	10 套	1.800	190.07	342.13	42.42	76.36	壁灯	套	18.18	15.30	278.15
17	成套型荧光灯具安装吊链式单管	10 套	3.600	141.69	510.08	45.57	164.05	吊链式单管荧光灯	套	36.36	28.22	1026.08
18	扳式暗开关（单控）单联	10 套	11.700	37.12	434.30	17.85	208.85	跷板暗开关	只	119.34	2.50	298.35
19	单相暗插座 15A 2 孔加 3 孔	10 套	7.200	49.17	354.02	23.10	166.32	2 孔加 3 孔单相暗插座	套	73.44	3.67	269.52
20	脚手架搭拆费	元	1.000	163.58	163.58	32.75	32.75					
	合计	元			8686.12		3333.00					11 967.62

(5) 工程费用计算见表 6-6。

表 6-6　　工程费用计算表

工程名称：某住宅楼室内电气照明工程

序号	费用名称	取费基数	费率（%）	金额（元）
1	综合计价合计	Σ（分项工程量×分项子目综合基价）		8686.12
2	计价中人工费合计	Σ（分项工程量×分项子目综合基价中人工费）		3333.00
3	未计价材料费用	主材费合计		11 967.62
4	施工措施费	[5] + [6]		
5	施工技术措施费	其费用包含在 1 中		
6	施工组织措施费			
7	安全文明施工增加费	（人工费合计）×7%	7.00	233.31
8	差价	[9] + [10] + [11]		
9	人工费差价	不调整		
10	材料差价	不调整		
11	机械差价	不调整		
12	专项费用	[13] + [14]		1133.22
13	社会保险费	[2] ×33%	33.00	1099.89
14	工程定额测定费	[2] ×1%	1.00	33.33
15	工程成本	[1] + [3] + [4] + [8] + [12]		21786.96
16	利润	[2] ×38%	38.00	1266.54
17	其他项目费	其他项目费		
18	税金	[15] + [16] + [17] ×3.413%	3.413	786.82
19	工程造价	[15] + [16] + [17] + [18]		23840.32
	含税工程造价：贰万叁仟捌佰肆拾元叁角贰分			23 840.32

二、案例 2

某直辖市某小区配电室及泵房电力平面图如图 6-12 所示，建筑面积 297m²。图 6-12 中标注尺寸均以毫米（mm）计。

已知：

(1) 配电室电源引自小区变压器室，内设 3 台 BGM 型低压开关柜，规格为

1000mm×2000mm×600mm，落地安装在 10 号基础槽钢上。

（2）2 台水泵电源 WP1、WP2 分别来自 BGM2、BGM3 号低压开关柜。

（3）值班室设照明配电箱 AL，电源来自 BGM3 号低压开关柜，规格为 500mm×400mm×220mm，墙内暗装，底边距地 1.4m；AL 分两个同路 WL1、WL2，WL1 供值班室及配电室照明，WL2 供泵房照明。图 6-12 中未标注线路为 3 根线穿 PVC20，4～6 根线穿 PVC25；配管水平长度见图示括号内数字，单位为 m。

（4）水泵房内设吸顶式工厂罩灯，由配电箱 AL 集中控制。值班室及配电室内采用荧光灯照明。三联单控及双联单控暗装开关底边距地 1.4m。

（5）泵房、配电室、值班室室内地面标高±0.00，顶板敷管标高 3.5m。入户电源不予考虑。

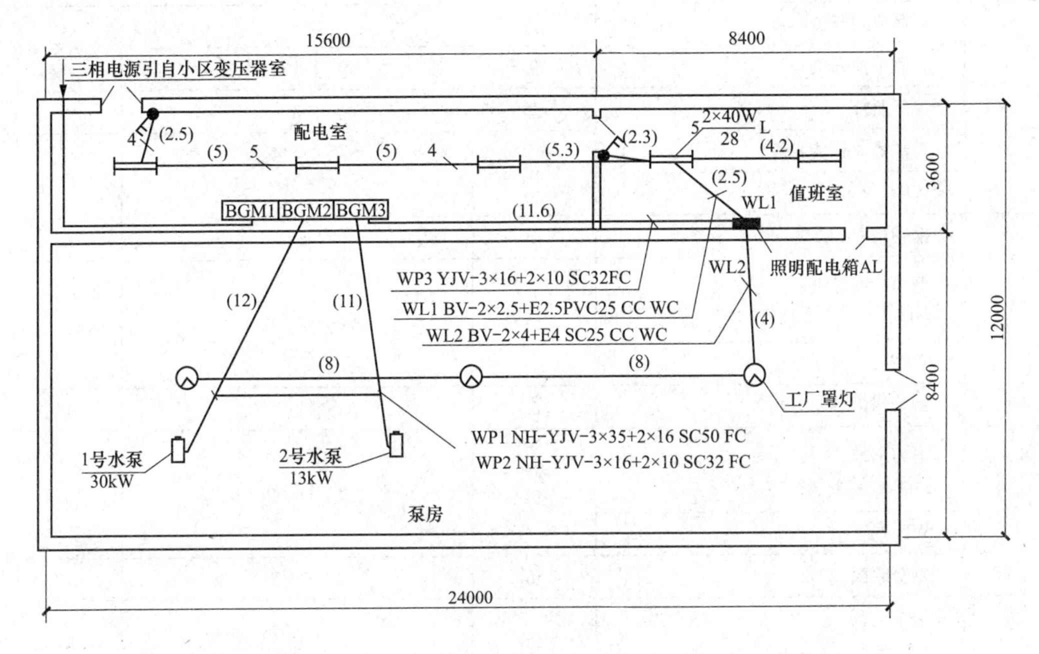

图 6-12 配电室及泵房电力平面图

WC—暗敷设在墙内；CC—暗敷设在屋面或顶板内；FC—地板或地面下敷设；

BV—铜-低压线；NH—耐火；YJV—电线电缆；NH-YJV—外护套采用聚乙烯

问题：

（1）采用工料单价法编制平面图所示范围内配电工程量。

（2）按上述所示条件，对本工程进行招标，计算招标文件中给出的工程量清单。

根据当地造价信息获知市场价格：BGM 型低压开关柜（1000mm×2000mm×600mm）为 3500元/套；10 号槽钢为 10kg/m，4900 元/t；双联单控开关为 2.2 元/只；塑料管 PVC20 为 2.5元/m；塑料铜线 BV-4mm^2 为 2.1元/m；电力电缆 NH-YJV-3×35+2×16

为 110元/m；冷缩式电力电缆终端头为 48元/个；灯头盒、开关盒为 1.1元/个。

（3）按照上面给定的已知条件，编写分部分项工程量清单与计价表、分部分项工程量清单综合单价分析表（电气配管、电气配线、双联单控开关项目）。

解：

（1）配电工程量见表 6-7。

表 6-7　配电工程量表

序号	项目名称	单位	计算式	计算结果
1	低压开关柜 BGM	台	3	3
2	照明配电箱 AL	台	1	1
3	基础钢槽 10 号	m	（1+0.6）×2×3	9.6
4	双联单控开关	套	1	1
5	三联单控开关	套	1	1
6	工厂照灯	套	3	3
7	吊链式双管荧光灯	套	5	5
	WP1			
8	钢管暗配 SC50	m	12	12
9	电力电缆敷设 NH-YJV-3×35+2×16	m	2+12+0.5	14.5
	WP2			
10	钢管暗配 SC32	m	11	11
11	电力电缆 NH-YJV-3×16+2×10	m	2+11+0.5	13.5
	WP3			
12	钢管暗配 SC32	m	11.6+1.4	13
13	电力电缆 NH-YJV-3×16+2×10	m	2+13+2	17
	合计：钢管暗配 SC32	m	11+13	24
	WL1			
14	塑料管暗配 PVC20（3 根）	m	（3.5−1.4−0.4）+2.5+4.2+2.3+（3.5−1.4）+5.3	18.1
15	塑料管暗配 PVC25（4 根）	m	5+2.5+（3.5−1.4）	9.6
16	塑料管暗配 PVC25（5 根）	m	5	5
17	合计：塑料管暗配 PVC25	m	5+9.6	14.6
18	塑料铜线 BV-2.5	m	（0.5+0.4）×3+18.1×3+9.6×4+5×5	120.4
19	WL2			

续表

序号	项目名称	单位	计算式	计算结果
20	钢管暗配线 SC25	m	(3.5－1.4－0.4)＋4＋8＋8	21.7
	塑料铜线 BV-4	m	[(0.5＋0.4)＋21.7]×3	67.8
21	灯头盒	个	5＋3	8
22	开关盒	个	2	2
23	电缆终端头 35mm^2 以下	个	2×3	6
24	电机检查接线	台	2	2
25	配电系统调试	系统	1	1

（2）工程量清单表见表 6-8。

表 6-8　　　　工 程 量 清 单 表

工程名称：配电室及泵房工程

序号	项目名称	单位	工作量
1	BGM 型低压开关柜 1000×2000×600	台	3
2	BGM 型低压开关柜基础槽钢 10 号制作、安装	m	10
3	电力电缆 NH-YJV-3×35＋2×16	m	13
4	NH-YJV-3×35＋2×16 冷缩式终端头制作、安装	个	2
5	塑料管 PVC20（插接式）	m	18
6	灯头盒	个	5
7	开关盒	个	2
8	管内穿线 BV-4mm^2	m	70
9	双联单控开关 250V 10A	个	1

（3）分部分项工程量清单与计价见表 6-9。

表 6-9　　　　分部分项工程量清单与计价表

序号	项目编号	项目名称	项目特征	计量单位	工程数量	金额（元）	
						综合单价	合价
1	030304031001	小电器	1. 双联单控开关 2. 墙内暗装 3. 规格：250V 10A	只（套）	1	27	27
2	030121001001	电器配管	1. 插接式塑料管 PVC20 2. 沿顶板、墙内暗敷 3. 灯头盒 5 个 4. 开关盒 2 个	m	18	8.34	150.1
3	030312003001	电器配线	1. 塑料铜线 BV-4mm^2 2. 管内穿线	m	70	2.91	203.68
4							
5							
		本页小计	—	—	—	—	
		合计	—	—	—	—	

（4）分部分项工程量清单综合单价分析见表6-10。

表6-10　分部分项工程量清单综合单价分析表

序号	项目编号（定额编号）	项目名称	单位	数量	综合单价（元）	合价（元）	综合单价组成（元）			
							人工费	材料费	机械费	管理费和利润
	030204031001	双联单控开关	个	3	27	27				
1	2－1652	双联单控开关	×10套	0.1	270.03	27	30.4	7.93＋10.2×22＝232.33	0	30.4×24%＝7.3

（5）分部分项工程量清单综合单价分析见表6-11。

表6-11　分部分项工程量清单综合单价分析表

项目名称：电气配管PVC20　　第2页　共　页

序号	项目编号（定额编号）	项目名称	单位	数量	综合单价（元）	合价（元）	综合单价组成（元）			
							人工费	材料费	机械费	管理费和利润
	030212200l001	电气配管PVC20	m	18	8.34	150.1				
1	2－1105	PVC20暗配	×100m	0.18	665.06	119.71	298	20.54＋110×2.5＝295.54	0	298×24%＝71.52
2	2－1389	灯头盒暗装	×10个	0.5	44.8	22.4	17.6	11.76＋10.2×1.1＝22.98	0	17.6×24%＝4.22
	2－1390	开关盒暗装	×10个	0.2	39.97	7.99	18.8	5.44＋10.2×1.1＝16.66	0	18.8×24%＝4.51

（6）分部分项工程量清单综合单价分析见表6-12。

表6-12　分部分项工程量清单综合单价分析表

项目名称：电气配线BV－4mm²　　第3页　共　页

序号	项目编号（定额编号）	项目名称	单位	数量	综合单价（元）	合价（元）	综合单价组成（元）			
							人工费	材料费	机械费	管理费和利润
	030212003001	电气配线BV-4mm²	m	70	2.91	203.68				
1	2－1140	管内穿线BV-4mm²	×100m	0.7＋（0.5＋0.4）×3/100＝0.727	280.16	203.68	27.6	14.94＋110×2.1＝245.94	0	276×24%＝6.62

三、案例3

某学校新建六层教学楼，建筑面积4100m²，框架结构，层高3m，于2014年10月5日开工，合同约定采用工料单价法计价。

已知：

该工程避雷系统工程量见表6-13。

表6-13　避雷系统工程量

序号	项目名称	安装方式	单位	数量
1	角钢接地极制作、安装∟50×50×5	普通土	根	15
2	接地母线敷设—40×4	户外	m	82
3	避雷引下线敷设	利用2根建筑物主筋（对焊）引下	m	88
4	避雷网安装	ϕ10镀锌圆钢沿混凝土块敷设	m	190
5	断接卡子制作安装		套	5
6	接地网系统调试		系统	1

问题：计算该避雷工程的工程造价，编写相关内容图表。（未计价材料不计价；不计算生产工具、用具使用费；检验试验配合费；冬雨季施工增加费；夜间施工增加费；已完工程及设备保护费；工程定位复测配合费及场地清理费；停水、停电增加费；安装与生产同时进行增加费；有害环境中施工增加费；垂直运输费）

解：

分部分项工程量清单综合单价分析见表6-14。

表6-14　分部分项工程量清单综合单价分析表

项目名称规格	单位	数量	基价单位（元）	其中			基价合价（元）	其中		
				人工费（元）	机械费（元）	主材费（元）		人工费（元）	机械费（元）	主材费（元）
角钢接地极	根	15	35.51	11.6	21.32		532.65	174	319.8	
户外接地母线	10m	8.2	124.53	118.4	4.74		1021.15	970.88	38.87	
避雷引下线	10m	8.8	94.71×0.5=47.36	14.4×0.5=7.2	74.63×0.5=37.32		416.77	63.36	328.42	
避雷网安装	10m	19	59.99	32.8	15.4		1139.81	623.2	292.6	
断接卡子制安	10套	0.5	52.02	12.4	1.29		26.01	6.2	0.65	
接地网调试	系统	1	359.64	247.2	107.8		359.64	247.2	107.8	

续表

项目名称规格	单位	数量	基价单位（元）	其中			基价合价（元）	其中		
				人工费（元）	机械费（元）	主材费（元）		人工费（元）	机械费（元）	主材费（元）
小计							3496.03	2084.84	1088.14	
其中：人＋机							3172.98			
脚手架搭拆费 3172.98×3.36％							106.61	26.65		
二次搬运费 3192.98×2.77％							87.89	47.59		
实体项目＋脚手架的人＋机 3172.98＋26.65								3199.63		
安全生产、文明施工费 3199.63×9.24％							295.65	79.99	29.44	
直接费							3986.18	2239.07	1117.58	
其中人＋机								3356.65		
企业管理费 20％二类							671.33			
利润 11％	元						319.23			
规费 19％							637.76			
小计							5 664.5			
税金 3.45％							195.43			
总计	元						5859.93			

四、案例 4

某市化工厂合成车间动力安装工程，平面图如图 6-13 所示。

已知：

（1）AP1 为定型动力配电箱，电源由室外电缆引入，基础型钢采用 10 号槽钢（单位质量为 10kg/m）。

（2）所有埋地管标高均为－0.2m，其至 AP1 动力配电箱出口处的管口高出地坪 0.1m。设备基础顶标高为＋0.5m，埋地管管口高出基础顶面 0.1m，导线出管口后的预留长度为 1m，并安装 1 根同口径 0.8m 长的金属软管。

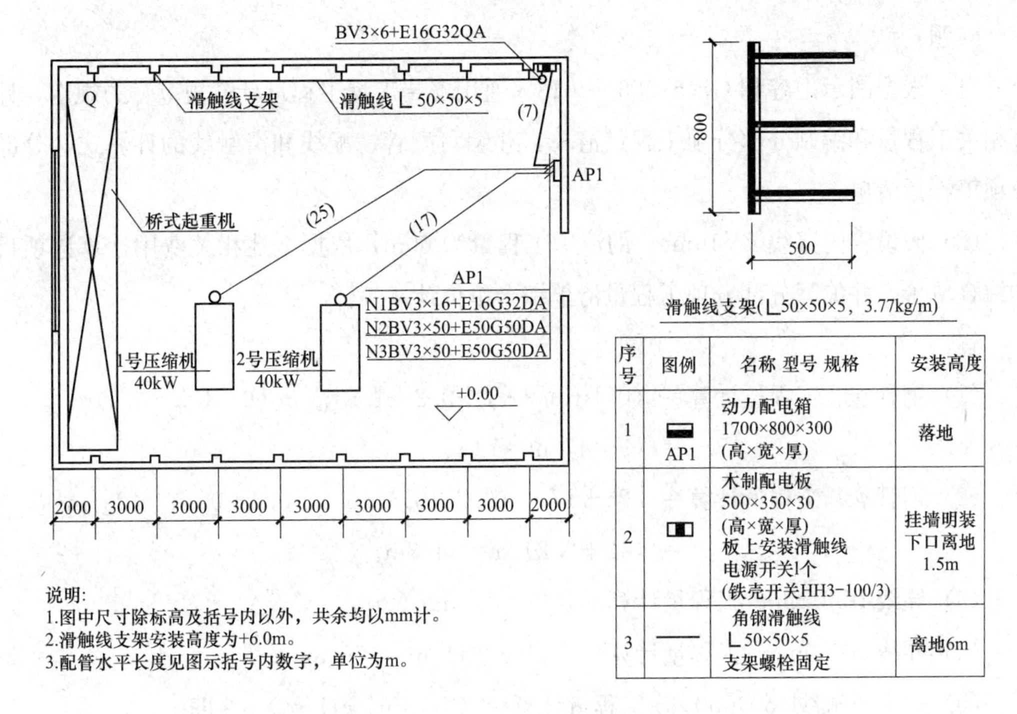

序号	图例	名称 型号 规格	安装高度
1	AP1	动力配电箱 1700×800×300 (高×宽×厚)	落地
2		木制配电板 500×350×30 (高×宽×厚) 板上安装滑触线 电源开关1个 (铁壳开关HH3-100/3)	挂墙明装 下口离地 1.5m
3	——	角钢滑触线 ∟50×50×5 支架螺栓固定	离地6m

图 6-13　合成车间动力平面图

（3）木制配电板引至滑触线的管、线与其电源管、线相同，其至滑触线处管口标高为＋6m，导线出管口后的预留长度为 1m。

（4）滑触线支架采用螺栓固定，两端设置信号灯。滑触线伸出两端支架的长度为 1m。

（5）该动力工程的相关费用数据见表 6-15。

表 6-15　　动力工程的相关费用

项目名称	计量单位	安装费（元）			主材	
		人工费	辅材费	机械使用费	单位（元）	损耗率（%）
管内穿线动力线路 BV16mm²	m	0.64	0.76	0	5.80	5

管理费和利润分别按人工费的 55%和 45%进行计算。

（6）分部分项工程量清单的项目编码见表 6-16。

表 6-16　　分部分项工程量清单项目编码

项目编码	项目名称	项目编码	项目名称
030207001	滑触线	030212001	电气配管
030204018	配电箱	030212003	电气配线
030204019	控制开关	030206006	电机检查接线与调试 低压交流异步电动机

问题：

（1）根据图示内容和 GB 50856—2013《通用安装工程工程量计算规范》的规定，计算相关工程量和编制分部分项工程量清单，并编写配管、配线和滑触线的计算式、分部分项工程量清单。

（2）假设管内穿线 BV16mm^2 的清单工程量为 60m，依据上述相关费用计算该项目的综合单价，并编写分部分项工程量清单综合单价计算表。

解：

（1）钢管 ϕ32 工程量计算＝（0.1＋0.2＋7＋0.2＋1.5)m＋（6－1.5－0.5)m
＝（9＋4）m＝13m。

（2）钢管 ϕ50 工程量计算＝［25＋17＋（0.2＋0.5＋0.1＋0.2＋0.1）×2］m
＝（42＋2.2）m＝44.2m。

（3）导线 BV16mm^2 工程量计算＝（13×4）m＝52m。

（4）导线 BV50mm^2 工程量计算＝（44.2×4）m＝176.8m。

（5）角钢滑触线∟50×50×5 工程量计算＝（7×3＋1＋1）m×3＝69m。

（6）分部分项工程量清单见表 6-17。

表 6-17　　分部分项工程量清单

序号	项目编码	项目名称	计量单位	工程数量
1	030204018001	配电箱，动力配电箱 AP1 落地式安装	台	1
2	030207001001	滑触线，角钢滑触线∟50×50×5 包括滑触线支架制作安装刷油 8 副，指标灯 2 套	m	69
3	030206006001	电机检查接线与调试，低压交流异步电动机 40kW	台	2
4	030204019001	控制开关，铁壳开关 HH3—100/3 木制配电板上安装	个	1
5	030212001001	电气配管，钢管 ϕ32 暗配	m	13
6	030212001002	电气配管，钢管 ϕ50 暗配	m	44.2
7	030212003001	电气配线，管内穿线 BV16mm^2	m	52
8	030212003002	电气配线，管内穿线 BV50mm^2	m	176.8

（7）分部分项工程量清单综合单价计算见表 6-18。

表 6-18　　　　分部分项工程量清单综合单价计算表

项目编码：030212003001　　　　工程数量：60

项目名称：电气配线，管内穿线 BV16mm²　　　　综合单价：10.62 元

序号	工程内容	单位	数量	其中					小计
				人工费（元）	材料费（元）	机械费（元）	管理费（元）	利润（元）	
1	管内穿线动力线路 BV 16mm²	m	78.4	50.18	59.58	0			
	塑料铜芯线 BV 16mm²	m	82.32		477.46				
合计				50.18	537.04	0	27.60	22.58	637.40

五、案例 5

某控制室照明系统中的一个回路如 6-14 所示。

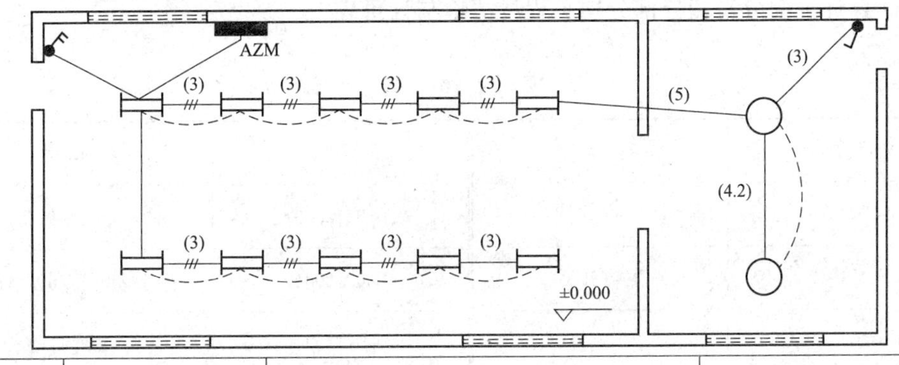

序号	图例	名称　型号　规格	备注
1		双管荧光灯　YG2-2　2×40W	吸顶
2		装饰灯　FZS-164　1×100W	
3		单联单控暗开关　10A，250V	安装高度1.4m
4		双联单控暗开关　10A，250V	
5		照明配电箱AZM 400mm×200mm×120mm 宽×高×厚	箱底高度1.6m

说明：1.照明配电箱AZM由本层总配电箱引来，配电箱为嵌入式安装。
2.管路均为镀锌钢管ϕ15沿墙、楼板暗配，顶管敷管标高4.50m，管内穿绝缘导线ZRBV-500 2.5mm²。
3.配管水平长度见括号内数字，单位为m。

图 6-14　控制室照明平面图

该照明工程的相关定额数据见表6-19。

表6-19　　照明工程的相关定额

序号	项目名称	计量单位	安装费（元）			主材	
			人工费	材料费	机械使用费	单价	损耗率（%）
1	镀锌钢管 ϕ15 暗配	100m	344.18	64.22		4.10元/m	3
2	暗装接线盒	10个	18.48	9.76		1.80元/个	2
3	暗装开关拿	10个	19.72	4.52		1.50元/个	2

已知：

人工单价为41.80元/工日，管理费和利润分别按人工费的30%和10%计算。

问题：

（1）根据图示内容和GB 50856—2013《通用安装工程工程量计算规范》的相关的规定，计算管线工程量计算式，统一项目编码见表6-20，编制分部分项工程量清单及计价表（不计算计价部分）和分部分项工程量清单与计价表。

表6-20　　项　目　编　码

项目编码	项目名称	项目编码	项目名称
030204018	配电箱	030212003	电气配线
030204019	控制开关	030213001	普通吸顶灯及其他灯具
030204031	小电器	030213004	荧光灯
030212001	电气配管	030213003	装饰灯

（2）如果镀锌钢管 ϕ15 暗配的清单工程量为50m，其余条件不变，依据上述相关定额计算分析镀锌钢管 ϕ15 暗配项目的综合单价，并编写工程量清单综合单价分析表。

解：

（1）镀锌钢管 ϕ15 工程量计算：[(4.5－1.6－0.2)＋(4.5—1.4)＋3×8＋5＋4.2＋3＋(4.5－1.4)]m＝45.1m。

阻燃绝缘导线ZRBV－500 2.5mm^2 工程量计算：{2.7×2－1－[(4.5－1.4)]×2＋3×4×3＋3×4×2＋5×2＋4.2×2＋[3＋(4.5—1.4)]×2}m＝102.2m。

（2）分部分项工程量清单与计价见表6-21。

表 6-21　　分部分项工程量清单与计价表

工程名称：控制室照明工程

序号	项目编号	项目名称	项目特征描述	计量单位	工程量	金额（元）		
						综合单价	合价	其中暂估价
1	030213004001	荧光灯安装	YG2-2，双管 40W 吸顶灯安装	套	10			
2	030213003001	装饰灯具安装	FZS-164，1 × 100W 吸顶灯安装	套	2			
3	03020418001	配电箱安装	AZM 嵌入式安装 400mm × 200mm × 120mm	台	1			
4	030204031001	单联单控暗开关安装	10A，250V	个	1			
5	030204031002	双联单控暗开关安装	10A，250V	个	1			
6	030212001001	镀锌钢管暗配	ϕ15 暗配，接线盒 12 个、开关盒 2 个	m	45.1			
7	030212003001	管内穿线	ZRBV-500，2.5mm^2	m	102.2			
分部小计								
本页小计								
合计								

（3）工程量清单综合单价分析见表 6-22。

表 6-22　　工程量清单综合单价分析表

工程名称：控制室照明工程

项目编码	030212001001		项目名称		镀锌钢管 ϕ15 暗配			计量单位		m	
清单综合单价组成明细											
定额编号	定额名称	定额单位	数量	单价（元）				合价（元）			
				人工费	材料费	机械使用费	管理费和利润	人工费	材料费	机械使用费	管理费和利润
	镀锌钢管 ϕ15 暗配	100m	0.010	344.18	64.22		137.67	3.44	0.64		1.38
	暗配接线盒	10 个	0.024	18.48	9.76		7.39	0.44	0.23		0.18
	暗配开关盒	10 个	0.004	19.72	4.52		7.89	0.08	0.02		0.03
人工单价		小计						3.96	0.89		1.59
41.8元/工日		未计价材料费						4.72			

续表

项目编码	030212001001	项目名称	镀锌钢管 ϕ15 暗配		计量单位		m
清单项目综合单价					11.16		
材料费明细	主要材料名称、规格、型号	单位	数量	单价（元）	合价（元）	暂估单价（元）	暂估合价（元）
	镀锌钢管 ϕ15	m	1.03	4.10	4.22		
	接线盒	个	0.245	1.80	0.44		
	开关盒	个	0.041	1.50	0.66		
	其他材料费			—		—	
	材料费小计			—	4.72	—	

表 6-22 中的“清单综合单价组成明细”部分也可以按表 6-23 的方法进行计算。

表 6-23　　　　工程量清单综合单价组成明细

项目编码	030212001001		项目名称		镀锌钢管 ϕ15 暗配			计量单位			m
清单综合单价组成明细											
定额编号	定额名称	定额单位	数量	单价（元）				合价（元）			
				人工费	材料费	机械使用费	管理费和利润	人工费	材料费	机械使用费	管理费和利润
	镀锌钢管 ϕ15 暗配	100m	0.500	344.18	64.22		137.67	172.09	32.1		168.8
	暗配接线盒	10个	1.200	18.48	9.76		7.39	22.18	11.71		8.87
	暗配开关盒	10个	0.200	19.72	4.52		7.89	3.94	0.90		1.58
人工单价		小计						198.21	44.72		70.29
41.8元/工日		未计价材料费						236.24			
清单项目综合单价								11.17			
材料费明细	主要材料名称、规格、型号					单位	数量	单价（元）	合价（元）	暂估单价（元）	暂估合价（元）
	镀锌钢管 ϕ15					m	51.500	4.10	211.15		
	接线盒					个	12.240	1.80	22.03		
	开关盒					个	2.040	1.50	3.06		
	其他材料费							—		—	
	材料费小计							—	236.24	—	

参 考 文 献

［1］ 徐阳．20小时内教你看懂建筑电气施工图［M］．北京：中国建筑工业出版社，2015.

［2］ 宋昌才．电工识图［M］．北京：化学工业出版社，2014.

［3］ 刘利国．怎样识读建筑电气施工图［M］．北京：中国电力出版社，2016.

［4］ 张树臣．轻松看懂建筑电气施工图［M］．北京：中国电力出版社，2014.

［5］ 郭爱云．建筑电气工程施工图［M］．武汉：华中科技大学出版社，2011.

［6］ 姜晨光．怎样读懂建筑电气施工图［M］．北京：化学工业出版社，2014.

［7］ 褚振文．建筑电气识图与造价入门［M］．2版．北京：机械工业出版社，2016.

［8］ 侯志伟．建筑电气识图与工程实例［M］．2版．北京：化学工业出版社，2015.

［9］ 钟睦．轻松学建筑电气识图［M］．北京：中国电力出版社，2017.